高等学校机器人工程专业系列教材

# 工业机器人技术及应用

刘秀平　韩丽丽　徐健　编著

西安电子科技大学出版社

## 内 容 简 介

本书系统地介绍了工业机器人的基本原理和实践应用技术。全书共8章，内容包括绪论、工业机器人运动学、机器人的微分运动与速度、机器人力学分析、机器人的轨迹规划、机器人的驱动系统及传感系统、工业机器人程序语言以及工业机器人与工业自动化。本书前5章侧重于介绍工业机器人的基本理论，后3章侧重于介绍工业机器人的应用实践，将理论和工程实践相结合，深入浅出，以帮助读者提升工程应用能力。

本书可作为高等学校自动化、机器人工程、人工智能及计算机等相关专业高年级学生的教材，也可供从事机器人领域研究的教师或工程开发人员学习和参考。

**图书在版编目(CIP)数据**

工业机器人技术及应用/刘秀平，韩丽丽，徐健编著. —西安：西安电子科技大学出版社，2022.10

ISBN 978-7-5606-6313-5

Ⅰ. ①工… Ⅱ. ①刘… ②韩… ③徐… Ⅲ. ①工业机器人—高等学校—教材

Ⅳ. ①TP242.2

中国版本图书馆CIP数据核字(2022)第005855号

策　　划　刘玉芳
责任编辑　郑一锋　南　景
出版发行　西安电子科技大学出版社(西安市太白南路2号)
电　　话　(029)88202421　88201467　　邮　　编　710071
网　　址　www.xduph.com　　电子邮箱　xdupfxb001@163.com
经　　销　新华书店
印刷单位　咸阳华盛印务有限责任公司
版　　次　2022年10月第1版　2022年10月第1次印刷
开　　本　787毫米×1092毫米　1/16　印张 11.75
字　　数　253千字
印　　数　1～2000册
定　　价　35.00元

ISBN 978-7-5606-6313-5/TP

**XDUP 6615001-1**

# 前　言

工业机器人技术是新工科专业人才培养计划的重要分支。伴随着工业大国相继提出的机器人产业政策，如德国的“工业 4.0”、美国的先进制造业伙伴计划（AMP 计划）、中国的“中国制造 2025”等，工业机器人在各行各业中的应用呈现出了爆炸式的增长。

巨大的应用需求和相关高级人才的缺乏之间的矛盾，严重制约着工业机器人技术的发展。为了迎接新工科的挑战，承载高新技术人才培养使命的高等学校应加大新工科人才培养改革的力度，加强新工科下人才培养的质量。本书正是为这一目的而编写的。

本书围绕工业机器人的重要理论体系，以案例开发为驱动，通过介绍基本的、重要的、核心的知识和典型工业机器人系统的应用操作，帮助学生掌握工业机器人的基本原理和实践应用技术，以便将来在工作中能够更好地将工业机器人的性能发挥出来。

本书共 8 章，第 1 章介绍了工业机器人的时代背景、应用领域以及产业链现状和前景。第 2 章介绍了工业机器人运动学，包括运动学建模方法、正运动学和逆运动学的计算和分析。第 3 章介绍了工业机器人的微分运动与速度，包括微分的意义、雅克比矩阵的求解方法等。第 4 章介绍了机器人力学分析。第 5 章讲述了工业机器人的运动轨迹规划方法。第 6 章介绍了机器人的驱动系统及传感系统，包括电机、液压和气动等驱动系统。第 7 章介绍了三种工业机器人程序语言及程序设计方法。第 8 章综合分析了工业机器人与工业自动化的关系，并给出了工业机器人与工业自动化应用案例。

本书具有以下特点：

（1）重点突出，讲解透彻。本书以运动学、动力学、轨迹规划为重点，对于核心理论讲解透彻，有助于学生建立起工业机器人重要知识的框架。

（2）应用性强。本书以工业机器人在自动化领域的应用为背景，引领学生进入理论与实践一体化的工业机器人应用体系。

（3）覆盖面广。本书以多种工业机器人为例，阐述了不同工业机器人在各行业的应用需求，做到了“设计有方案，方案有选择”。

本书由刘秀平、韩丽丽、徐健编著，刘秀平负责编写第 1 至第 4 章以及全书的统稿工作，韩丽丽负责编写第 5 至第 7 章，徐健负责编写第 8 章。书中部分代码采用二维码的形式呈现，以方便读者阅读。

鉴于编者水平有限，书中不妥之处在所难免，敬请读者批评指正。

所有意见和建议请读者发邮件至：liuxiuping8@126.com。

编　者

2022 年 4 月

于西安工程大学临潼校区

# 目　录

# 第1章 绪 论

## 1.1 工业机器人的时代背景

为了占领世界工业新高地，德国政府在2013年汉诺威工业博览会上正式推出“工业4.0”的概念，将“工业4.0”项目列入其2020高技术战略，以在新一轮工业革命中占领先机。德国“工业4.0”是指利用信息物理系统(Cyber-Physical System，CPS)将生产中的供应、制造、销售等环节的信息进行数据化和智能化，实现快速、有效、定制化的产品供应。2015年5月，中国政府与德国“工业4.0”项目合作，并正式发布了“中国制造2025”，以全面推进实施制造强国战略。

“工业4.0”美好愿景需要强大的技术支撑，包括工业物联网、云计算、工业大数据、工业机器人、3D打印、知识工作自动化、工业网络安全、虚拟现实和人工智能等。“中国制造2025”重点支持的十大领域包括新一代信息技术、高档数控机床和机器人、航空航天装备、海洋工程装备及高技术船舶、先进轨道交通装备、节能与新能源汽车、电力装备、新材料、生物医药及高性能医疗器械、农业机械装备等。“工业4.0”和“中国制造2025”都将机器人列为重点发展的关键技术。2017年至2021年，中国机器人行业在国家政策的大力扶植下，顺势迅速发展，机器人总量保持着35%以上的增长率，高于德国9%、韩国8%和日本6%。2020年统计数据显示，我国目前工业机器人的使用密度远低于全球平均水平，与日本、德国和韩国等发达国家差距很大，韩国、日本和德国分别为437台/万人、323台/万人和282台/万人，中国仅为30台/万人。在“工业4.0”和“中国制造2025”的时代大背景下，工业机器人发展迅猛，已成为工业生产制造的重要利器，但工业机器人专业人才缺乏、核心竞争力不高等问题也越来越突出。在人才培养和储备方面，我们不仅需要培养大量工业机器人的应用型人才，同时需要培养在工业机器人领域具有较高研发能力的人才，这样才能适应我国工业机器人的快速发展。

## 1.2 工业机器人的应用领域

随着“工业4.0”和“中国制造2025”战略的规划与实施，全球制造业的自动化、集成化、智能化、绿色化已成趋势。中国从“制造大国”向“制造强国”转变，以工业机器人为标志的智能制造应用领域越来越广泛，尤其是在3C、汽车制造、化工、医疗医药、食品、金属、冶金铸造、物流仓储、家用电器、纺织服装等行业，其中部分应用领域如图 1-1 所示。

(a) 3C 行业

(b) 汽车制造行业

(c) 纺织服装行业

(d) 冶金铸造行业

图 1-1 工业机器人的部分应用领域

**1. 3C行业**

3C是指计算机(Computer)、通信(Communication)和消费(Consumer)，工业机器人在中国3C行业和电气设备工业中的应用增长迅猛。2016年，电气电子设备制造成为全球工业机器人销量最大的应用行业。2020年，3C行业又成为中国工业机器人市场的首要应用行业，占中国市场总销量的42%，特别是在电子类的IC、贴片元器件、分拣装箱、撕膜系统、激光塑料焊接、高速码垛等方面应用非常广泛。半导体和芯片制造商不断加大对自动化领域的投资，机器人投入使用量逐年增加，带动了工业机器人的发展。

**2. 汽车制造行业**

从全球范围来看，汽车制造行业是工业机器人应用最早、应用数量最多的行业。2021年，工业机器人在汽车制造业的销量达到了14万台，是仅次于3C行业的最大的消费市场。工业机器人在汽车制造业的多个生产环节中应用广泛，如装配、操作、焊接、弧焊、喷涂、搬运、液体填充等。

**3. 化工行业**

化工是我国的重要经济支柱产业，但危险的工业环境让人望而却步。化工行业对精密化、微型化、高质量和高可靠性等都有较高要求，而工业机器人在这些方面有非常大的优势，不仅为化工行业的发展提供了良好的解决方案和替代方案，而且能降低企业用工成本。

**4. 医疗医药行业**

“中国制造2025”中提出，要重点发展医用机器人等高性能诊疗设备，积极鼓励国内医疗器械创新式发展。医药机器人市场增速快、潜力大，在制药包装领域中扮演着重要角色，如铝塑膜包装能够实现不同产品和不同包装形式的高灵活性包装。医疗医药行业中机器人的应用也极大地推动了机器人技术的发展。

**5. 食品行业**

随着人们生活节奏的加快，快消食品、饮料等诸多领域都迎来了发展的高峰期。人们提高了对自己身体健康的关注度，强化了食品安全意识。人工操作食品加工难免会影响卫生状况，而自动化解决方案能够尽可能地消除污染风险。食品产品趋向精致化和多元化方向发展，单品种大批量的产品越来越少，多品种小批量的产品日益成为主流。在工业机器人的应用普及之前，国内食品生产工业中的大部分包装工作，特别是较复杂的包装、装配等工序仍然是人工操作的，会造成包装产品的污染。而通过集成传感器技术、人工智能和机器人技术等多项技术，可以为复杂多变的食品加工提供高效的智能化解决方案。

在食品加工中，常用的工业机器人有包装机器人、拣选机器人、码垛机器人等。当然，市场上也开发了多种特种机器人，如包装罐头机器人、自动午餐机器人、切割牛肉机器人等食品机器人。

**6. 金属行业**

金属行业是最重要的行业之一，金属种类多，如轻金属、彩色金属、贵金属、特殊金属等。金属快速成型是金属加工中的关键技术之一。成型加工通常伴随着高温、高湿、高污染、高劳动强度、噪声污染、金属粉尘等，这种工作简单枯燥，使得企业招人困难。工业机器人与成型机床结合，不仅可以解决企业用人问题，而且能够提高加工效率、精度和安全性。对于极为复杂的金属部件的加工，借助机器人自动化生产系统，不仅能显著提升机床、机械加工设备的制造能力，也能确保加工部件符合日趋严格的品质要求和小批量生产的趋势。

此外，工业机器人在金属成型中的数控折弯机和压力机的冲压、热模锻、焊接、清理、装配等方面都有应用。

**7. 冶金铸造行业**

冶金铸造行业属于高负荷、高负重的行业，其工作环境恶劣，如高污染、高温、强噪音等。绿色铸造成为越来越多的企业发展的趋势。机器人具有绝佳的定位性能、很高的承载力以及能够安全可靠地进行高强度作业等优势，其模块化的结构设计、灵活的控制系统、专用的应用软件能够满足铸造行业整个自动化应用领域的最高要求，提高产品效率和质量，降低成本，减少污染，能满足绿色铸造的特殊要求。机器人不仅可以可靠地将工艺单元和生产单元连接起来，而且在去毛边、磨削或钻孔等精工序中表现非凡。在铸造领域，已经有专用的铸造机器人装备。

**8. 物流仓储行业**

快速仓库货物储备是每个企业都需要考虑的问题。据统计，传统的物料仓储、搬运管理等物料流程的费用占企业生产成本的25%以上，物流周期则占企业生产周期的90%以上。越来越多的企业都开始使用物流机器人进行货物的仓储。智能仓储机器人在物流仓储中应用广泛，为物流提供了智能化和信息化的服务。通过智能机器人实现的“货到人”模式完成拣货、上下架、盘点等环节，效率是人工作业的3～4倍，大大缩短了货物由仓库到消费者端的时间。

**9. 家用电器行业**

家用电器行业是劳动密集型产业，在人力成本大幅增加、精密制造水平提升等客观因素下，家用电器制造高度自动化是必然趋势。因工业机器人具有高生产率、高精度、高可靠性等优势，可以将其运用到家用电器生产工艺流程的所有环节，如生产、加工、搬运、测量和检验等。

**10. 纺织服装行业**

纺织服装行业是我国的民生产业和支柱产业，是人口密集型行业。随着人口红利消失，纺织服装行业面临着前所未有的挑战。印染、印花、面料生产和服装制作等整个产业的人工环节都将被机器人替代。特别是缝纫机器人，它模拟了缝纫工人的生产方式，具有尽可能接近人工裁缝的工作模式，可以实现高精度缝纫，其误差可以控制在 0.5 mm 之内。

随着人工智能时代的到来，以及智能算法与算力和传感器感知能力的提升，工业机器人能够更智能地感知环境、自主决策和执行，真正迈向数字化智能制造时代。

## 1.3　工业机器人的产业链现状和前景

工业机器人行业按照产业链分为上游、中游和下游。

上游生产的是工业机器人的核心零部件，如控制器、减速器、伺服系统，在工业机器人整个产生链中利润占比最大。控制器相当于工业机器人的大脑，机器人的软件系统和控制器是相互匹配的，由机器人厂商自主设计研发。国外主流厂商的控制器均有自主的、通用的运动控制器平台，有与之配套的软件控制系统。各品牌厂商(如日本三菱、瑞士 ABB、奥地利 KEBA 等)系统均不兼容。一些优秀的本土企业(如固高科技)深耕多年，抓住了机器人快速发展的时机，研发了一批具有自主知识产权的核心技术，具有一定的规模，但尚未形成有力的市场竞争优势。减速器是工业机器人的核心零部件，用于工业机器人的减速器均是精密减速器，主要有 RV 减速器和谐波减速器。据统计，2021 年，世界 68%的精密减速器由日本的 HarmonicaDrive 和 Nabtesco 公司生产，HarmonicaDrive 生产的谐波减速器约占 12%，Nabtesco 生产的 RV 减速器约占 56%。我国对于工业机器人使用的精密减速器研究起步晚，仍然严重依赖进口。随着近些年国家的重视，国内的 RV 精密减速器技术不断提升。工业机器人对其关节驱动电机要求非常高。伺服电机是工业机器人关节驱动电机的首选。国内交流伺服电机的市场份额约 80%被日本和欧美占领，日系品牌约占 50%的市场份额。随着伺服系统研发实力的提升，加上我国产业升级的影响，国产伺服电机占领一席市场指日可待。

中游是工业机器人本体生产商，生产内容包括工业机器人结构和执行结构，如手臂、腕部、行走架构等。从 1959 年“机器人之父”恩格尔伯格(Joseph F. Engelberger)发明第一台工业机器人以来，工业机器人市场经历了 20 世纪 80 年代后期的饱和，20 世纪 90 年代的复苏，到现在的井喷式增长。我国已经连续多年成为全球最大的机器人销售市场，国外品牌占了中国工业机器人市场约 60%以上的份额，其中六轴(六自由度)工业机器人超过了 80%。尤其在高端多关节机器人方面，国外品牌占据绝对优势，如 ABB、库卡、安川、发那科、Nachi、三菱、松下等。随着工业机器人需求的猛增，国产品牌工业机器人本体迅速崛起，但仍然处于快速成长中，还没有形成国际竞争力。

下游为系统集成商，包括单项系统集成商、综合系统集成商等，他们根据工业机器人的应用场景和用途进行针对性的集成和二次开发，集成内容包括焊接机器人、弧焊机器人、装配机器人、搬运机器人、上下料机器人、缝纫机器人等，为终端客户所用。系统集成商是工业机器人的应用层，是工业机器人商业化和规模化的关键。系统集成商根据不同行业或不同终端用户的需求，将工业机器人本体、工业机器人核心零部件、其他自动化装备等设备整体集成，为终端用户提供应用解决方案。机器人系统集成商作为中国机器人市场的主力军，旨在设计和制定符合制造业要求的可行方案，为我国的工业机器人应用和推广作出巨大贡献。然而，缺乏核心竞争力、规模小、利润薄、竞争压力大是制约我国机器人系统集成发展的瓶颈，我国的机器人系统集成商仅靠项目驱动带动硬件产品的销售模式难以维持长远发展。因此，一方面要紧扣行业的特殊性走自主原创之路，另一方面要加大研发力度，进军中游和上游产业链，这是系统集成商生存的主要途径。

## 1.4 本书结构和章节关系

机器人学科是一个机械、自动化、计算机、人工智能等多学科交叉融合的新兴学科，涉及知识广泛、技术综合性强。从机器人技术的层面看，机器人学科包括机器人机械结构、运动学、动力学、轨迹规划、控制系统、驱动系统、传感系统、程序设计、通信协议等内容。本书从工业机器人实用角度出发，首先讲述机器人的运动学、动力学、轨迹规划等必要核心理论内容；然后讲解与工业机器人应用相关的驱动系统、传感系统、程序设计等内容；最后围绕工业机器人在工业自动化中的应用进行案例分析。本书内容结构与章节关系如图1-2所示。

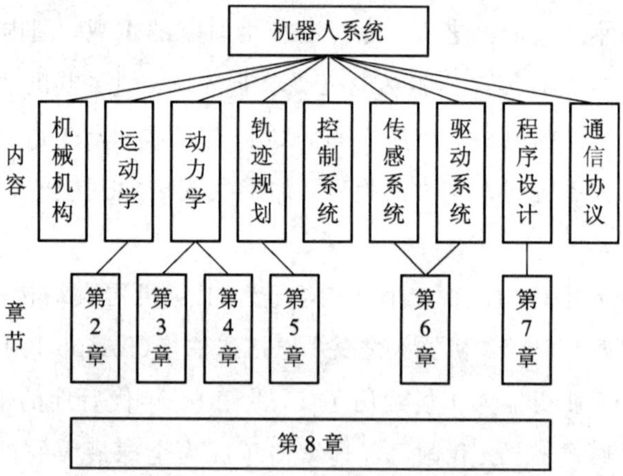


图1-2　本书内容结构与章节关系

## 习　题

1. 描述工业机器人的应用领域。

2. 分析工业机器人的产业链现状。

# 第 2 章　工业机器人运动学

ISO 8373 将工业机器人定义为能够实现自动控制、可重复编程、多功能多用途，具有三个或三个以上自由度的工业自动化设备。机器人机构能够独立运动的关节数目，称为机器人机构的运动自由度(Degree of Freedom，DOF)。一个独立运动的关节为一个自由度，通常也将机器人的自由度称为轴数，常见的有三轴、四轴、五轴、六轴和七轴工业机器人。

机器人运动学是机器人应用的核心内容之一，其包括正向运动学和逆向运动学。机器人的每个关节变量值已知，确定机器人末端位姿(位置和姿态)的过程称为正向运动学；机器人末端的位姿已知，确定机器人各个关节变量值的过程称为逆向运动学。本章将从机器人的运动学表示、计算和分析三个方面，由浅到深地阐述机器人的运动学理论和方法。本书以常用的六自由度工业机器人为代表进行描述，其外形如图 2-1 所示，相关内容可以推广到其他工业机器人应用中。

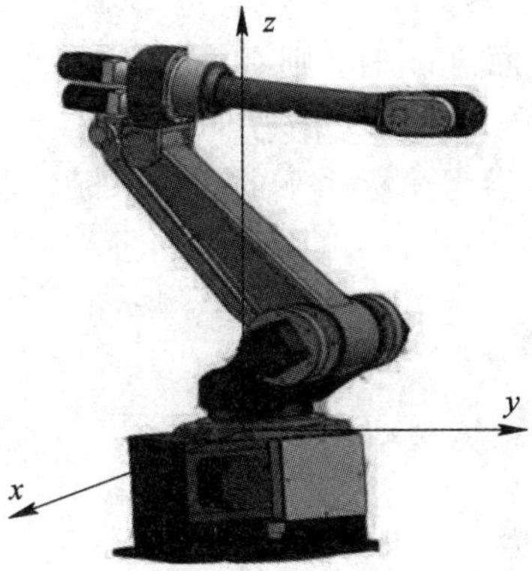


图 2-1　常用的六自由度工业机器人

## 2.1　工业机器人运动学的矩阵表示

在数学范畴中，可以用矩阵(Matrix)和有向图来表达从有穷集合到有穷集合的二元关系。矩阵最早由英国数学家西尔维斯特(James Joseph Sylvester)首次使用，1858 年英国科学家凯莱(Arthur Cayley)在 *A Memoir on the Theory of Matrices* 中首次给出了矩阵的明确概念。矩阵在工程计算、数值计算、数据分析等方面都有着广泛应用，是重要的机器人技术分析工具。能够利用矩阵表示机器人的点、向量、坐标系、运动学是研究机器人运动的基本要求。

### 1. 空间点的表示方法

空间点 $P$ 用相对于参考坐标系的 3 个坐标分量表示(如图 2-2 所示)，即

$$\boldsymbol{P}=a_x\boldsymbol{i}+b_y\boldsymbol{j}+c_z\boldsymbol{k}$$

其中，$a_x$、$b_y$ 和 $c_z$ 分别为 $P$ 点在参考坐标系下的 3 个坐标分量，$\boldsymbol{i}$、$\boldsymbol{j}$、$\boldsymbol{k}$ 分别为 $x$、$y$、$z$ 轴的方向向量。

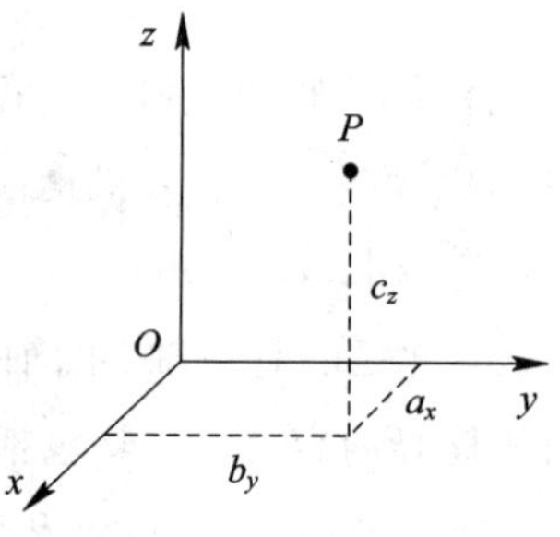


图 2-2　空间点的表示方法

### 2. 空间向量的表示方法

空间向量是由起点和终点的坐标分量来表示的，如图 2-3 所示。假设空间向量$\overrightarrow{AB}$的起点 $A$ 的坐标为$(A_x, A_y, A_z)$，终点 $B$ 的坐标为$(B_x, B_y, B_z)$，则可表示为

$$\boldsymbol{P}=(B_x-A_x)\boldsymbol{i}+(B_y-A_y)\boldsymbol{j}+(B_z-A_z)\boldsymbol{k}$$

在特殊情况下，当起点 $A$ 为原点 $O$ 时，则有

$$\boldsymbol{P}=a_x\boldsymbol{i}+b_y\boldsymbol{j}+c_z\boldsymbol{k}$$

其中，$a_x$、$b_y$ 和 $c_z$ 分别为 $P$ 点在参考坐标系下的 3 个坐标分量，用矩阵形式可表示为

$$\boldsymbol{P}=\begin{bmatrix} a_x \\ b_y \\ c_z \end{bmatrix} \tag{2-1}$$

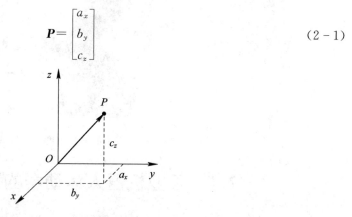

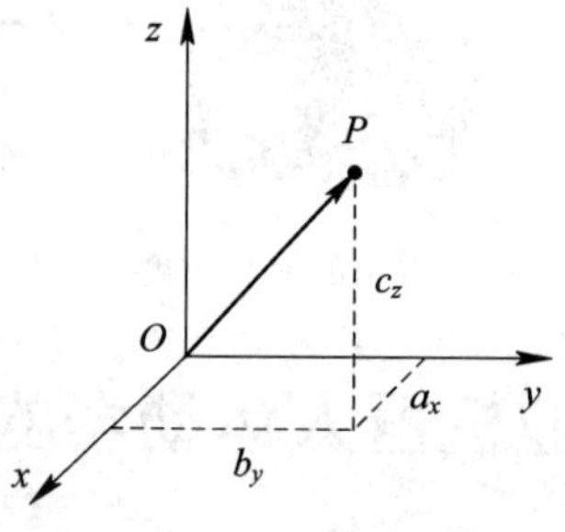


图 2-3　空间向量的表示方法

为了便于表示缩放比例，引入比例因子 $w$ 来描述向量缩放的尺度，可表示为

$$\boldsymbol{P}=\begin{bmatrix} P_x \\ P_y \\ P_z \\ w \end{bmatrix},\ a_x=\frac{P_x}{w},\ b_y=\frac{P_y}{w},\ c_z=\frac{P_z}{w} \tag{2-2}$$

如果比例因子 $w=1$，则各分量保持不变；如果 $w=0$，则表示长度为无穷大的方向向量；如果 $w<1$，则表示向量的分量都缩小；如果 $w>1$，则表示向量的分量都放大。

**例 2-1**　一向量表示为 $\boldsymbol{P}=5\boldsymbol{i}+4\boldsymbol{j}+7\boldsymbol{k}$，求其比例因子为 3 时的矩阵形式表示及其方向单位向量。

**解**　当比例因子为 3 时，矩阵形式表示为

$$\boldsymbol{P}=\begin{bmatrix}15\\12\\21\\3\end{bmatrix}$$

当比例因子为 0 时，则为其方向向量。将该向量进行归一化处理，可表示为

$$P=\sqrt{5^2+4^2+7^2}\approx 9.4868$$

则有 $\boldsymbol{a}_x=5/9.4868\approx 0.5270$，$\boldsymbol{b}_y=4/9.4868\approx 0.4216$，$\boldsymbol{c}_z=7/9.4868\approx 0.7379$。

因此，方向单位向量表示为

$$\boldsymbol{P}\approx\begin{bmatrix}0.5270\\0.4216\\0.7379\\0\end{bmatrix}$$

**3. 机器人的坐标系**

为了便于描述机器人运动，需要定义不同的坐标系。机器人运动的坐标系可分为参考类坐标系、机器人类坐标系和外界辅助类坐标系。参考类坐标系包括世界坐标系、基坐标系、大地坐标系等；机器人类坐标系包括关节坐标系（也称为运动坐标系）、末端执行器坐标系和工具坐标系等；外界辅助类坐标系包括工作台坐标系和工件坐标系等。

世界坐标系（World Coordinate System，WCS）是参照地球的直角坐标系，即系统的绝对坐标系。在没有建立用户坐标系前所有点的坐标都是基于该坐标系的原点来确定位置的。

基坐标系（Base Coordinate System，BCS）是以安装机器人的基座为基准，描述机器人本体在三维空间运动的直角坐标系，通常定义为机器人前后方向为 $x$ 轴，左右方向为 $y$ 轴，上下方向为 $z$ 轴。

大地坐标系（Geodetic Coordinate System，GCS）是以大地为参考的直角坐标系，用于多个机器人联动和有附加外轴的机器人。通常大地坐标系定义为机器人的上下方向为 $z$ 轴，向下为 $+z$，向上为 $-z$。通常，大地坐标系与基坐标系重合，但以下两种情况有所不同：

(1) 当机器人倒置安装时，倒置机器人的基坐标系与大地坐标系的 $z$ 轴方向相反，如图 2-4 所示。

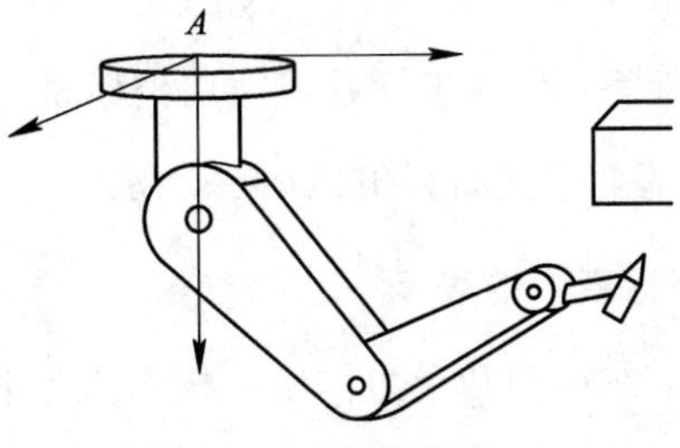


图 2-4　倒置机器人

(2) 当机器人带外部轴时，大地坐标系位置固定，基坐标系则随着机器人整体的运动而运动，如图 2-5 所示。

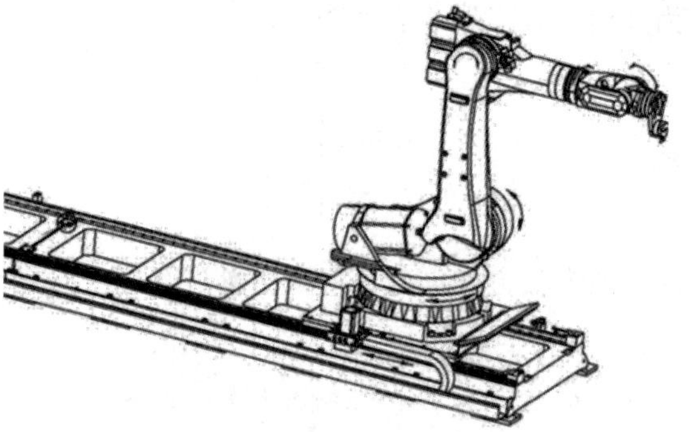

图 2-5　带外部轴的机器人

关节坐标系(Joint Coordinate System，JCS)是指在机器人各关节建立的坐标系，关节坐标系通常都是运动坐标系。运动坐标系是针对参考坐标系而言的，是在参考坐标系下不断运动的直角坐标系。

末端执行器坐标系(End-effector Coordinate System，ECS)，又称腕部坐标系，其建立在机器人臂的末端连杆上，即机器人的腕关节处。

工具坐标系(Tool Coordinate System，TCS)是指表示工具中心和工具姿势的直角坐标系，通常设置在机器人末端，其原点及方向随末端位置与角度不断变化。应根据工具的形状、尺寸，建立与之对应的工具坐标系。如吸盘工件的表面和焊枪的顶点均建立在工具坐标系上。定义工具坐标系的方法有四点法、五点法和六点法。四点法是指在机器人附近找一点，使工具中心点对准该点，保持工具中心点不变，变换夹具姿态四次，获得四组解，从而计算出当前工具中心点与机器人手腕中心点的相应位置，坐标系方向与机器人手腕中心点一致。五点法在四点法的基础上增加了一个点，该点与固定点的连线为工具坐标系的 $z$ 轴方向。六点法在四点法基础上增加了两个点，第五点与固定点的连线为坐标系的 $x$ 轴方向，第六点与固定点的连线为坐标系的 $z$ 轴方向。

工作台坐标系(Working-table Coordinate System，WCS)是一个通用的坐标系。其根据基坐标系来确定，通常被设定在工作台的一个角上，机器人所有运动都是相对于这个坐标系而言的，也称为任务坐标系、世界坐标系或通用坐标系。

工件坐标系是以工件为基准建立的直角坐标系，用于描述机器人工具中心点的运动。

**4. 运动坐标系在参考坐标系中的表示**

工业机器人通常为刚体，在运动和受力作用下机器人形状和大小均不变，其各部分是固连在一起的，其各点的位置不变。若要定义一个空间的物体，则物体相对于参考坐标系的位姿可利用物体的原点位置信息和坐标轴的姿态信息表示，如图 2－6 所示。

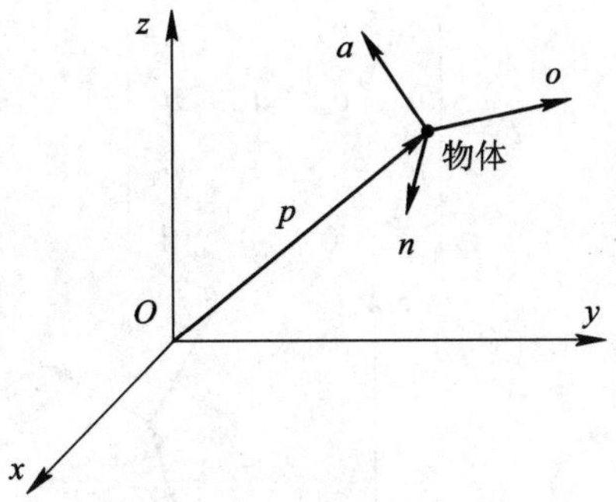


图 2－6　空间物体表示

运动坐标系是描述物体的位姿及位姿变化的数学工具，坐标系包括坐标系原点、坐标轴的方向及单位向量。

运动坐标系原点的位置由点在参考坐标系 $F_{xyz}$ 下的向量来表示，如图 2－7 所示。运动坐标系原点在参考坐标系下的原点可表示为

$$\boldsymbol{P}=\begin{bmatrix} p_x \\ p_y \\ p_z \\ 1 \end{bmatrix} \tag{2-3}$$

式中，$p_x$、$p_y$、$p_z$ 为 $P$ 点在 $x$、$y$、$z$ 轴上的投影分量。

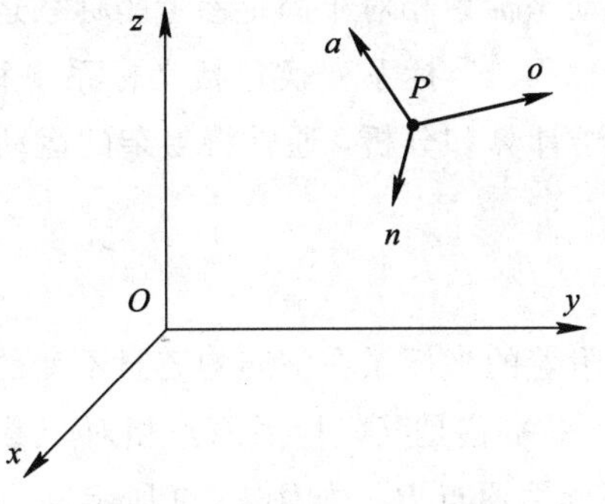


图 2－7　运动坐标系原点在参考坐标系下的表示

运动坐标系的坐标轴是由三个相互正交的方向向量来表示的，如图 2－8 所示。运动坐标系是在参考坐标系下建立的坐标系，如运动坐标系 $F_{noa}$，其下标的 $n$、$o$、$a$ 分别表示接近轴、方向轴和正交轴，将这三个坐标轴投影到参考坐标系上，可表示为

$$\boldsymbol{F}=\begin{bmatrix} n_x & o_x & a_x \\ n_y & o_y & a_y \\ n_z & o_z & a_z \end{bmatrix} \tag{2-4}$$

式中，矩阵 $\boldsymbol{F}$ 的元素为运动坐标系的坐标轴 $n$、$o$、$a$ 在 $x$、$y$、$z$ 轴上的投影，即矩阵第 1 列为运动坐标系的 $n$ 轴在参考坐标系的 $x$、$y$、$z$ 轴上的投影；同样，矩阵第 2、3 列分别为运动坐标系的 $o$、$a$ 轴分别在参考坐标系的 $x$、$y$、$z$ 轴上的投影。因此，运动坐标系 $F_{noa}$ 在参

考坐标系 $F_{xyz}$ 中可表示为

$$
\boldsymbol{F}=\begin{bmatrix} n_x & o_x & a_x & p_x \\ n_y & o_y & a_y & p_y \\ n_z & o_z & a_z & p_z \\ 0 & 0 & 0 & 1 \end{bmatrix} \tag{2-5}
$$

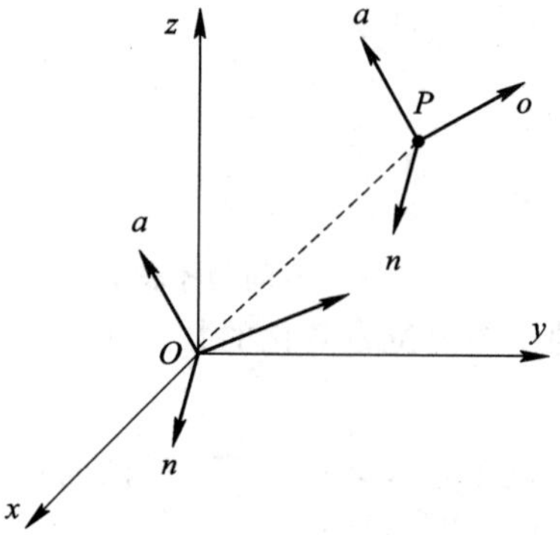


图 2-8　运动坐标系的坐标轴在参考坐标系下的表示

## 2.2　坐标系变换的表示方法

坐标系变换描述的是运动坐标系相对于固定参考坐标系运动而发生的变化，通常利用矩阵可以直观地表示变换的过程。坐标系变换包括坐标系平移、绕坐标系轴旋转及平移/旋转混合变换三类。为了便于计算和分析，通常将复杂的运动过程分解为一系列平移和旋转的独立运动过程。

### 1. 坐标系平移变换

坐标系平移是指物体所附着的坐标系在空间的姿态不变的情况下，坐标系的原点位置运动变化的过程。其实，坐标系平移是某坐标系原点相对于参考坐标系发生了变化，即从坐标系原点 $P$ 平移到新的坐标系原点 $P'$，如图 2-9 所示。

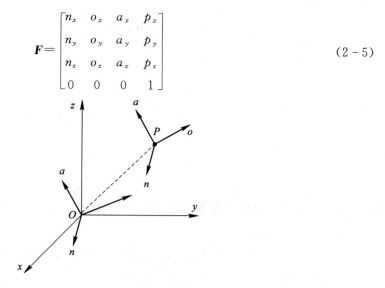

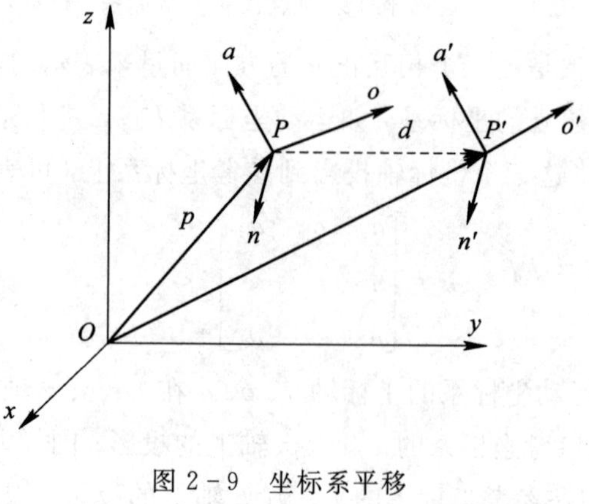


图 2-9　坐标系平移

在平移过程中，原点位置发生了变化，但姿态不变，方向单位向量不改变，则变化矩阵 $\boldsymbol{T}$ 表示为

$$\boldsymbol{T}=\begin{bmatrix}1&0&0&d_x\\0&1&0&d_y\\0&0&1&d_z\\0&0&0&1\end{bmatrix}\tag{2-6}$$

式中，$d_x$、$d_y$ 和 $d_z$ 分别为坐标系相对于参考坐标系沿 $x$、$y$、$z$ 轴的平移量。

在参考坐标系框架下，平移后新坐标系的原点位置为原坐标系的原点位置向量与平移向量的和，则新坐标系 $F_{\text{new}}$ 的矩阵形式可表示为

$$\boldsymbol{F}_{\text{new}}=\boldsymbol{T}\times\boldsymbol{F}_{\text{old}}=\begin{bmatrix}1&0&0&d_x\\0&1&0&d_y\\0&0&1&d_z\\0&0&0&1\end{bmatrix}\times\begin{bmatrix}n_x&o_x&a_x&p_x\\n_y&o_y&a_y&p_y\\n_z&o_z&a_z&p_z\\0&0&0&1\end{bmatrix}$$

$$=\begin{bmatrix}n_x&o_x&a_x&p_x+d_x\\n_y&o_y&a_y&p_y+d_y\\n_z&o_z&a_z&p_z+d_z\\0&0&0&1\end{bmatrix}\tag{2-7}$$

其中，$\boldsymbol{F}_{\text{old}}$ 为原坐标系矩阵，$\boldsymbol{T}$ 为变换矩阵。用符号可表示为

$$\boldsymbol{F}_{\text{new}}=\boldsymbol{T}\times\boldsymbol{F}_{\text{old}}$$

或

$$\boldsymbol{F}_{\text{new}}=\text{Trans}(d_x,\ d_y,\ d_z)\times\boldsymbol{F}_{\text{old}}$$

可见，坐标系平移就是原坐标系左乘变换矩阵。

**例 2－2**　运动坐标系 $\boldsymbol{F}_{noa}$ 先沿着参考坐标系的 $x$ 轴移动 3 cm，然后沿着 $z$ 轴移动 8 cm，再沿 $y$ 轴移动 5 cm，求新坐标系的位姿 $\boldsymbol{F}'_{noa}$。

$$\boldsymbol{F}_{noa}=\begin{bmatrix}0.232&-0.268&0.428&3\\0.514&0.921&0.425&7\\0.831&0.643&0.322&9\\0&0&0&1\end{bmatrix}$$

**解**　由式(2－7)可得

$$\boldsymbol{F}'_{noa}=\boldsymbol{T}\times\boldsymbol{F}_{noa}=\begin{bmatrix}1&0&0&3\\0&1&0&5\\0&0&1&8\\0&0&0&1\end{bmatrix}\times\begin{bmatrix}0.232&-0.268&0.428&3\\0.514&0.921&0.425&7\\0.831&0.643&0.322&9\\0&0&0&1\end{bmatrix}$$

$$=\begin{bmatrix}0.232&-0.268&0.428&6\\0.514&0.921&0.425&12\\0.831&0.643&0.322&17\\0&0&0&1\end{bmatrix}$$

从而求得新的坐标系位姿。

**2. 坐标系旋转变换**

坐标系旋转有绕 $x$ 轴、$y$ 轴和 $z$ 轴旋转三种方式。不失一般性，以坐标系 $F_{noa}$ 绕参考坐标系的 $x$ 轴旋转角度 $\theta$ 为例推导其变换矩阵。

假设坐标系 $F_{noa}$ 位于参考坐标系 $F_{xyz}$ 的原点，且 $F_{noa}$ 和 $F_{xyz}$ 坐标系的 $n$ 轴和 $x$ 轴平行（如图 2－10 所示）。通常，机器人为刚体时，在每个关节上建立坐标系，与之相连的杠件上的每个点可看作是该坐标系框架下的点，该点与坐标系一起运动。因此，为了推导坐标系旋转的变化，可假设坐标系 $F_{noa}$ 上有任意点 $P$ 随其一起旋转。

假设 $P$ 点投影到参考坐标系 $F_{xyz}$ 的坐标值为 $p_x$、$p_y$ 和 $p_z$，坐标系 $F_{noa}$ 旋转前，$P$ 点在其坐标系 $F_{noa}$ 下的坐标值为 $p_n$、$p_o$ 和 $p_a$，坐标系 $F_{noa}$ 旋转后，$P$ 点在坐标系 $F_{noa}$ 下坐标值不变，$P$ 点在坐标系 $F_{xyz}$ 中的坐标值 $p_x$、$p_y$ 和 $p_z$ 会发生变化，如图 2－11 所示。

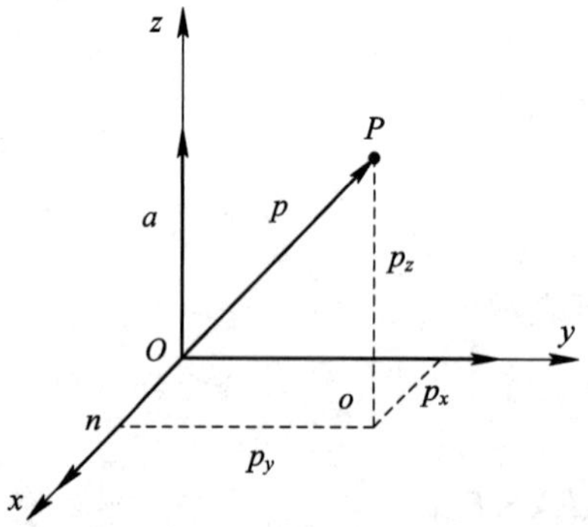


图 2－10　坐标系 $F_{noa}$ 与参考坐标系 $F_{xyz}$ 的关系

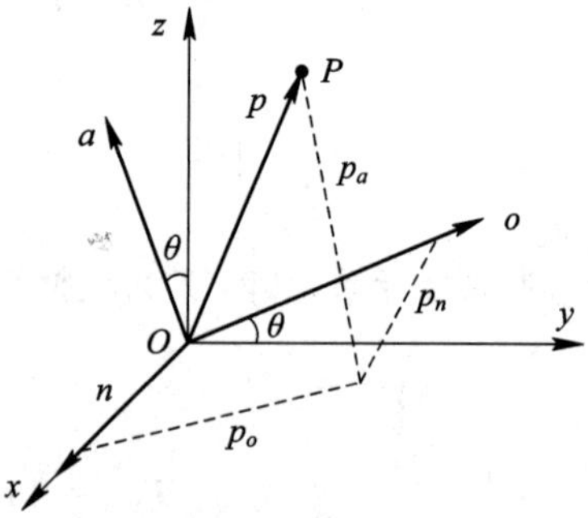


图 2－11　绕 $x$ 轴旋转 $\theta$ 角度坐标系间的关系

通过建立几何关系，获得坐标系 $F_{noa}$ 相对于参考坐标系的新坐标系矩阵。绕 $x$ 轴旋转后，$p_x$ 不随坐标系 $F_{xyz}$ 的 $x$ 轴旋转而改变，$p_y$ 和 $p_z$ 则随之发生变化，如图 2－12 和图 2－13所示。

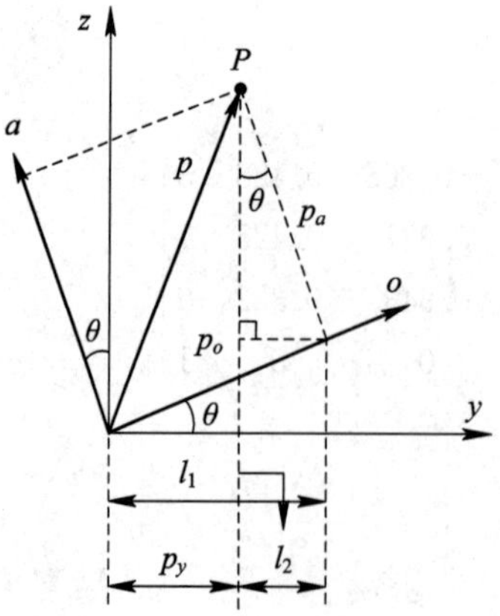


图 2－12　绕 $x$ 轴旋转后参考坐标系 $y$ 轴的变化

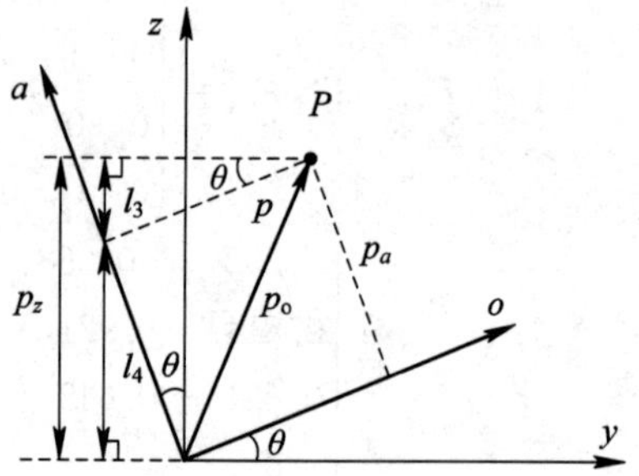


图 2－13　绕 $x$ 轴旋转后参考坐标系 $z$ 轴的变化

通过几何证明，整理可得如下关系式：

$$\begin{cases} \boldsymbol{p}_x = \boldsymbol{p}_n \\ \boldsymbol{p}_y = \boldsymbol{l}_1 - \boldsymbol{l}_2 = \boldsymbol{p}_o \cos\theta - \boldsymbol{p}_a \sin\theta \\ \boldsymbol{p}_z = \boldsymbol{l}_3 + \boldsymbol{l}_4 = \boldsymbol{p}_o \sin\theta + \boldsymbol{p}_a \cos\theta \end{cases} \tag{2-8}$$

式(2-8)的矩阵形式可表示为

$$\begin{bmatrix} \boldsymbol{p}_x \\ \boldsymbol{p}_y \\ \boldsymbol{p}_z \end{bmatrix} = \begin{bmatrix} 1 & 0 & 0 \\ 0 & \cos\theta & -\sin\theta \\ 0 & \sin\theta & \cos\theta \end{bmatrix} \begin{bmatrix} \boldsymbol{p}_n \\ \boldsymbol{p}_o \\ \boldsymbol{p}_a \end{bmatrix} \tag{2-9}$$

用符号可表示为

$$\boldsymbol{F}_{xyz} = \mathrm{Rot}(x, \theta) \times \boldsymbol{p}_{noa}$$

可见，绕 $x$ 轴旋转后新的坐标系的值为原坐标系左乘旋转变换矩阵。

因此，绕 $x$ 轴旋转角度 $\theta$ 的变换矩阵为

$$\mathrm{Rot}(x, \theta) = \begin{bmatrix} 1 & 0 & 0 \\ 0 & \cos\theta & -\sin\theta \\ 0 & \sin\theta & \cos\theta \end{bmatrix} \tag{2-10}$$

同样，可得绕 $y$、$z$ 轴旋转角度 $\theta$ 的坐标系的矩阵形式为

$$\mathrm{Rot}(y, \theta) = \begin{bmatrix} \cos\theta & 0 & \sin\theta \\ 0 & 1 & 0 \\ -\sin\theta & 0 & \cos\theta \end{bmatrix} \tag{2-11}$$

$$\mathrm{Rot}(z, \theta) = \begin{bmatrix} \cos\theta & -\sin\theta & 0 \\ \sin\theta & \cos\theta & 0 \\ 0 & 0 & 1 \end{bmatrix} \tag{2-12}$$

通过对式(2-10)和式(2-12)进行观察，可发现变换矩阵具有如下特点：

(1) 主对角线上有一个元素为 1，其余均为旋转角的余弦/正弦；

(2) 绕某坐标轴转动的次序与元素 1 所在的行、列号对应。

(3) 元素 1 所在的行和列的其他元素均为 0。

(4) 从元素 1 所在行起，自上而下先出现的正弦前为负号。

**例 2-3**　运动坐标系 $F_{noa}$ 中的一个点 $\boldsymbol{p}(3, 5, 2)^{\mathrm{T}}$ 绕参考坐标系 $z$ 轴旋转 90°。求旋转后该点相对于参考坐标系的坐标变化。

**解**　由式(2-9)和式(2-12)可得

$$\begin{bmatrix} \boldsymbol{p}_x \\ \boldsymbol{p}_y \\ \boldsymbol{p}_z \end{bmatrix} = \begin{bmatrix} \cos\theta & -\sin\theta & 0 \\ \sin\theta & \cos\theta & 0 \\ 0 & 0 & 1 \end{bmatrix} \begin{bmatrix} \boldsymbol{p}_n \\ \boldsymbol{p}_o \\ \boldsymbol{p}_a \end{bmatrix} = \begin{bmatrix} \cos 90^\circ & -\sin 90^\circ & 0 \\ \sin 90^\circ & \cos 90^\circ & 0 \\ 0 & 0 & 1 \end{bmatrix} \begin{bmatrix} 3 \\ 5 \\ 2 \end{bmatrix} = \begin{bmatrix} -5 \\ 3 \\ 2 \end{bmatrix}$$

因此，旋转后点所在的位置为$[-5\quad 3\quad 2]^{\mathrm{T}}$。

**3. 坐标系混合变换**

混合变换是指坐标系进行的一系列平移、旋转等运动集合的过程。实际上，任何复杂的运动变换都可以分解为平移变换和旋转变换的序列。

假定坐标系 $F_{noa}$ 相对于参考坐标系 $F_{xyz}$ 进行如下运动：

(1) 绕 $x$ 轴旋转 $\alpha$；

(2) 分别沿 $x$、$y$、$z$ 轴平移$[l_1, l_2, l_3]$；

(3) 绕 $y$ 轴旋转 $\beta$。

则其运动过程表示如下：

第 1 次变换：

$$\boldsymbol{p}_{1,xyz}=\mathrm{Rot}(x,\alpha)\times\boldsymbol{p}_{noa}$$

第 2 次变换：

$$\boldsymbol{p}_{2,xyz}=\mathrm{Trans}(l_1, l_2, l_3)\times\boldsymbol{p}_{1,xyz}=\mathrm{Trans}(l_1, l_2, l_3)\times\mathrm{Rot}(x,\alpha)\times\boldsymbol{p}_{noa}$$

第 3 次变换：

$$\boldsymbol{p}_{3,xyz}=\mathrm{Rot}(y,\beta)\times\boldsymbol{p}_{2,xyz}=\mathrm{Rot}(y,\beta)\times\mathrm{Trans}(l_1, l_2, l_3)\times\mathrm{Rot}(x,\alpha)\times\boldsymbol{p}_{noa}$$

**例 2-4** 固连在坐标系 $F_{noa}$ 中的一个点 $\boldsymbol{p}(3, 5, 2)^{\mathrm{T}}$ 经过平移[2, 3, 4]、绕 $z$ 轴旋转 90°、绕 $x$ 轴旋转45°、绕 $y$ 轴旋转60°等四个连续的运动过程。求变换后该点相对于参考坐标系的坐标变化。

**解** 由式(2-7)和式(2-12)可得

$$\boldsymbol{p}'_{noa}=\begin{bmatrix}\cos60° & 0 & \sin60° & 0\\ 0 & 1 & 0 & 0\\ -\sin60° & 0 & \cos60° & 1\\ 0 & 0 & 0 & 1\end{bmatrix}\begin{bmatrix}1 & 0 & 0 & 0\\ 0 & \cos45° & -\sin45° & 0\\ 0 & \sin45° & \cos45° & 1\\ 0 & 0 & 0 & 1\end{bmatrix}\times$$

$$\begin{bmatrix}\cos90° & -\sin90° & 0 & 0\\ \sin90° & \cos90° & 0 & 0\\ 0 & 0 & 1 & 1\\ 0 & 0 & 0 & 1\end{bmatrix}\times\begin{bmatrix}1 & 0 & 0 & 2\\ 0 & 1 & 0 & 3\\ 0 & 0 & 1 & 4\\ 0 & 0 & 0 & 1\end{bmatrix}\times\begin{bmatrix}3\\ 5\\ 2\\ 1\end{bmatrix}$$

$$\approx\begin{bmatrix}7.2901\\ -5.4912\\ -7.0351\\ 1.0000\end{bmatrix}$$

**4. 坐标系变换推广**

前述内容均为坐标系相对于参考坐标系的变换，而如果坐标系相对于运动坐标系或当前坐标系运动的变化规律是不同的。由于运动坐标系中点或物体的位置总是相对于运动坐标系来测量的，其计算只要右乘相应的变换矩阵即可。

假定坐标系 $F_{noa}$ 的变换都是相对于当前运动坐标系进行如下运动：

(1) 绕 $x$ 轴旋转 $\alpha$ 角度；

(2) 分别沿 $x$、$y$、$z$ 轴平移$[l_1, l_2, l_3]$；

(3) 绕 $y$ 轴旋转 $\beta$ 角度。

则其运动过程表示如下：

第 1 次变换：

$$\boldsymbol{p}_{1,\ xyz} = \mathrm{Rot}(a,\ \alpha) \times \boldsymbol{p}_{noa}$$

第 2 次变换：

$$\boldsymbol{p}_{2,\ xyz} = \boldsymbol{p}_{1,\ xyz} \times \mathrm{Trans}(l_1,\ l_2,\ l_3) = \mathrm{Rot}(x,\ \alpha) \times \mathrm{Trans}(l_1,\ l_2,\ l_3) \times \boldsymbol{p}_{noa}$$

第 3 次变换：

$$\boldsymbol{p}_{3,\ xyz} = \boldsymbol{p}_{2,\ xyz} \times \mathrm{Rot}(o,\ \beta) = \mathrm{Rot}(a,\ \alpha) \times \mathrm{Trans}(l_1,\ l_2,\ l_3) \times \mathrm{Rot}(o,\ \beta) \times \boldsymbol{p}_{noa}$$

**例 2-5**　固连在坐标系 $F_{noa}$ 中的一个点 $\boldsymbol{p}(3, 5, 2)^{\mathrm{T}}$ 经过平移[2, 3, 4]、绕 $z$ 轴旋转 90°、绕 $x$ 轴旋转45°、绕 $y$ 轴旋转60°等四个连续的运动过程，每个运动都是基于当前的坐标系的运动。求变换后该点相对于参考坐标系的坐标变化。

**解**　由式(2-7)和式(2-12)可得

$$\boldsymbol{p}'_{noa} = \begin{bmatrix} 1 & 0 & 0 & 2 \\ 0 & 1 & 0 & 3 \\ 0 & 0 & 1 & 4 \\ 0 & 0 & 0 & 1 \end{bmatrix} \begin{bmatrix} \cos 90° & -\sin 90° & 0 & 0 \\ \sin 90° & \cos 90° & 0 & 0 \\ 0 & 0 & 1 & 1 \\ 0 & 0 & 0 & 1 \end{bmatrix} \begin{bmatrix} 1 & 0 & 0 & 0 \\ 0 & \cos 45° & -\sin 45° & 0 \\ 0 & \sin 45° & \cos 45° & 1 \\ 0 & 0 & 0 & 1 \end{bmatrix} \times$$

$$\begin{bmatrix} \cos 60° & 0 & \sin 60° & 0 \\ 0 & 1 & 0 & 0 \\ -\sin 60° & 0 & \cos 60° & 1 \\ 0 & 0 & 0 & 1 \end{bmatrix} \times \begin{bmatrix} 3 \\ 5 \\ 2 \\ 1 \end{bmatrix} \approx \begin{bmatrix} 1.2125 \\ -1.2726 \\ 10.2596 \\ 1.0000 \end{bmatrix}$$

## 2.3　变换矩阵的逆

假设机器人需要完成“在工件 $P$ 上钻孔” 的任务，要求分析这个运动的变换矩阵，则该任务需要用到的坐标系有参考坐标系 $U$、机器人基座坐标系 $R$、机器人手坐标系 $H$、末端执行器坐标系 $E$ 和工件坐标系 $P$，如图 2-14 所示。

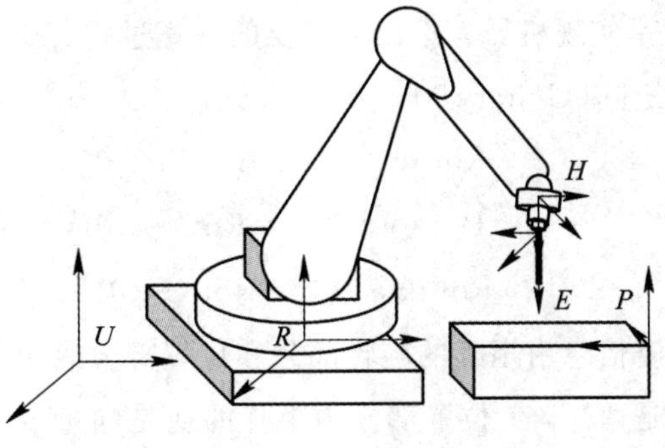


图 2-14　机器人在工件上钻孔

工件的位置利用工件坐标系 $P$ 描述，机器人基座是由相对于参考坐标系 $U$ 下的坐标系 $R$ 描述的，机器人手利用坐标系 $H$ 描述，末端执行器用坐标系 $E$ 来描述。因此，工件钻孔点的位置与参考坐标系 $U$ 的变换矩阵表示为

$$ {}^{U}\boldsymbol{T}_{E}={}^{U}\boldsymbol{T}_{P}\,{}^{P}\boldsymbol{T}_{E}={}^{U}\boldsymbol{T}_{R}\,{}^{R}\boldsymbol{T}_{H}\,{}^{H}\boldsymbol{T}_{E} \tag{2-13} $$

式(2－13)表示从工件 $P$ 处出发则是从末端执行器坐标系 $E$ 变换到工件坐标系 $P$(${}^{P}\boldsymbol{T}_{E}$)，再变换到参考坐标系 $U$(${}^{U}\boldsymbol{T}_{P}$)；从机器人处出发则是从末端执行器坐标系 $E$ 变换到机器人手坐标系 $H$(即${}^{H}\boldsymbol{T}_{E}$)，再变换到基座坐标系 $R$(即${}^{R}\boldsymbol{T}_{H}$)，最后变换到参考坐标系 $U$(即${}^{U}\boldsymbol{T}_{R}$)。两者都是从参考坐标系 $U$ 到达末端执行器 $E$，因此，可以建立等式关系。在计算式(2－13)的过程中不能简单地像代数运算那样直接在右边乘以方程的左边，而应该根据合适的矩阵的逆来计算。在式(2－13)中所涉及的五个变换矩阵中，能够直接得到的变换矩阵有以下几个：

${}^{U}\boldsymbol{T}_{R}$ 为机器人坐标系 $R$ 相对于全局坐标系 $U$ 的变换，即基座位置安装已知；

${}^{H}\boldsymbol{T}_{E}$ 为末端执行器 $E$ 相对于机器人手坐标系 $H$ 变换，即末端执行器的任何机械已知；

${}^{U}\boldsymbol{T}_{P}$ 为零件坐标系 $P$ 相对于全局坐标系 $U$ 的变换，即钻孔的零件的位置 $P$ 可通过视觉系统来确定；

${}^{P}\boldsymbol{T}_{E}$ 为末端执行器坐标系 $E$ 相对于零件坐标系 $P$ 的变换，即钻孔必须知道钻孔的位置。

式(2－13)中只有机器人手坐标系 $H$ 相对于机器人基座坐标系 $R$ 的变换矩阵${}^{R}\boldsymbol{T}_{H}$ 是未知的。

因此，只有找出机器人的关节变量，才能将末端执行器定位在要钻孔的位置 $P$ 上。若已知机器人各关节的角度和连杆长度，则通过计算${}^{R}\boldsymbol{T}_{H}$ 变换，就能够对机器人任务进行规划。

将式(2－13)进行变换，则有

$$ {}^{U}\boldsymbol{T}_{E}={}^{U}\boldsymbol{T}_{P}\,{}^{P}\boldsymbol{T}_{E}={}^{U}\boldsymbol{T}_{R}\,{}^{R}\boldsymbol{T}_{H}\,{}^{H}\boldsymbol{T}_{E} $$

$$ ({}^{U}\boldsymbol{T}_{R})^{-1}({}^{U}\boldsymbol{T}_{R}\,{}^{R}\boldsymbol{T}_{H}\,{}^{H}\boldsymbol{T}_{E})({}^{H}\boldsymbol{T}_{E})^{-1}=({}^{U}\boldsymbol{T}_{R})^{-1}({}^{U}\boldsymbol{T}_{P}\,{}^{P}\boldsymbol{T}_{E})({}^{H}\boldsymbol{T}_{E})^{-1} $$

$$ {}^{R}\boldsymbol{T}_{H}=({}^{U}\boldsymbol{T}_{R})^{-1}({}^{U}\boldsymbol{T}_{P}\,{}^{P}\boldsymbol{T}_{E})({}^{H}\boldsymbol{T}_{E})^{-1} $$

变换矩阵的逆计算是实现机器人运动的必要的计算过程。旋转矩阵的逆与其转置矩阵相同，即旋转矩阵为酉矩阵(Unitary Matrix)。可见，绕 $x$、$y$、$z$ 轴的旋转矩阵的逆即为

$$ \mathrm{Rot}\,(x,\theta)^{-1}=\mathrm{Rot}\,(x,\theta)^{\mathrm{T}} \tag{2-14} $$

$$ \mathrm{Rot}\,(y,\theta)^{-1}=\mathrm{Rot}\,(y,\theta)^{\mathrm{T}} \tag{2-15} $$

$$ \mathrm{Rot}\,(z,\theta)^{-1}=\mathrm{Rot}\,(z,\theta)^{\mathrm{T}} \tag{2-16} $$

另外，机器人的位姿信息由矩阵的旋转部分和位置部分表示。旋转部分的矩阵的逆为旋转矩阵的转置，仍然是酉矩阵；位置部分的矩阵的逆是向量 $\boldsymbol{p}$ 分别与向量 $\boldsymbol{n}$、$\boldsymbol{o}$、$\boldsymbol{a}$ 点积的负值，即机器人位姿信息的变换矩阵为

$$\boldsymbol{T}=\begin{bmatrix} n_x & o_x & a_x & p_x \\ n_y & o_y & a_y & p_y \\ n_z & o_z & a_z & p_z \\ 0 & 0 & 0 & 1 \end{bmatrix},\ \boldsymbol{T}^{-1}=\begin{bmatrix} n_x & n_y & n_z & -\boldsymbol{p}\cdot\boldsymbol{n} \\ o_x & o_y & o_z & -\boldsymbol{p}\cdot\boldsymbol{o} \\ a_x & a_y & a_z & -\boldsymbol{p}\cdot\boldsymbol{a} \\ 0 & 0 & 0 & 1 \end{bmatrix} \tag{2-17}$$

**例 2-6**　计算表示 Rot ($x$, 45°)$^{-1}$的矩阵。

**解**　绕 $x$ 轴旋转45°的矩阵及其逆为

$$\boldsymbol{T}=\begin{bmatrix} 1 & 0 & 0 & 0 \\ 0 & \cos45° & -\sin45° & 0 \\ 0 & \sin45° & \cos45° & 0 \\ 0 & 0 & 0 & 1 \end{bmatrix}\approx\begin{bmatrix} 1 & 0 & 0 & 0 \\ 0 & 0.5253 & -0.8509 & 0 \\ 0 & 0.8509 & 0.5253 & 0 \\ 0 & 0 & 0 & 1 \end{bmatrix}$$

$$\boldsymbol{T}^{-1}\approx\begin{bmatrix} 1 & 0 & 0 & 0 \\ 0 & 0.5253 & 0.8509 & 0 \\ 0 & -0.8509 & 0.5253 & 0 \\ 0 & 0 & 0 & 1 \end{bmatrix}$$

**例 2-7**　计算变换矩阵 $\boldsymbol{T}$ 的逆。

$$\boldsymbol{T}=\begin{bmatrix} 1 & 0 & 0 & 3 \\ 0 & 0.5253 & -0.8509 & 5 \\ 0 & 0.8509 & 0.5253 & 2 \\ 0 & 0 & 0 & 1 \end{bmatrix}$$

**解**　由式(2-17)可得变换矩阵的逆为

$$\boldsymbol{T}^{-1}=\begin{bmatrix} 1 & 0 & 0 & -(3\times1+5\times0+2\times0) \\ 0 & 0.5253 & -0.8509 & -(3\times0+5\times0.5253+2\times(-0.8509)) \\ 0 & 0.8509 & 0.5253 & -(3\times0+5\times0.8509+2\times0.5253) \\ 0 & 0 & 0 & 1 \end{bmatrix}$$

$$=\begin{bmatrix} 1 & 0 & 0 & -3.000 \\ 0 & 0.5253 & 0.8509 & -4.3284 \\ 0 & -0.8509 & 0.5253 & 3.2039 \\ 0 & 0 & 0 & 1 \end{bmatrix}$$

**例 2-8**　在某六自由度的串联工业机器人的第 6 个关节上装有一台工业相机(Eye-in-Hand)，用工业相机观测目标并确定目标坐标系相对于相机坐标系的位置，要求根据以下数据确定末端执行器要到达目标必须完成的运动变化。

工业相机到第 6 个关节的坐标系变换为

$${}^{6}\boldsymbol{T}_{\text{cam}}=\begin{bmatrix} 0 & 0 & -1 & 2 \\ 0 & -1 & 0 & 0 \\ -1 & 0 & 0 & 6 \\ 0 & 0 & 0 & 1 \end{bmatrix}$$

机器人手到第 6 个关节的坐标系变换为

$$ {}^{6}\boldsymbol{T}_{H}=\begin{bmatrix}0&-1&0&0\\1&0&0&0\\0&0&1&2\\0&0&0&1\end{bmatrix} $$

目标到工业相机坐标系的变换为

$$ {}^{\text{cam}}\boldsymbol{T}_{\text{obj}}=\begin{bmatrix}0&0&1&2\\1&0&0&2\\0&1&0&5\\0&0&0&1\end{bmatrix} $$

末端执行器到机器人手坐标系的变换为

$$ {}^{H}\boldsymbol{T}_{E}=\begin{bmatrix}0&0&1&0\\1&0&0&0\\0&1&1&5\\0&0&0&1\end{bmatrix} $$

**解** 通过式(2-13)可写出方程，将不同的变化和坐标系建立关系。一是从机器人的路径出发；二是从目标的路径出发，则有

$$ {}^{R}\boldsymbol{T}_{6}\times{}^{6}\boldsymbol{T}_{H}\times{}^{H}\boldsymbol{T}_{E}\times{}^{E}\boldsymbol{T}_{\text{obj}}={}^{R}\boldsymbol{T}_{6}\times{}^{6}\boldsymbol{T}_{\text{cam}}\times{}^{\text{cam}}\boldsymbol{T}_{\text{obj}} \tag{2-18} $$

对式(2-18)进行整理后，矩阵可写为

$$ {}^{E}\boldsymbol{T}_{\text{obj}}={}^{H}\boldsymbol{T}_{E}^{-1}\times{}^{6}\boldsymbol{T}_{H}^{-1}\times{}^{6}\boldsymbol{T}_{\text{cam}}\times{}^{\text{cam}}\boldsymbol{T}_{\text{obj}} $$

由于

$$ {}^{H}\boldsymbol{T}_{E}^{-1}=\begin{bmatrix}0&1&0&0\\-1&0&1&-5\\1&0&0&0\\0&0&0&1\end{bmatrix} $$

$$ {}^{6}\boldsymbol{T}_{H}^{-1}=\begin{bmatrix}0&1&0&0\\-1&0&0&0\\0&0&1&-2\\0&0&0&1\end{bmatrix} $$

因此将矩阵 ${}^{H}\boldsymbol{T}_{E}^{-1}$ 和 ${}^{6}\boldsymbol{T}_{H}^{-1}$ 代入式(2-18)，可得

$$ \begin{aligned} {}^{E}\boldsymbol{T}_{\text{obj}}&={}^{H}\boldsymbol{T}_{E}^{-1}\times{}^{6}\boldsymbol{T}_{H}^{-1}\times{}^{6}\boldsymbol{T}_{\text{cam}}\times{}^{\text{cam}}\boldsymbol{T}_{\text{obj}}\\ &=\begin{bmatrix}0&1&0&0\\-1&0&1&-5\\1&0&0&0\\0&0&0&1\end{bmatrix}\begin{bmatrix}0&1&0&0\\-1&0&0&0\\0&0&1&-2\\0&0&0&1\end{bmatrix}\begin{bmatrix}0&0&-1&2\\0&-1&0&0\\-1&0&0&6\\0&0&0&1\end{bmatrix}\begin{bmatrix}0&0&1&2\\1&0&0&2\\0&1&0&5\\0&0&0&1\end{bmatrix}\\ &=\begin{bmatrix}0&1&0&3\\1&0&-1&-1\\-1&0&0&-2\\0&0&0&1\end{bmatrix} \end{aligned} $$

# 2.4　机器人正运动学

假设有一个构型已知的机器人，即机器人的所有连杆长度和关节角度都是已知的，则求解该机器人手的位姿的过程称为机器人正运动学分析。

**1. 位置的正逆运动学**

1）直角坐标系机器人

直角坐标系，也称为笛卡尔坐标系（Cartesian Coordinate System，CCS），如图 2－15 所示，机器人的所有驱动机构都沿着直角坐标系 $x$、$y$、$z$ 轴 3 个方向做线性运动。

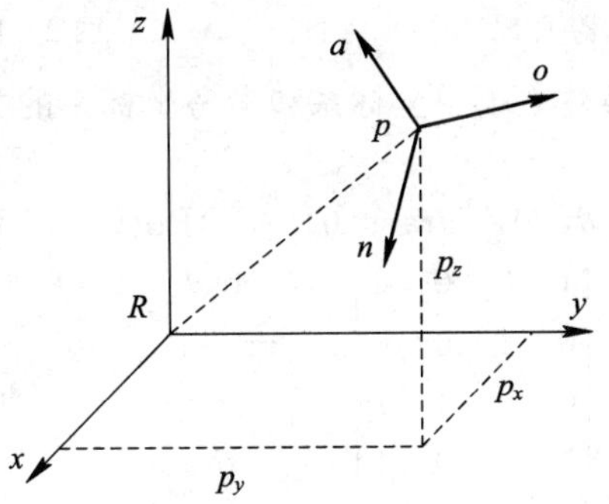


图 2－15　直角坐标系

在直角坐标系中，机器人手位置的正运动学变换矩阵为

$$^{R}\boldsymbol{T}_{p}=\boldsymbol{T}_{\text{cart}}(p_x, p_y, p_z)=\begin{bmatrix}1 & 0 & 0 & p_x\\0 & 1 & 0 & p_y\\0 & 0 & 1 & p_z\\0 & 0 & 0 & 1\end{bmatrix} \tag{2-19}$$

式中，$^{R}\boldsymbol{T}_{p}$ 为机器人手坐标系原点 $p$ 与参考坐标系 $R$ 之间的变换矩阵。

**例 2－9**　若直角坐标机器人手坐标系原点定位在点 $P=[2, 4, 3]^{\mathrm{T}}$，要求计算所需要的直角运动坐标系中的坐标值。

**解**　根据正运动学$^{R}\boldsymbol{T}_{p}$ 矩阵可得正运动学变化矩阵为

$$^{R}\boldsymbol{T}_{p}=\begin{bmatrix}1 & 0 & 0 & p_x\\0 & 1 & 0 & p_y\\0 & 0 & 1 & p_z\\0 & 0 & 0 & 1\end{bmatrix}=\begin{bmatrix}1 & 0 & 0 & 2\\0 & 1 & 0 & 4\\0 & 0 & 1 & 3\\0 & 0 & 0 & 1\end{bmatrix}$$

因此，根据期望的位置，可得 $p_x=2$，$p_y=4$，$p_z=3$。

2）圆柱坐标系机器人

圆柱坐标系（Cylindrical Coordinate System，CCS）是由两个线性平移运动和一个旋转运动形成的工作空间，典型的圆柱坐标系机器人是可选择柔性装配机器臂（Selective Compliance Assembly Robot Arm，SCARA），如图 2－16 所示。在圆柱坐标系中运动的顺

序为先沿 $x$ 轴移动距离 $r$，再绕 $z$ 轴旋转角度 $\theta$，最后沿 $z$ 轴移动距离 $l$，如图 2-17 所示。

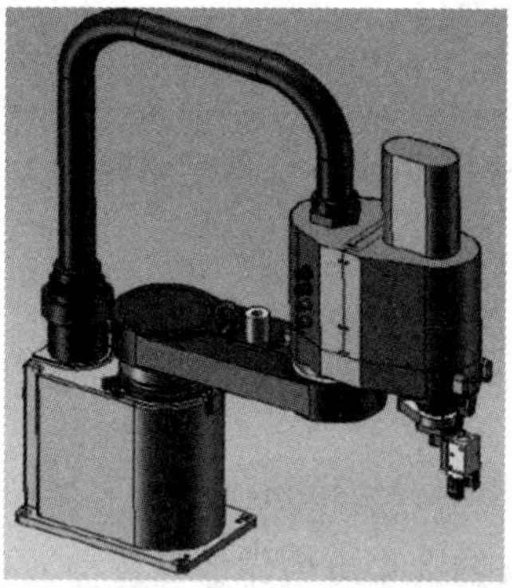

图 2-16 典型圆柱坐标系机器人 SCARA

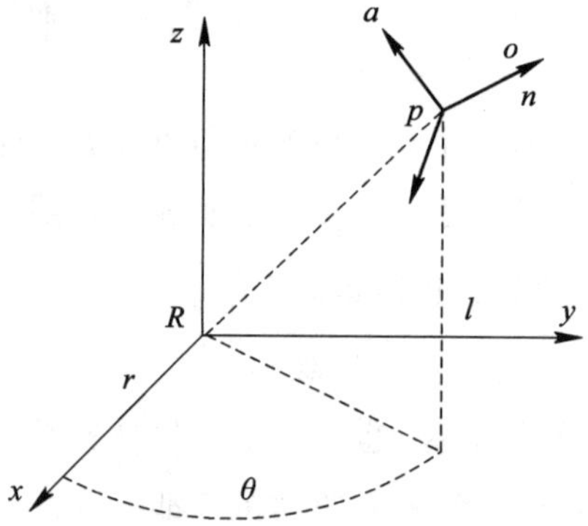


图 2-17 圆柱坐标系模型

圆柱坐标系的三个变换建立了手坐标系和参考坐标系的关系，这三个坐标系所产生的总变换矩阵为

$$^{R}\boldsymbol{T}_{p}=\boldsymbol{T}_{\text{cyl}}(r,\theta,l)=\text{Trans}(0,0,l)\text{Rot}(z,\theta)\text{Trans}(r,0,0)$$

$$^{R}\boldsymbol{T}_{p}=\boldsymbol{T}_{\text{cyl}}(r,\theta,l)=\begin{bmatrix}1&0&0&0\\0&1&0&0\\0&0&1&l\\0&0&0&1\end{bmatrix}\times\begin{bmatrix}\cos\theta&\sin\theta&0&0\\-\sin\theta&\cos\theta&0&0\\0&0&1&0\\0&0&0&1\end{bmatrix}\times\begin{bmatrix}1&0&0&r\\0&1&0&0\\0&0&1&0\\0&0&0&1\end{bmatrix}$$

$$=\begin{bmatrix}\cos\theta&-\sin\theta&0&r\cos\theta\\\sin\theta&\cos\theta&0&r\sin\theta\\0&0&1&l\\0&0&0&1\end{bmatrix}\tag{2-20}$$

**例 2-10** 假设将圆柱坐标系机器人手坐标系的原点放在 $p$ 点[3，4，7]处，要求计算该机器人的关节变量。

**解** 根据式(2-20)，可得机器人手坐标系原点的期望位置为

$$r\cos\theta=3,\ r\sin\theta=4,\ l=7$$

由于必须确保机器人运动学中计算的角度位于正确的象限，因此，有

$$r=5,\ \theta=53.1°,\ l=7$$

因此，该机器人的关节变量为53.1°。

**例 2-11** 给定圆柱坐标系机器人的位置和回转后的姿态，求机器人回转前的位置及姿态矩阵。

$$T=\begin{bmatrix}1&0&0&-2.394\\0&1&0&6.578\\0&0&1&9\\0&0&0&1\end{bmatrix}$$

**解** 根据式(2-20)及 $r$ 为正的约束条件，可得

$$r\cos\theta=-2.394,\ r\sin\theta=6.578,\ l=9$$

则

$$l=9,\ \theta=110°,\ r=7$$

于是得到机器人回转前的位姿为

$$
{}^{R}\boldsymbol{T}_p=\boldsymbol{T}_{\text{cyl}}(r,\ \theta,\ l)=\begin{bmatrix}\cos\theta & -\sin\theta & 0 & r\cos\theta\\ \sin\theta & \cos\theta & 0 & r\sin\theta\\ 0 & 0 & 1 & l\\ 0 & 0 & 0 & 1\end{bmatrix}=\begin{bmatrix}-0.342 & -0.9397 & 0 & 2.394\\ 0.9397 & -0.342 & 0 & 6.578\\ 0 & 0 & 1 & 9\\ 0 & 0 & 0 & 1\end{bmatrix}
$$

3) 球坐标系

球坐标系(Spherical Coordinate System，SCS)是由一个线性运动和两个旋转运动来描述的，即先沿 $z$ 轴平移距离 $r$，再绕 $y$ 轴旋转角度 $\beta$ 和绕 $z$ 轴旋转角度 $\gamma$，如图 2-18 所示。

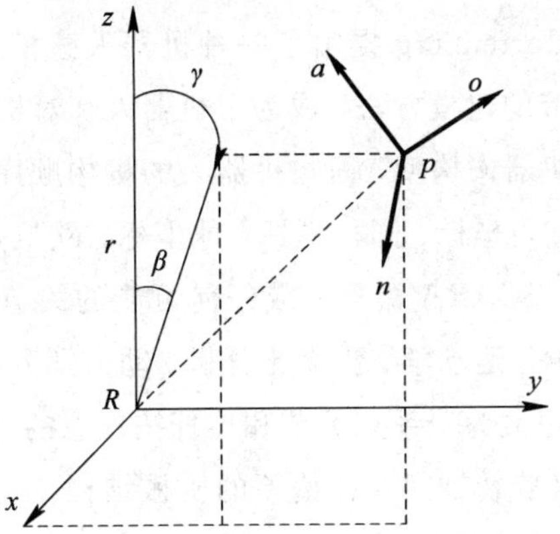


图 2-18　球坐标系模型

球坐标系的三个变换建立了手坐标系和参考坐标系的关系，可写为

$$
{}^{R}\boldsymbol{T}_p=\boldsymbol{T}_{\text{sph}}(r,\ \beta,\ \gamma)=\text{Rot}(z,\ \gamma)\text{Rot}(y,\ \beta)\text{Trans}(0,\ 0,\ r)
$$

相应的变化矩阵形式可写为

$$
{}^{R}\boldsymbol{T}_p=\boldsymbol{T}_{\text{sph}}(r,\ \beta,\ \gamma)=\begin{bmatrix}\cos\gamma & \sin\gamma & 0 & 0\\ -\cos\gamma & \cos\gamma & 0 & 0\\ 0 & 0 & 1 & 0\\ 0 & 0 & 0 & 1\end{bmatrix}\times\begin{bmatrix}\cos\beta & 0 & \sin\beta & 0\\ 0 & 1 & 0 & 0\\ -\sin\beta & 0 & \cos\beta & 0\\ 0 & 0 & 0 & 1\end{bmatrix}\times\begin{bmatrix}1 & 0 & 0 & 0\\ 0 & 1 & 0 & 0\\ 0 & 0 & 1 & r\\ 0 & 0 & 0 & 1\end{bmatrix}
$$

$$
=\begin{bmatrix}\cos\beta\cos\gamma & -\sin\gamma & \sin\beta\cos\gamma & r\sin\beta\cos\gamma\\ \cos\beta\sin\gamma & \cos\gamma & \sin\beta\sin\gamma & r\sin\beta\sin\gamma\\ -\sin\beta & 0 & \cos\beta & r\cos\beta\\ 0 & 0 & 0 & 1\end{bmatrix}\tag{2-21}
$$

**例 2-12**　假设要将球坐标系机器人手坐标系的原点放到 $p$ 点[3，4，7]，求机器人的关节变量。

**解**　根据式(2-21)可得手坐标系原点的位置分量与位置期望值的关系：

$$
r\ \sin\beta\ \cos\gamma=3
$$

$$
r\ \sin\beta\ \sin\gamma=4
$$

$$
r\ \cos\beta=7
$$

计算可得 $\gamma=53.1°$或$233.1°$。

当 $\gamma=53.1°$时，$\sin\gamma=0.8°$，$\cos\gamma=0.6°$，$r\sin\beta=5$。

当 $\gamma=233.1°$时，$\sin\gamma=-0.8°$，$\cos\gamma=-0.6°$，$r\sin\beta=-5$。

再利用条件 $r\cos\beta=7$，则 $\beta=35.5°$或$-35.5°$，$r=8.6$。

虽然 $\beta=35.5°$或$-35.5°$，$\gamma=53.1°$或$233.1°$都满足位置方程，都能使机器人到达同样的位置，但其所处的姿态却不同。由于本例不考虑机器人手坐标系在这点的姿态，因此这两个位置都是正确的。

**2. 姿态的正逆运动学**

1955 年，Denavit 和 Hartenberg 提出了一种机器人建模方法(即 D-H 法)，该方法是一种基于机器人连杆和关节的建模方法，成为了机器人和对机器人运动学进行建模的标准方法。D-H 法可用于任何机器人构型，而与机器人的机构顺序和复杂程度无关，如其可用于任何坐标中的变换，如直角坐标、圆柱坐标、球坐标、欧拉角坐标及 RPY 坐标等，也可用于全旋转的链式机器人、SCARA 机器人或任何可能的关节和连杆的组合。D-H 法不仅适用范围广泛，而且可与微分运动学、雅克比分析、动力学分析和力分析等相结合。

D-H 法将机器人结构定义为一系列关节和连杆按任意的顺序连接而成的机械结构。关节是指可以滑动和旋转，且旋转轴间存在偏差的机械结构。连杆是指具有任意长度，可以扭曲或弯曲的机械结构。

D-H 法的核心是确定每个关节坐标系和变换矩阵，从而得到机器人的总变换矩阵。

1) 关节坐标系的确定

首先，对机器人的连杆和关节进行编号(如图 2-19 所示)，第 1 个关节为关节 $n$，第 2 个关节为关节 $n+1$，第 3 个关节为关节 $n+2$；第 1 个连杆为连杆 $n$，第 2 个连杆为连杆 $n+1$，第 3 个连杆为连杆 $n+3$，以此类推。显然，连杆 $n$ 位于关节 $n$ 和关节 $n+1$ 之间，连杆 $n+1$ 位于关节 $n+1$ 与 $n+2$ 之间。

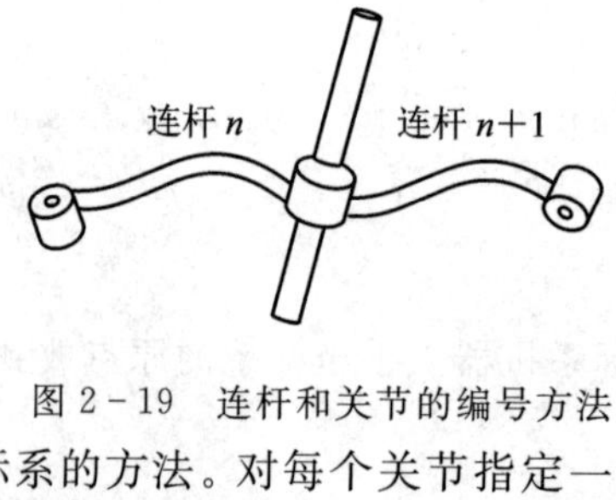


图 2-19　连杆和关节的编号方法

其次，指定确定参考坐标系的方法。对每个关节指定一个本地的参考坐标系，并且必须指定一个 $z$ 轴和 $x$ 轴，因为 D-H 法不需要 $y$ 轴，也不需要指定 $y$ 轴。

(1) 关节 $z$ 轴的确定方法。如果关节是滑动的，则 $z$ 轴为沿直线运动的方向；如果关节是旋转的，则 $z$ 轴位于按右手规则旋转的方向，如图 2-20 所示。定义关节 $n$ 处的 $z$ 轴(及该关节的本地参考坐标系)的编号为 $n-1$，如表示绕关节 $n+1$ 运动的 $z$ 轴是 $z_n$；对于旋转关节，绕 $z$ 轴的旋转角度 $\theta$ 是关节变量；对于滑动关节，绕 $z$ 轴的连杆长度 $d$ 是关节变量。

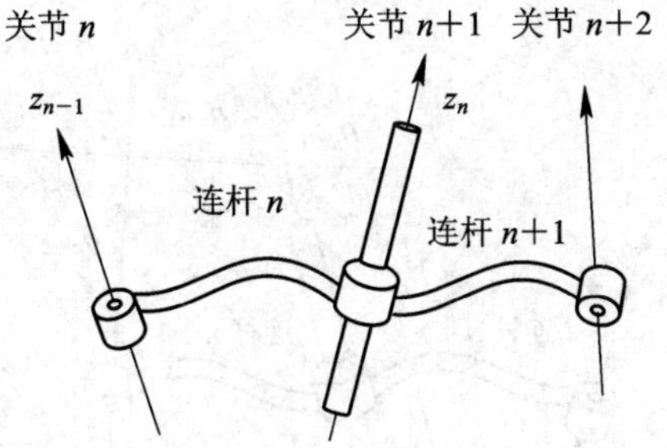


图 2-20　关节坐标系 $z$ 轴的确定方法

(2) 关节 $x$ 轴的确定方法。不管关节是平行还是相交，$z$ 轴斜线上总有一条距离最短的公垂线正交于任意两条斜线。通常本地参考坐标系的 $x$ 轴定义在公垂线方向上，如图 2-21所示。

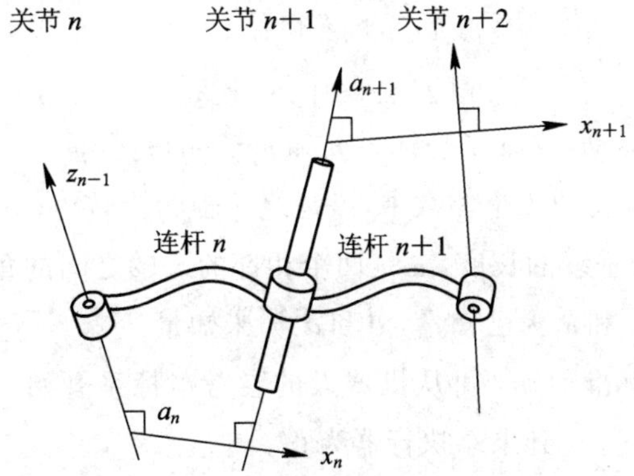


图 2-21　关节坐标系 $x$ 轴的确定方法

图 2-21 中的 $a_n$ 表示 $z_n$ 与 $z_{n-1}$ 之间的公垂线，则定义其坐标系 $x_n$ 轴的方向为沿 $a_n$ 的方向。如果两个关节的 $z$ 轴平行，则会有无数条公垂线，通常将与前一关节公垂线共线的线作为 $x$ 轴；如果两个相邻关节的 $z$ 轴不存在公垂线，则将垂直于两条轴线构成的平面的直线指定为 $x$ 轴即可。

2) 变换矩阵的确定

确定从一个关节坐标系($x_n-z_n$)到下一个关节坐标系($x_{n+1}-z_{n+1}$)的变换矩阵可通过四步标准运动实现，如图 2-22 所示。

具体步骤如下：

(1) 绕 $z_n$ 轴旋转 $\theta_{n+1}$，使得 $x_n$ 和 $x_{n+1}$ 互相平行。由于 $a_n$ 和 $a_{n+1}$ 都垂直于 $z$ 轴，因此平行可行。

(2) 沿着 $z_n$ 轴平移 $d_{n+1}$，使得 $x_n$ 和 $x_{n+1}$ 共线。由于 $x_n$ 和 $x_{n+1}$ 平行且垂直于 $z_n$，因此共线可行。

(3) 沿已经旋转过的 $x_n$ 轴平移 $a_{n+1}$ 距离，使得 $x_n$ 和 $x_{n+1}$ 原点重合。

(4) 将 $z_n$ 轴绕 $x_{n+1}$ 轴旋转 $\alpha_{n+1}$，使得 $z_n$ 和 $z_{n+1}$ 轴对准。

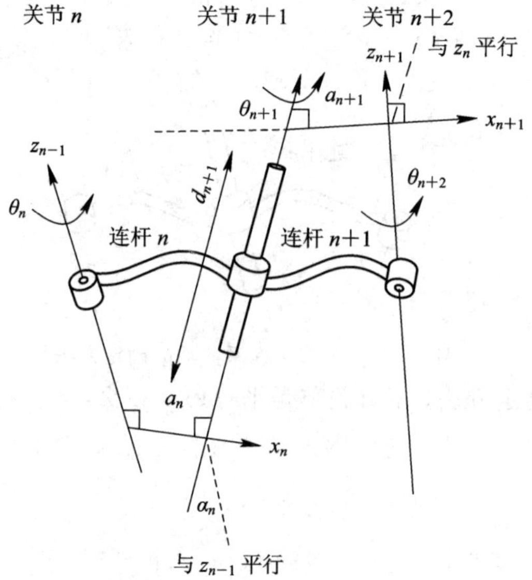


图 2-22　四步标准运动

经过以上四步标准运动，实现了坐标系 $n$ 和 $n+1$ 的完全重合，即从一个坐标系变换到了下一个坐标系。在所涉及的 4 个参数中，$\theta$ 是绕 $z$ 轴的旋转角，$d$ 是在 $z$ 轴上两条公垂线之间的距离，$a$ 是每条公垂线的长度，$\alpha$ 是两个相邻的 $z$ 轴之间的角度(或扭角)。显然，机器人构型一旦确定，则 $a$ 和 $\alpha$ 为已知量，$\theta$ 和 $d$ 为未知量。

通过重复上述四步标准运动，可从机器人的参考坐标系开始，将其转换到机器人第 1 个关节、第 2 个关节……，直到末端执行器为止。

两个坐标系之间的变换 ${}^n\boldsymbol{T}_{n+1}$(也可记为 $\boldsymbol{A}_{n+1}$)都可由四步标准运动得到。由于四步标准运动都是基于当前的坐标系进行的运动，因此，所有的运算都是右乘变换矩阵，即

$$
\begin{aligned}
{}^n\boldsymbol{T}_{n+1}=\boldsymbol{A}_{n+1}&=\mathrm{Rot}(z,\ \theta_{n+1})\times\mathrm{Trans}(0,\ 0,\ \theta_{d+1})\times\mathrm{Trans}(a_{n+1},\ 0,\ 0)\times\mathrm{Rot}(x,\ \alpha_{n+1})\\
&=\begin{bmatrix} C\theta_{n+1} & -S\theta_{n+1} & 0 & 0\\ S\theta_{n+1} & C\theta_{n+1} & 0 & 0\\ 0 & 0 & 1 & 0\\ 0 & 0 & 0 & 1\end{bmatrix}\times\begin{bmatrix} 1 & 0 & 0 & 0\\ 0 & 1 & 0 & 0\\ 0 & 0 & 1 & d_{n+1}\\ 0 & 0 & 0 & 1\end{bmatrix}\times\\
&\quad\begin{bmatrix} 1 & 0 & 0 & a_{n+1}\\ 0 & 1 & 0 & 0\\ 0 & 0 & 1 & 0\\ 0 & 0 & 0 & 1\end{bmatrix}\times\begin{bmatrix} 1 & 0 & 0 & 0\\ 0 & C\alpha_{n+1} & -S\alpha_{n+1} & 0\\ 0 & S\alpha_{n+1} & C\alpha_{n+1} & 0\\ 0 & 0 & 0 & 1\end{bmatrix}\\
&=\begin{bmatrix} C\theta_{n+1} & -S\theta_{n+1}C\alpha_{n+1} & S\theta_{n+1}S\alpha_{n+1} & a_{n+1}C\theta_{n+1}\\ S\theta_{n+1} & C\theta_{n+1}C\alpha_{n+1} & -C\theta_{n+1}S\alpha_{n+1} & a_{n+1}S\theta_{n+1}\\ 0 & S\alpha_{n+1} & C\alpha_{n+1} & d_{n+1}\\ 0 & 0 & 0 & 1\end{bmatrix}
\end{aligned}
\tag{2-22}
$$

注意：式中 $C$、$S$ 分别为 cos、sin 的简写。

通过从机器人的基座变换到第 1 个关节、第 1 个关节变换到第 2 关节……，直到机器人手，则可得到在机器人手坐标系 $H$ 与机器人基座坐标系 $R$ 之间的总变换为

$$^{R}\boldsymbol{T}_{H}={}^{R}\boldsymbol{T}_{1}{}^{1}\boldsymbol{T}_{2}{}^{2}\boldsymbol{T}_{3}\cdots{}^{n-1}\boldsymbol{T}_{n}=\boldsymbol{A}_{1}\boldsymbol{A}_{2}\boldsymbol{A}_{3}\cdots\boldsymbol{A}_{n} \tag{2-23}$$

式中，$n$ 是关节数。

以常用的链式六轴（六自由度）工业机器人为例，机器人关节之间的变换可写为

$$\begin{aligned}
{}^{0}\boldsymbol{T}_{1}=\boldsymbol{A}_{1}&=\begin{bmatrix} C\theta_1 & 0 & S\theta_1 & 0\\ S\theta_1 & 0 & -C\theta_1 & 0\\ 0 & 1 & 0 & 0\\ 0 & 0 & 0 & 1\end{bmatrix}\\
{}^{1}\boldsymbol{T}_{1}=\boldsymbol{A}_{2}&=\begin{bmatrix} C\theta_2 & -S\theta_2 & 0 & a_2C\theta_2\\ S\theta_2 & C\theta_2 & 0 & a_2S\theta_2\\ 0 & 0 & 1 & 0\\ 0 & 0 & 0 & 1\end{bmatrix}\\
{}^{2}\boldsymbol{T}_{3}=\boldsymbol{A}_{3}&=\begin{bmatrix} C\theta_3 & -S\theta_3 & 0 & a_3C\theta_3\\ S\theta_3 & C\theta_3 & 0 & a_3S\theta_3\\ 0 & 0 & 1 & 0\\ 0 & 0 & 0 & 1\end{bmatrix}\\
{}^{3}\boldsymbol{T}_{4}=\boldsymbol{A}_{4}&=\begin{bmatrix} C\theta_4 & 0 & -S\theta_4 & a_4C\theta_4\\ S\theta_4 & 0 & C\theta_4 & a_4S\theta_4\\ 0 & -1 & 0 & 0\\ 0 & 0 & 0 & 1\end{bmatrix}\\
{}^{4}\boldsymbol{T}_{5}=\boldsymbol{A}_{5}&=\begin{bmatrix} C\theta_5 & 0 & S\theta_5 & 0\\ S\theta_5 & 0 & -C\theta_5 & 0\\ 0 & 1 & 0 & 0\\ 0 & 0 & 0 & 1\end{bmatrix}\\
{}^{5}\boldsymbol{T}_{6}=\boldsymbol{A}_{6}&=\begin{bmatrix} C\theta_6 & -S\theta_6 & 0 & 0\\ S\theta_6 & C\theta_6 & 0 & 0\\ 0 & 0 & 1 & 0\\ 0 & 0 & 0 & 1\end{bmatrix}
\end{aligned} \tag{2-24}$$

为了便于描述，下面将 $C\theta_i$ 表示为 $C_i$，利用三角函数关系式 $C\theta_iC\theta_j-S\theta_iS\theta_j=C(\theta_i+\theta_j)=C_{ij}$ 和 $S\theta_iC\theta_j+C\theta_jS\theta_i=S(\theta_i+\theta_j)=S_{ij}$，推导过程如下

(1) $\boldsymbol{A}_1\boldsymbol{A}_2$ 的推导为

$$\boldsymbol{A}_1\boldsymbol{A}_2=\begin{bmatrix} C_1 & 0 & S_1 & 0\\ S_1 & 0 & -C_1 & 0\\ 0 & 1 & 0 & 0\\ 0 & 0 & 0 & 1\end{bmatrix}\begin{bmatrix} C_2 & -S_2 & 0 & a_2C_2\\ S_2 & C_2 & 0 & a_2S_2\\ 0 & 0 & 1 & 0\\ 0 & 0 & 0 & 1\end{bmatrix}=\begin{bmatrix} C_1C_2 & -C_1S_2 & S_1 & a_2C_1C_2\\ S_1C_2 & -S_1S_2 & -C_1 & a_2S_1C_2\\ S_2 & C_2 & 0 & a_2S_2\\ 0 & 0 & 0 & 1\end{bmatrix}$$

(2) $\boldsymbol{A}_1\boldsymbol{A}_2\boldsymbol{A}_3$ 的推导为

$$\boldsymbol{A}_1\boldsymbol{A}_2\boldsymbol{A}_3=\begin{bmatrix} C_1C_2 & -C_1S_2 & S_1 & a_2C_1C_2 \\ S_1C_2 & -S_1S_2 & -C_1 & a_2S_1C_2 \\ S_2 & C_2 & 0 & a_2S_2 \\ 0 & 0 & 0 & 1 \end{bmatrix}\begin{bmatrix} C_3 & -S_3 & 0 & a_3C_3 \\ S_3 & C_3 & 0 & a_3S_3 \\ 0 & 0 & 1 & 0 \\ 0 & 0 & 0 & 1 \end{bmatrix}$$

$$=\begin{bmatrix} C_1(C_2C_3-S_2S_3) & -C_1(C_2S_3+S_2C_3) & S_1 & a_3C_1(C_2C_3-{}_1S_2S_3)+a_2C_1C_2 \\ S_1(C_2C_3-S_2S_3) & -S_1(C_2S_3+S_2C_3) & -C_1 & a_3S_1(C_2C_3-S_2S_3)+a_2S_1C_2 \\ S_{23} & C_{23} & 0 & a_3S_2C_3+a_3C_2S_3+a_2S_2 \\ 0 & 0 & 0 & 1 \end{bmatrix}$$

$$=\begin{bmatrix} C_1C_{23} & -C_1S_{23} & S_1 & a_3C_1C_{23}+a_2C_1C_2 \\ S_1C_{23} & -S_1S_{23} & -C_1 & a_3S_1C_{23}+a_2S_1C_2 \\ S_{23} & C_{23} & 0 & a_3S_{23}+a_2S_2 \\ 0 & 0 & 0 & 1 \end{bmatrix}$$

(3) $\boldsymbol{A}_1\boldsymbol{A}_2\boldsymbol{A}_3\boldsymbol{A}_4$ 的推导为

$$\boldsymbol{A}_1\boldsymbol{A}_2\boldsymbol{A}_3\boldsymbol{A}_4=\begin{bmatrix} C_1C_{23} & -C_1S_{23} & S_1 & a_3C_1C_{23}+a_2C_1C_2 \\ S_1C_{23} & -S_1S_{23} & -C_1 & a_3S_1C_{23}+a_2S_1C_2 \\ S_{23} & C_{23} & 0 & a_3S_{23}+a_2S_2 \\ 0 & 0 & 0 & 1 \end{bmatrix}\begin{bmatrix} C_4 & 0 & -S_4 & a_4C_4 \\ S_4 & 0 & C_4 & a_4S_4 \\ 0 & -1 & 0 & 0 \\ 0 & 0 & 0 & 1 \end{bmatrix}$$

$$=\begin{bmatrix} C_1(C_{23}C_4-S_{23}S_4) & -S_1 & -C_1(C_{23}S_4+S_{23}C_4) & a_4C_1(C_{23}C_4-S_{23}S_4)+a_3C_1C_{23}+a_2C_1C_2 \\ S_1(C_{23}C_4-S_{23}S_4) & C_1 & -S_1(C_{23}S_4+S_{23}C_4) & a_4S_1(C_{23}C_4-S_{23}S_4)+a_3S_1C_{23}+a_2S_1C_2 \\ S_{234} & 0 & C_{234} & a_4S_{234}+a_3S_{23}+a_2S_2 \\ 0 & 0 & 0 & 1 \end{bmatrix}$$

$$=\begin{bmatrix} C_1C_{234} & -S_1 & -C_1S_{234} & C_1(a_4C_{234}+a_3C_{23}+a_2C_2) \\ S_1C_{234} & C_1 & -S_1S_{234} & S_1(a_4C_{234}+a_3C_{23}+a_2C_2) \\ S_{234} & 0 & C_{234} & a_4S_{234}+a_3S_{23}+a_2S_2 \\ 0 & 0 & 0 & 1 \end{bmatrix}$$

(4) $\boldsymbol{A}_1\boldsymbol{A}_2\boldsymbol{A}_3\boldsymbol{A}_4\boldsymbol{A}_5$ 的推导为

$$\boldsymbol{A}_1\boldsymbol{A}_2\boldsymbol{A}_3\boldsymbol{A}_4\boldsymbol{A}_5=\begin{bmatrix} C_1C_{234} & -S_1 & -C_1S_{234} & C_1(a_4C_{234}+a_3C_{23}+a_2C_2) \\ S_1C_{234} & C_1 & -S_1S_{234} & S_1(a_4C_{234}+a_3C_{23}+a_2C_2) \\ S_{234} & 0 & C_{234} & a_4S_{234}+a_3S_{23}+a_2S_2 \\ 0 & 0 & 0 & 1 \end{bmatrix}\times\begin{bmatrix} C_5 & 0 & S_5 & 0 \\ S_5 & 0 & -C_5 & 0 \\ 0 & 1 & 0 & 0 \\ 0 & 0 & 0 & 1 \end{bmatrix}$$

$$=\begin{bmatrix} C_1C_{234}C_5-S_1S_5 & -C_1S_{234} & C_1C_{234}S_5+S_1C_5 & C_1(a_4C_{234}+a_3C_{23}+a_2C_2) \\ S_1C_{234}C_5+C_1S_5 & -S_1S_{234} & S_1C_{234}S_5-C_1C_5 & S_1(a_4C_{234}+a_3C_{23}+a_2C_2) \\ S_{234}C_5 & C_{234} & S_{234}S_5 & a_4S_{234}+a_3S_{23}+a_2S_2 \\ 0 & 0 & 0 & 1 \end{bmatrix}$$

(5) $\boldsymbol{A}_1\boldsymbol{A}_2\boldsymbol{A}_3\boldsymbol{A}_4\boldsymbol{A}_5\boldsymbol{A}_6$ 的推导为

$$\boldsymbol{A}_1\boldsymbol{A}_2\boldsymbol{A}_3\boldsymbol{A}_4\boldsymbol{A}_5\boldsymbol{A}_6=\begin{bmatrix} C_1C_{234}C_5-S_1S_5 & -C_1S_{234} & C_1C_{234}S_5+S_1C_5 & C_1(a_4C_{234}+a_3C_{23}+a_2C_2) \\ S_1C_{234}C_5+C_1S_5 & -S_1S_{234} & S_1C_{234}S_5-C_1C_5 & S_1(a_4C_{234}+a_3C_{23}+a_2C_2) \\ S_{234}C_5 & C_{234} & S_{234}S_5 & a_4S_{234}+a_3S_{23}+a_2S_2 \\ 0 & 0 & 0 & 1 \end{bmatrix}\times \begin{bmatrix} C_6 & -S_6 & 0 & 0 \\ S_6 & C_6 & 0 & 0 \\ 0 & 0 & 1 & 0 \\ 0 & 0 & 0 & 1 \end{bmatrix}$$

$$=\begin{bmatrix} (C_1C_{234}C_5-S_1S_5)C_6-C_1S_{234}S_6 & -S_6(C_1C_{234}C_5-S_1S_5)-C_1S_{234}C_6 & C_1C_{234}S_5+S_1C_5 & C_1(a_4C_{234}+a_3C_{23}+a_2C_2) \\ (S_1C_{234}C_5+C_1S_5)C_6-S_1S_{234}S_6 & -S_6(S_1C_{234}C_5+C_1S_5)-S_1S_{234}C_6 & S_1C_{234}S_5-C_1C_5 & S_1(a_4C_{234}+a_3C_{23}+a_2C_2) \\ S_{234}C_5C_6+C_{234}S_6 & -S_{234}C_5S_6+C_{234}C_6 & S_{234}S_5+C_5 & a_4S_{234}+a_3S_{23}+a_2S_2 \\ 0 & 0 & 0 & 1 \end{bmatrix}$$

$$=\begin{bmatrix} C_1(C_{234}C_5C_6-S_{234}S_6)-S_1S_5C_6 & C_1(-C_{234}C_5S_6-S_{234}C_6)+S_1S_5S_6 & C_1C_{234}S_5+S_1C_5 & C_1(a_4C_{234}+a_3C_{23}+a_2C_2) \\ S_1(C_{234}C_5C_6-S_{234}S_6)+C_1S_5C_6 & S_1(-C_{234}C_5S_6-S_{234}C_6)-C_1S_5S_6 & S_1C_{234}S_5-C_1C_5 & S_1(a_4C_{234}+a_3C_{23}+a_2C_2) \\ S_{234}C_5C_6+C_{234}S_6 & -S_{234}C_5S_6+C_{234}C_6 & S_{234}S_5 & a_4S_{234}+a_3S_{23}+a_2S_2 \\ 0 & 0 & 0 & 1 \end{bmatrix}$$

因此,可得机器人手坐标系与基座坐标系之间的矩阵总变换为

$$^{R}\boldsymbol{T}_H=\boldsymbol{A}_1\boldsymbol{A}_2\boldsymbol{A}_3\boldsymbol{A}_4\boldsymbol{A}_5\boldsymbol{A}_6$$

$$=\begin{bmatrix} C_1(C_{234}C_5C_6-S_{234}S_6)-S_1S_5C_6 & C_1(-C_{234}C_5S_6-S_{234}C_6)+S_1S_5S_6 & C_1C_{234}S_5+S_1C_5 & C_1(a_4C_{234}+a_3C_{23}+a_2C_2) \\ S_1(C_{234}C_5C_6-S_{234}S_6)+C_1S_5C_6 & S_1(-C_{234}C_5S_6-S_{234}C_6)-C_1S_5S_6 & S_1C_{234}S_5-C_1C_5 & S_1(a_4C_{234}+a_3C_{23}+a_2C_2) \\ S_{234}C_5C_6+C_{234}S_6 & -S_{234}C_5S_6+C_{234}C_6 & S_{234}S_5 & a_4S_{234}+a_3S_{23}+a_2S_2 \\ 0 & 1 & 0 & 1 \end{bmatrix} \tag{2-25}$$

综上所述，D-H 法是一种简洁高效的机器人建模方法，该方法表示的都是基于 $x$ 轴和 $z$ 轴的运动，没有关于 $y$ 轴的运动表示，也就是说此方法并不适用于有任何关于 $y$ 轴的运动。比如当本应该平行的两个关节轴在安装时有小的偏差，两轴间就会存在小的夹角，也就是需要沿 $y$ 轴运动，则该误差会导致无法应用 D-H 法来建模。实际上，所有实际的工业机器人在其制造过程中都存在一定的误差。因此，在使用 D-H 方法时需要注意其适用范围。

## 2.5 机器人的逆运动学解

通过逆运动学求解得到机器人的各个关节值，可直接用于驱动机器人的期望位置，这对机器人的控制是非常重要的。在求逆运动方程中，通常有许多角度耦合的正弦值和余弦值，使得难以从矩阵中提取足够的元素来求解各个关节的角度。为了使角度解耦，可以用单个矩阵 $\boldsymbol{A}_n^{-1}$ 乘以矩阵 ${}^R\boldsymbol{T}_H$ 来消除方程一侧的某个角度，从而求得相应的角度。

本节以两自由度和六自由度链式机器人为例，推演机器人的逆运动学解。

**1. 两自由度链式机器人逆运动学解**

假设将两自由度链式机器人运动到给定的位置和姿态，由式(2-22)可得

$$
{}^0\boldsymbol{T}_1=\boldsymbol{A}_1=\begin{bmatrix} C_1 & -S_1 & 0 & a_1C_1 \\ S_1 & C_1 & 0 & a_1S_1 \\ 0 & 1 & 0 & 0 \\ 0 & 0 & 0 & 1 \end{bmatrix}
$$

$$
{}^1\boldsymbol{T}_2=\boldsymbol{A}_2=\begin{bmatrix} C_2 & -S_2 & 0 & a_2C_2 \\ S_2 & C_2 & 0 & a_2S_2 \\ 0 & 1 & 0 & 0 \\ 0 & 0 & 0 & 1 \end{bmatrix}
$$

机器人末端的位置和姿态的变换矩阵可表示为

$$
{}^0\boldsymbol{T}_H=\boldsymbol{A}_1\times\boldsymbol{A}_2=\begin{bmatrix} C_{12} & -S_{12} & 0 & a_2C_{12}+a_1C_1 \\ S_{12} & C_{12} & 0 & a_2S_{12}+a_1S_1 \\ 0 & 0 & 1 & 0 \\ 0 & 0 & 0 & 1 \end{bmatrix}
=\begin{bmatrix} n_x & o_x & a_x & p_x \\ n_y & o_y & a_y & p_y \\ n_z & o_z & a_z & p_z \\ 0 & 0 & 0 & 1 \end{bmatrix} \tag{2-26}
$$

可用代数求解法或未知变量解耦法求解到达给定位置和姿态的各个关节的角度。

1）代数求解法

代数求解法是利用矩阵元素的等价关系求解机器人关节旋转的角度。由式(2-26)中矩阵分量(2, 1)与(1, 1)可得

$$
S_{12}=n_y \quad 和 \quad C_{12}=n_x
$$

由此可得

$$\theta_{12}=\text{acrtan}\left(\frac{n_y}{n_x}\right)$$

同样利用矩阵分量(1，4)可得

$$a_2C_{12}+a_1C_1=p_x$$

将 $C_{12}=n_x$ 代入上式，整理可得

$$C_1=\frac{p_x-a_2n_x}{a_1}$$

同样，通过矩阵分量(2，4)，可得

$$a_2S_{12}+a_1S_1=p_y$$

将 $S_{12}=n_y$ 代入上式整理，可得

$$S_1=\frac{p_y-a_2n_y}{a_1}$$

因此，可得 $\theta_1$ 为

$$\theta_1=\text{acrtan}\frac{S_1}{C_1}=\text{acrtan}\frac{\dfrac{p_y-a_2n_y}{a_1}}{\dfrac{p_x-a_2n_x}{a_1}} \tag{2-27}$$

根据求出的 $\theta_1$ 和 $\theta_{12}$，可求得 $\theta_2$ 的值。因此，对于给定机器人末端执行器的期望位置和姿态的情况，通过代数求解法可求得机器人关节需要旋转的角度。

2) 未知变量解耦法

未知变量解耦法是利用矩阵逆消除未知变量从而求解相应的角度。通过对式(2-26)等式两边同时乘以矩阵 $\mathbf{A}_2^{-1}$ 将 $\theta_1$ 从 $\theta_2$ 中解耦出来，则有

$$^0\boldsymbol{T}_H=\mathbf{A}_1\times\mathbf{A}_2\times\mathbf{A}_2^{-1}=\begin{bmatrix}n_x & o_x & a_x & p_x\\ n_y & o_y & a_y & p_y\\ n_z & o_z & a_z & p_z\\ 0 & 0 & 0 & 1\end{bmatrix}\times\mathbf{A}_2^{-1}$$

即

$$\mathbf{A}_1=\begin{bmatrix}n_x & o_x & a_x & p_x\\ n_y & o_y & a_y & p_y\\ n_z & o_z & a_z & p_z\\ 0 & 0 & 0 & 1\end{bmatrix}\times\mathbf{A}_2^{-1}$$

将 $\mathbf{A}_1$ 和 $\mathbf{A}_2$ 代入上式可得

$$\begin{bmatrix}C_1 & -S_1 & 0 & a_1C_1\\ S_1 & C_1 & 0 & a_1S_1\\ 0 & 0 & 1 & 0\\ 0 & 0 & 0 & 1\end{bmatrix}=\begin{bmatrix}C_2n_x-S_2o_x & C_2n_x+S_2o_x & a_x & p_x-a_2n_x\\ C_2n_y-S_2o_y & C_2n_y+S_2o_y & a_y & p_y-a_2n_y\\ C_2n_z-S_2o_z & C_2n_z+S_2o_z & a_z & p_z-a_2n_z\\ 0 & 0 & 0 & 1\end{bmatrix} \tag{2-28}$$

由式(2-28)的矩阵分量(1，4)可得

$$C_1=\frac{p_x-a_2n_x}{a_1}$$

由式(2－28)的矩阵分量(2，4)可得

$$S_1=\frac{p_y-a_2n_y}{a_1}$$

因此，可得 $\theta_1$ 为

$$\theta_1=\operatorname{acrtan}\frac{S_1}{C_1}=\operatorname{acrtan}\frac{\dfrac{p_y-a_2n_y}{a_1}}{\dfrac{p_x-a_2n_x}{a_1}}$$

同样，通过矩阵 $\boldsymbol{A}_1^{-1}$ 将 $\theta_2$ 从 $\theta_1$ 中解耦出来，可得 $\theta_2$。

**2. 六自由度链式机器人逆运动学解**

若想知道六自由度链式机器人的每个关节如何运动才能到达机器人手的期望位置和姿态，可将式(2－25)的机器人的总变换矩阵记为

$$^{R}\boldsymbol{T}_H=\boldsymbol{A}_1\boldsymbol{A}_2\boldsymbol{A}_3\boldsymbol{A}_4\boldsymbol{A}_5\boldsymbol{A}_6=\boldsymbol{RHS}$$

$$=\begin{bmatrix} C_1(C_{234}C_5C_6-S_{234}S_6)-S_1S_5C_6 & C_1(-C_{234}C_5C_6-S_{234}S_6)+S_1S_5C_6 & C_1(C_{234}S_5)+S_1C_5 & C_1(C_{234}a_4+C_{23}a_3+C_2a_2) \\ S_1(C_{234}C_5C_6-S_{234}S_6)+C_1S_5C_6 & S_1(-C_{234}C_5C_6-S_{234}S_6)-C_1S_5C_6 & S_1(C_{234}S_5)-C_1C_5 & S_1(C_{234}a_4+C_{23}a_3+C_2a_2) \\ S_{234}C_5C_6+C_{234}S_6 & -S_{234}C_5C_6+C_{234}S_6 & S_{234}S_5 & S_{234}a_4+S_{23}a_3+S_2a_2 \\ 0 & 0 & 0 & 1 \end{bmatrix} \tag{2-29}$$

机器人的期望位置和姿态可表示为

$$^{R}\boldsymbol{T}_H=\begin{bmatrix} n_x & o_x & a_x & 0 \\ n_y & o_y & a_y & 0 \\ n_z & o_z & a_z & 0 \\ 0 & 0 & 0 & 1 \end{bmatrix} \tag{2-30}$$

利用未知变量解耦法依次解耦出相应的角度，从而求得六自由度链式机器人每个关节所需要旋转的角度，即 $\theta_1$，$\theta_2$，$\theta_3$，$\theta_4$，$\theta_5$ 和 $\theta_6$。

(1) 求解 $\theta_1$。根据式(2－29)和式(2－30)，有

$$\boldsymbol{A}_1^{-1}\times\begin{bmatrix} n_x & o_x & a_x & 0 \\ n_y & o_y & a_y & 0 \\ n_z & o_z & a_z & 0 \\ 0 & 0 & 0 & 1 \end{bmatrix}=\boldsymbol{A}_1^{-1}\times\boldsymbol{RHS}=\boldsymbol{A}_2\boldsymbol{A}_3\boldsymbol{A}_4\boldsymbol{A}_5\boldsymbol{A}_6 \tag{2-31}$$

$$\begin{bmatrix} C_1 & S_1 & 0 & 0 \\ 0 & 0 & 0 & 0 \\ S_1 & -C_1 & 1 & 0 \\ 0 & 0 & 0 & 1 \end{bmatrix}\times\begin{bmatrix} n_x & o_x & a_x & 0 \\ n_y & o_y & a_y & 0 \\ n_z & o_z & a_z & 0 \\ 0 & 0 & 0 & 1 \end{bmatrix}=\boldsymbol{A}_2\boldsymbol{A}_3\boldsymbol{A}_4\boldsymbol{A}_5\boldsymbol{A}_6 \tag{2-32}$$

对式(2-32)进行计算可得

$$\begin{bmatrix} n_xC_1+n_yS_1 & o_xC_1+o_yS_1 & a_xC_1+a_yS_1 & p_xC_1+p_yS_1 \\ n_z & o_z & a_z & p_z \\ n_xS_1-n_yC_1 & o_xS_1-o_yC_1 & a_xS_1-a_yC_1 & p_xS_1-p_yC_1 \\ 0 & 0 & 0 & 1 \end{bmatrix}$$

$$=\begin{bmatrix} C_{234}C_5C_6-S_{234}S_6 & -C_{234}C_5C_6-S_{234}C_6 & C_{234}S_5 & C_{234}a_4+C_{23}a_3+C_2a_2 \\ S_{234}C_5C_6+C_{234}S_6 & -C_{234}C_5C_6+C_{234}C_6 & S_{234}S_5 & S_{234}a_4+S_{23}a_3+S_2a_2 \\ -S_5C_6 & S_5S_6 & C_5 & 0 \\ 0 & 0 & 0 & 1 \end{bmatrix} \tag{2-33}$$

由式(2-34)的矩阵分量(3，4)可得

$$p_xS_1-p_yC_1=0$$

故可求得 $\theta_1$ 为

$$\theta_1=\arctan\frac{p_y}{p_x} \tag{2-34}$$

(2) 求解 $\theta_3$。根据式(2-33)的矩阵分量(1，4)和(2，4)可得

$$p_xC_1+p_yS_1=C_{234}a_4+C_{23}a_3+C_2a_2$$

$$p_z=S_{234}a_4+S_{23}a_3+S_2a_2$$

对上式整理可得

$$(p_xC_1+p_yS_1-C_{234}a_4)^2=(C_{23}a_3+C_2a_2)^2$$

$$(p_z-S_{234}a_4)^2=(S_{23}a_3+S_2a_2)^2$$

$$(p_xC_1+p_yS_1-C_{234}a_4)^2+(p_z-S_{234}a_4)^2=(C_{23}a_3+C_2a_2)^2+(S_{23}a_3+S_2a_2)^2$$

根据函数关系 $S\theta_1C\theta_2+C\theta_1S\theta_2=S_{12}$ 和 $C\theta_1C\theta_2-S\theta_1S\theta_2=C_{12}$，计算可得

$$S_2S_{23}+C_2C_{23}=C_3$$

因此，可得

$$C_3 2a_2a_3=(p_xC_1+p_yS_1-C_{234}a_4)^2+(p_z-S_{234}a_4)^2-a_2^2-a_3^2 \tag{2-35}$$

进一步对式(2-35)整理，可得

$$C_3=\frac{(p_xC_1+p_yS_1-C_{234}a_4)^2+(p_z-S_{234}a_4)^2-a_2^2-a_3^2}{2a_2a_3} \tag{2-36}$$

在式(2-36)中，除 $S_{234}$ 和 $C_{234}$ 外，其他每个变量都是已知的。已知 $S_3=\pm\sqrt{1-C_3^2}$，可得

$$\theta_3=\arctan\frac{S_3}{C_3} \tag{2-37}$$

对于式(2-36)中 $\theta_{234}$ 的求解方法为左乘交换矩阵 $\mathbf{A}_4^{-1}\mathbf{A}_3^{-1}\mathbf{A}_2^{-1}\mathbf{A}_1^{-1}$，可得

$$\mathbf{A}_4^{-1}\mathbf{A}_3^{-1}\mathbf{A}_2^{-1}\mathbf{A}_1^{-1}\times\begin{bmatrix} n_x & o_x & a_x & p_x \\ n_y & o_y & a_y & p_y \\ n_z & o_z & a_z & p_z \\ 0 & 0 & 0 & 1 \end{bmatrix}=\mathbf{A}_4^{-1}\mathbf{A}_3^{-1}\mathbf{A}_2^{-1}\mathbf{A}_1^{-1}\boldsymbol{RHS}=\mathbf{A}_5\mathbf{A}_6$$

通过对等式推导，可得

$$\begin{bmatrix} C_{234}(C_1n_x+S_1n_y)+S_{234}n_z & C_{234}(C_1o_x+S_1o_y)+S_{234}o_z & C_{234}(C_1a_x+S_1a_y)+S_{234}a_z & C_{234}(C_1p_x+S_1p_y)+S_{234}p_z-C_{34}a_2-C_4a_3-a_4 \\ C_1n_y-S_1n_x & C_1o_y-S_1o_x & C_1a_y-S_1a_x & 0 \\ -S_{234}(C_1n_x+S_1n_y)+C_{234}n_z & -S_{234}(C_1o_x+S_1o_y)+C_{234}o_z & -S_{234}(C_1a_x+S_1a_y)+C_{234}a_z & -S_{234}(C_1p_x+S_1p_y)+C_{234}p_z+S_{34}a_2+S_4a_3 \\ 0 & 0 & 0 & 1 \end{bmatrix}$$

$$=\begin{bmatrix} C_5C_6 & -C_5S_6 & S_5 & 0 \\ S_5C_6 & -S_5S_6 & -C_5 & 0 \\ S_6 & C_6 & 0 & 0 \\ 0 & 0 & 0 & 1 \end{bmatrix} \tag{2-38}$$

根据式(2-38)中矩阵分量(3，3)，可得

$$-S_{234}(C_1a_x+S_1a_y)+C_{234}a_z=0$$

故可得 $\theta_{234}$ 为

$$\theta_{234}=\arctan\frac{a_z}{C_1a_x+S_1a_y} \tag{2-39}$$

(3) 求解 $\theta_2$。根据式(2-33)的矩阵分量(1，4)和(2，4)元素，可得

$$p_xC_1+p_yS_1=C_{234}a_4+C_{23}a_3+C_2a_2$$

$$p_z=S_{234}a_4+S_{23}a_3+S_2a_2$$

根据 $C_{12}=C_2C_3-S_2S_3$ 和 $S_{12}=S_1C_2+C_1S_2$，有

$$p_xC_1+p_yS_1-C_{234}a_4=(C_2C_3-S_2S_3)a_3+C_2a_2 \tag{2-40}$$

$$p_z-S_{234}a_4=(S_2C_3+C_2S_3)a_3+S_2a_2 \tag{2-41}$$

对式(2-40)和式(2-41)进行整理，可求得 $C_2$ 和 $S_2$ 为

$$S_2=\frac{(C_3a_3+a_2)(p_z-S_{234}a_4)-S_3a_3(p_xC_1+p_yS_1-C_{234}a_4)}{(C_3a_3+a_2)^2+S_3^2a_3^2}$$

$$C_2=\frac{(C_3a_3+a_2)(p_xC_1+p_yS_1-C_{234}a_4)+S_3a_3(p_z-S_{234}a_4)}{(C_3a_3+a_2)^2+S_3^2a_3^2}$$

故可得 $\theta_2$ 为

$$\theta_2=\arctan\frac{(C_3a_3+a_2)(p_z-S_{234}a_4)-S_3a_3(p_xC_1+p_yS_1-C_{234}a_4)}{(C_3a_3+a_2)(p_xC_1+p_yS_1-C_{234}a_4)+S_3a_3(p_z-S_{234}a_4)} \tag{2-42}$$

(4) 求解 $\theta_4$。由于 $\theta_2$ 和 $\theta_3$ 均已求得，故可得 $\theta_4$ 为

$$\theta_4=\theta_{234}-\theta_2-\theta_3 \tag{2-43}$$

(5) 求解 $\theta_5$。对式(2-29)左乘 $\boldsymbol{A}_4^{-1}\boldsymbol{A}_3^{-1}\boldsymbol{A}_2^{-1}\boldsymbol{A}_1^{-1}$，可得

$$\boldsymbol{A}_4^{-1}\boldsymbol{A}_3^{-1}\boldsymbol{A}_2^{-1}\boldsymbol{A}_1^{-1}\times\begin{bmatrix}n_x & o_x & a_x & p_x\\ n_y & o_y & a_y & p_y\\ n_z & o_z & a_z & p_z\\ 0 & 0 & 0 & 1\end{bmatrix}=\boldsymbol{A}_4^{-1}\boldsymbol{A}_3^{-1}\boldsymbol{A}_2^{-1}\boldsymbol{A}_1^{-1}\boldsymbol{RHS}=\boldsymbol{A}_5\boldsymbol{A}_6 \tag{2-44}$$

由式(2-44)可得

$$\begin{bmatrix}C_{234}(C_1n_x+S_1n_y)+S_{234}n_z & C_{234}(C_1o_x+S_1o_y)+S_{234}o_z & C_{234}(C_1a_x+S_1a_y)+S_{234}a_z & C_{234}(C_1p_x+S_1p_y)+S_{234}p_z-C_{34}a_2-C_4a_3-a_4\\ C_1n_y-S_1n_x & C_1o_y-S_1o_x & C_1a_y-S_1a_x & 0\\ -S_{234}(C_1n_x+S_1n_y)+C_{234}n_z & -S_{234}(C_1o_x+S_1o_y)+C_{234}o_z & -S_{234}(C_1a_x+S_1a_y)+C_{234}a_z & -S_{234}(C_1p_x+S_1p_y)+C_{234}p_z+S_{34}a_2+S_4a_3\\ 0 & 0 & 0 & 1\end{bmatrix}$$

$$=\begin{bmatrix}C_5C_6 & -C_5S_6 & S_5 & 0\\ S_5C_6 & -S_5S_6 & -C_5 & 0\\ S_6 & C_6 & 0 & 0\\ 0 & 0 & 0 & 1\end{bmatrix} \tag{2-45}$$

根据式(2-45)的矩阵分量(1, 3)和(2, 3)可得

$$C_5=-C_1p_y+S_1a_x \tag{2-46}$$

$$S_5=C_{234}(C_1a_x+S_1a_y)+S_{234}a_z \tag{2-47}$$

对式(2-46)和式(2-47)进行整理，可得 $\theta_5$ 为

$$\theta_5=\arctan\frac{C_{234}(C_1a_x+S_1a_y)+S_{234}a_z}{S_1a_x-C_1p_y} \tag{2-48}$$

(6) 求解 $\theta_6$。因为 $\theta_6$ 没有解耦方程，必须左乘 $\boldsymbol{A}_5^{-1}\boldsymbol{A}_4^{-1}\boldsymbol{A}_3^{-1}\boldsymbol{A}_2^{-1}\boldsymbol{A}_1^{-1}$，即式(2-29)可表示为

$$\boldsymbol{A}_5^{-1}\boldsymbol{A}_4^{-1}\boldsymbol{A}_3^{-1}\boldsymbol{A}_2^{-1}\boldsymbol{A}_1^{-1}\times\begin{bmatrix}n_x & o_x & a_x & p_x\\ n_y & o_y & a_y & p_y\\ n_z & o_z & a_z & p_z\\ 0 & 0 & 0 & 1\end{bmatrix}=\boldsymbol{A}_5^{-1}\boldsymbol{A}_4^{-1}\boldsymbol{A}_3^{-1}\boldsymbol{A}_2^{-1}\boldsymbol{A}_1^{-1}RHS=\boldsymbol{A}_6 \tag{2-49}$$

通过对等式推导，可得

$$\begin{bmatrix} C_5[C_{234}(C_1n_x+S_1n_y)+S_{234}n_z]-S_5(C_1n_y-S_1n_x) & C_5[C_{234}(C_1o_x+S_1o_y)+S_{234}o_z]-S_5(C_1o_y-S_1o_x) & 0 & 0 \\ -S_{234}(C_1n_x+S_1n_y)+C_{234}n_z & -S_{234}(C_1o_x+S_1o_y)+C_{234}o_z & 0 & 0 \\ 0 & 0 & 1 & 0 \\ 0 & 0 & 0 & 1 \end{bmatrix}$$

$$=\begin{bmatrix} C_6 & -S_6 & S_5 & 0 \\ S_6 & -C_6 & 0 & 0 \\ 0 & 0 & 1 & 0 \\ 0 & 0 & 0 & 1 \end{bmatrix} \tag{2-50}$$

根据式(2－51)的矩阵分量(2，1)和(2，2)可得

$$S_6=-S_{234}(C_1n_x+S_1n_y)+C_{234}n_z \tag{2-51}$$

$$C_6=-S_{234}(C_1o_x+S_1o_y)+C_{234}o_z \tag{2-52}$$

从而可得 $\theta_6$ 为

$$\theta_6=\arctan\frac{-S_{234}(C_1n_x+S_1n_y)+C_{234}n_z}{S_{234}(C_1o_x+S_1o_y)+C_{234}o_z} \tag{2-53}$$

通过上述推导，得出了机器人置于任何期望位姿所需的关节量。虽然上述推导是针对六自由度链式机器人进行的，但可用类似方法计算其他机器人的关节量。虽然利用求解机器人逆运动学问题所建立的方程可以直接用于驱动机器人以得到期望位置，但在实际应用中通常并不会真正用正运动学方程来求解这个问题，因为求解正运动学方程的逆，或者将值直接代入正运动等方程，再用高斯消去法求解关节变量值，会耗费大量时间，因此在实际应用中，通过对上述推导的关节值的 6 个方程进行求解，再利用所求的值即可驱动机器人到达期望位置。机器人控制器的计算不能过于复杂，应尽量减少不必要的计算，设计者必须事先做好所有的数学处理，而后只需为机器人控制器编程来计算最终解即可。

因此，对于六自由度链式机器人，给定最终的期望位姿为

$$^{R}\boldsymbol{T}_{H_{\text{Desired}}}=\begin{bmatrix} n_x & o_x & a_x & p_x \\ n_y & o_y & a_y & p_y \\ n_z & o_z & a_z & p_z \\ 0 & 0 & 0 & 1 \end{bmatrix}$$

只需要利用到简单的算术运算、三角运算即可获得机器人控制器未知关节角度。具体逆解组合如下：

$$\theta_1=\arctan\frac{p_y}{p_x}$$

$$\theta_{234}=\arctan\frac{a_z}{C_1a_x+S_1a_y}$$

$$C_3=\frac{(p_xC_1+p_yS_1-C_{234}a_4)^2+(p_z-S_{234}a_4)^2-a_2^2-a_3^2}{2a_2a_3}$$

$$S_3 = \pm\sqrt{1-C_3^2}$$

$$\theta_2 = \arctan\frac{(C_3a_3+a_2)(p_z-S_{234}a_4)-S_3a_3(p_xC_1+p_yS_1-C_{234}a_4)}{(C_3a_3+a_2)(p_xC_1+p_yS_1-C_{234}a_4)+S_3a_3(p_z-S_{234}a_4)}$$

$$\theta_4 = \theta_{234}-\theta_2-\theta_3$$

$$\theta_5 = \arctan\frac{C_{234}(C_1a_x+S_1a_y)+S_{234}a_z}{S_1a_x-C_1p_y}$$

$$\theta_6 = \arctan\frac{-S_{234}(C_1n_x+S_1n_y)+C_{234}n_z}{S_{234}(C_1o_x+S_1o_y)+C_{234}o_z}$$

总之，通过推导机器人逆运动过程，将推导的逆解组合应用到机器人控制编程中，实现了从理论推导到实践应用的全过程(具体实现结果如图 2-23 所示)，为机器人运动学提供了理论基础，为机器人控制器编程提供了依据。

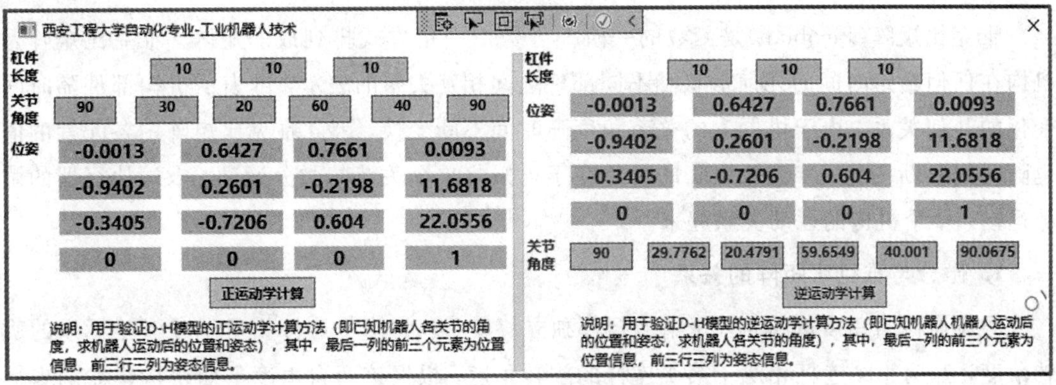


图 2-23　正/逆运动学实现结果

# 习　　题

1. 推导机器人的坐标系变换过程和方法。
2. 推演机器人的运动学模型。

# 第 3 章　机器人的微分运动与速度

机器人的运动是机器人结构的动态变化；机器人的速度是一定时间内的运动变化。机器人在很短的时间段内的运动就是机器人的微分运动。微分运动是对机器人进行运动分析和速度分析的重要手段。

## 3.1　微分与雅克比矩阵

雅克比矩阵(Jacobian)是函数的一阶偏导数以一定方式排列成的矩阵。雅克比矩阵是机构在任何给定时间的几何形状和不同部件之间相互关系的表示，可表示机构部件随时间变化的几何关系。由于机器人的关节角度随时间不断变换，因此雅克比矩阵中各元素的值也随时间不断变化。雅克比矩阵的价值在于可以将单个关节的微分运动、末端执行器的微分运动、整个机构的运动关联起来。

**1. 微分与雅克比矩阵的关系**

假设有两自由度的机构，每个连杆都独立旋转，$\theta_1$ 为第 1 连杆相对于参考坐标系的旋转角度，$\theta_2$ 为第 2 连杆相对于第 1 连杆的旋转角度，根据该两自由度平面机构建立的坐标系，如图 3-1 所示。

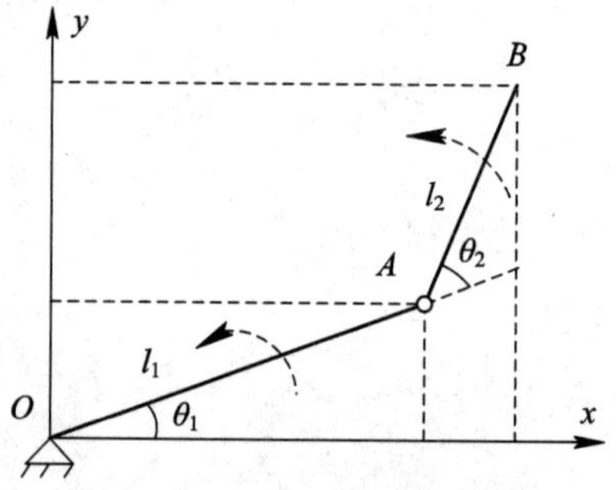


图 3-1　两自由度平面机构的坐标系

由于机器人是串联机器人，因此每个连杆的运动都是指该连杆相对于前一连杆上的当前坐标系的运动。通过对 B 点位置方程求微分有

$$\begin{cases} x_B = l_1\cos\theta_1 + l_2\cos(\theta_1+\theta_2) \\ y_B = l_1\sin\theta_1 + l_2\sin(\theta_1+\theta_2) \end{cases} \tag{3-1}$$

对式(3-1)中两个变量求微分可得

$$\begin{cases} \mathrm{d}x_B = -l_1\sin\theta_1\,\mathrm{d}\theta_1 - l_2\sin(\theta_1+\theta_2)(\mathrm{d}\theta_1+\mathrm{d}\theta_2) \\ \mathrm{d}y_B = l_1\cos\theta_1\,\mathrm{d}\theta_1 + l_2\cos(\theta_1+\theta_2)(\mathrm{d}\theta_1+\mathrm{d}\theta_2) \end{cases} \tag{3-2}$$

式(3－2)的矩阵形式可表示为

$$\begin{bmatrix} dx_B \\ dy_B \end{bmatrix} = \begin{bmatrix} -l_1\sin\theta_1 - l_2\sin(\theta_1+\theta_2) & -l_2\sin(\theta_1+\theta_2) \\ l_1\cos\theta_1 + l_2\cos(\theta_1+\theta_2) & l_2\cos(\theta_1+\theta_2) \end{bmatrix} \begin{bmatrix} d\theta_1 \\ d\theta_2 \end{bmatrix} \tag{3-3}$$

B 点的微分运动　　　　雅克比矩阵　　　　关节的微分运动

对式(3－3)两边同时除以 d$t$，微分运动关系为

$$\frac{\begin{bmatrix} dx_B \\ dy_B \end{bmatrix}}{dt} = \frac{\begin{bmatrix} -l_1\sin\theta_1 - l_2\sin(\theta_1+\theta_2) & -l_2\sin(\theta_1+\theta_2) \\ l_1\cos\theta_1 + l_2\cos(\theta_1+\theta_2) & l_2\cos(\theta_1+\theta_2) \end{bmatrix} \begin{bmatrix} d\theta_1 \\ d\theta_2 \end{bmatrix}}{dt} \tag{3-4}$$

由于各关节角的值是变化的，因此雅克比矩阵各元素的大小也随时间变化。当机构的不同部件的位置关系随时间变化时，雅克比矩阵也随之改变。

采用同样的方法可将机器人手的微分运动与关节的微分运动关联起来。

**2. 机器人关节与手的微分运动**

雅克比矩阵是通过位置方程的各元素对角度求微分而得到的。

假如一组变量 $x_j$ 的方程 $\gamma_i$ 为

$$\gamma_i = f_i \quad (x_1, x_2, x_3, \cdots, x_j)$$

由 $x_j$ 的微分变换所求得的 $\gamma_i$ 的微分变化为

$$\begin{cases} \delta\gamma_1 = \dfrac{\partial f_1}{\partial x_1}\delta x_1 + \dfrac{\partial f_1}{\partial x_2}\delta x_2 + \cdots + \dfrac{\partial f_1}{\partial x_j}\delta x_j \\ \delta\gamma_2 = \dfrac{\partial f_2}{\partial x_1}\delta x_1 + \dfrac{\partial f_2}{\partial x_2}\delta x_2 + \cdots + \dfrac{\partial f_2}{\partial x_j}\delta x_j \\ \quad\vdots \\ \delta\gamma_i = \dfrac{\partial f_i}{\partial x_1}\delta x_1 + \dfrac{\partial f_i}{\partial x_2}\delta x_2 + \cdots + \dfrac{\partial f_i}{\partial x_j}\delta x_j \end{cases} \tag{3-5}$$

式(3－5)的矩阵形式为

$$\begin{bmatrix} \delta\gamma_1 \\ \delta\gamma_2 \\ \vdots \\ \delta\gamma_i \end{bmatrix} = \begin{bmatrix} \dfrac{\partial f_1}{\partial x_1} & \dfrac{\partial f_1}{\partial x_2} & \cdots & \dfrac{\partial f_1}{\partial x_j} \\ \dfrac{\partial f_2}{\partial x_1} & \dfrac{\partial f_2}{\partial x_2} & \cdots & \dfrac{\partial f_2}{\partial x_j} \\ \vdots & \vdots & & \vdots \\ \dfrac{\partial f_i}{\partial x_1} & \dfrac{\partial f_i}{\partial x_2} & \cdots & \dfrac{\partial f_i}{\partial x_j} \end{bmatrix} \begin{bmatrix} \delta x_1 \\ \delta x_2 \\ \vdots \\ \delta x_i \end{bmatrix} \quad \text{或} \quad \delta\gamma_i = \left[\frac{\partial f_i}{\partial x_j}\right]\delta x_i \tag{3-6}$$

根据式(3－6)可建立机器人的关节微分运动和机器人手坐标系微分运动之间的关系为

$$\begin{bmatrix} dx \\ dy \\ dz \\ \delta x \\ \delta y \\ \delta z \end{bmatrix} = [\text{雅克比矩阵}] \begin{bmatrix} d\theta_1 \\ d\theta_2 \\ d\theta_3 \\ \delta\theta_4 \\ \delta\theta_5 \\ \delta\theta_6 \end{bmatrix} \quad \text{或} \quad \boldsymbol{D} = \boldsymbol{J}\boldsymbol{D}_\theta \tag{3-7}$$

式中，$\boldsymbol{D}$ 为机器人手坐标系微分运动；$\boldsymbol{D}_\theta$ 为机器人各关节微分运动；$\boldsymbol{J}$ 为雅克比矩阵；$\mathrm{d}x$、$\mathrm{d}y$、$\mathrm{d}z$ 分别表示机器人手沿 $x$、$y$、$z$ 轴的微分平移；$\delta x$、$\delta y$、$\delta z$ 分别表示机器人手绕 $x$、$y$、$z$ 轴的微分旋转。

**例 3-1** 假定已知在某一时刻的机器人雅克比矩阵，计算在给定关节微分运动的情况下，机器人手坐标系的线位移微分运动和角位移微分运动。

$$\boldsymbol{J}=\begin{bmatrix} 2 & 0 & 0 & 0 & 1 & 0 \\ -1 & 0 & 1 & 0 & 0 & 0 \\ 0 & 1 & 0 & 0 & 0 & 0 \\ 0 & 0 & 0 & 2 & 0 & 0 \\ 0 & 0 & 1 & 0 & 0 & 0 \\ 0 & 0 & 0 & 0 & 0 & 1 \end{bmatrix} \qquad \boldsymbol{D}_\theta=\begin{bmatrix} 0 \\ 0.1 \\ -0.1 \\ 0 \\ 0 \\ 0.2 \end{bmatrix}$$

**解** 根据 $\boldsymbol{D}=\boldsymbol{J}\boldsymbol{D}_\theta$，可得

$$\boldsymbol{D}=\boldsymbol{J}\boldsymbol{D}_\theta=\begin{bmatrix} 2 & 0 & 0 & 0 & 1 & 0 \\ -1 & 0 & 1 & 0 & 0 & 0 \\ 0 & 1 & 0 & 0 & 0 & 0 \\ 0 & 0 & 0 & 2 & 0 & 0 \\ 0 & 0 & 1 & 0 & 0 & 0 \\ 0 & 0 & 0 & 0 & 0 & 1 \end{bmatrix}\begin{bmatrix} 0 \\ 0.1 \\ -0.1 \\ 0 \\ 0 \\ 0.2 \end{bmatrix}=\begin{bmatrix} 0 \\ -0.1 \\ 0.1 \\ 0 \\ -0.1 \\ 0.2 \end{bmatrix}=\begin{bmatrix} \mathrm{d}x \\ \mathrm{d}y \\ \mathrm{d}z \\ \delta x \\ \delta y \\ \delta z \end{bmatrix}$$

## 3.2 坐标系的微分运动

### 1. 坐标系的微分运动

对于机器人来说，机器人手坐标系的微分运动是由机器人每个关节的微分运动所引起的。机器人关节的微量运动会导致机器人手坐标系产生微量运动，因此，必须将机器人的微分运动与坐标系的微分运动关联起来。坐标系的微分运动包括微分平移、微分旋转和微分变换。

1）微分平移

微分平移是坐标系相对于参考坐标系平移一个微分量，其含义是坐标系沿着 $x$、$y$、$z$ 轴做了微小量的运动，可表示为

$$\mathrm{Trans}(\mathrm{d}x,\ \mathrm{d}y,\ \mathrm{d}z) \tag{3-8}$$

2）微分旋转

微分旋转是坐标系的微小旋转。绕参考轴的微分旋转是绕坐标系 $x$、$y$、$z$ 轴的旋转，其相应的微分转动定义为 $\delta x$、$\delta y$、$\delta z$，其微分旋转可分别表示为 $\mathrm{Rot}(x,\ \delta x)$、$\mathrm{Rot}(y,\ \delta y)$ 和 $\mathrm{Rot}(z,\ \delta z)$，也可以是绕当前轴 $\boldsymbol{n}$、$\boldsymbol{o}$、$\boldsymbol{a}$ 旋转。

绕轴的微分旋转与绕轴的大幅度旋转有本质的不同。由于旋转量很小，因此有近似式 $\sin\delta x\approx\delta x$ 和 $\cos\delta x\approx 1$，则绕参考轴 $x$、$y$、$z$ 轴的微分旋转矩阵为

$$\mathrm{Rot}(x,\ \delta x)=\begin{bmatrix}1 & 0 & 0 & 0\\ 0 & 1 & -\delta x & 0\\ 0 & \delta x & 1 & 0\\ 0 & 0 & 0 & 1\end{bmatrix}$$

$$\mathrm{Rot}(y,\ \delta y)=\begin{bmatrix}1 & 0 & \delta y & 0\\ 0 & 1 & 0 & 0\\ -\delta y & 0 & 1 & 0\\ 0 & 0 & 0 & 1\end{bmatrix}$$

$$\mathrm{Rot}(z,\ \delta z)=\begin{bmatrix}1 & -\delta z & 0 & 0\\ -\delta z & 1 & 0 & 0\\ 0 & 0 & 1 & 0\\ 0 & 0 & 0 & 1\end{bmatrix} \tag{3-9}$$

绕轴大角度旋转时变化矩阵是不能交换的，但绕轴微分旋转时变换矩阵是满足交换律的，即

$$\mathrm{Rot}(x,\ \delta x)\mathrm{Rot}(y,\ \delta y)=\mathrm{Rot}(y,\ \delta y)\mathrm{Rot}(x,\ \delta x) \tag{3-10}$$

**证明:** 由于微分值很小，高阶微分可忽略不计，设高阶微分如 $\delta x\delta y$ 为零，则有

$$\mathrm{Rot}(x,\ \delta x)\mathrm{Rot}(y,\ \delta y)=\begin{bmatrix}1 & 0 & 0 & 0\\ 0 & 1 & -\delta x & 0\\ 0 & \delta x & 1 & 0\\ 0 & 0 & 0 & 1\end{bmatrix}\begin{bmatrix}1 & 0 & \delta y & 0\\ 0 & 1 & 0 & 0\\ -\delta y & 0 & 1 & 0\\ 0 & 0 & 0 & 1\end{bmatrix}$$

$$=\begin{bmatrix}1 & 0 & \delta y & 0\\ \delta x\delta y & 1 & -\delta x & 0\\ -\delta y & \delta x & 1 & 0\\ 0 & 0 & 0 & 1\end{bmatrix}$$

$$\mathrm{Rot}(y,\ \delta y)\mathrm{Rot}(x,\ \delta x)=\begin{bmatrix}1 & 0 & \delta y & 0\\ 0 & 1 & 0 & 0\\ -\delta y & 0 & 1 & 0\\ 0 & 0 & 0 & 1\end{bmatrix}\begin{bmatrix}1 & 0 & 0 & 0\\ 0 & 1 & -\delta x & 0\\ 0 & \delta x & 1 & 0\\ 0 & 0 & 0 & 1\end{bmatrix}$$

$$=\begin{bmatrix}1 & \delta x\delta y & \delta y & 0\\ 0 & 1 & -\delta x & 0\\ -\delta y & \delta x & 1 & 0\\ 0 & 0 & 0 & 1\end{bmatrix}$$

绕任意一般轴的微分旋转任意轴 $\boldsymbol{q}$ 表示为

$$(\mathrm{d}\theta)\boldsymbol{q}=(\delta x)\boldsymbol{i}+(\delta y)\boldsymbol{j}+(\delta z)\boldsymbol{k} \tag{3-11}$$

绕任意轴 $q$ 的微分旋转是由任意顺序绕 3 个坐标轴的 3 个微分旋转构成的，可表示为

$$\mathrm{Rot}(\boldsymbol{q},\mathrm{d}\theta)=\mathrm{Rot}(x,\delta x)\mathrm{Rot}(y,\delta y)\mathrm{Rot}(z,\delta z)$$

$$=\begin{bmatrix}1&0&0&0\\0&1&-\delta x&0\\0&\delta x&1&0\\0&0&0&1\end{bmatrix}\begin{bmatrix}1&0&\delta y&0\\0&1&0&0\\-\delta y&0&1&0\\0&0&0&1\end{bmatrix}\begin{bmatrix}1&-\delta z&0&0\\\delta z&1&0&0\\0&0&1&0\\0&0&0&1\end{bmatrix}$$

$$=\begin{bmatrix}1&-\delta z&\delta y&0\\\delta x\delta y+\delta z&-\delta x\delta y\delta z+1&-\delta x&0\\-\delta y+\delta x\delta z&\delta x+\delta y\delta z&1&0\\0&0&0&1\end{bmatrix}$$

$$\xrightarrow{\text{忽略高阶项}}\begin{bmatrix}1&-\delta z&\delta y&0\\\delta z&1&-\delta x&0\\-\delta y&\delta x&1&0\\0&0&0&1\end{bmatrix}\tag{3-12}$$

3）微分变换

坐标系的微分变换就是微分平移和任意次序进行微分旋转的组合。假定 $\boldsymbol{T}$ 为原始坐标系，$\mathrm{d}\boldsymbol{T}$ 为由微分变换引起坐标系 $\boldsymbol{T}$ 的平移和旋转变化，则有

$$\boldsymbol{T}+\mathrm{d}\boldsymbol{T}=[\mathrm{Trans}(\mathrm{d}x,\mathrm{d}y,\mathrm{d}z)\mathrm{Rot}(q,\mathrm{d}\theta)]\boldsymbol{T}$$

$$\mathrm{d}\boldsymbol{T}=[\mathrm{Trans}(\mathrm{d}x,\mathrm{d}y,\mathrm{d}z)\mathrm{Rot}(q,\mathrm{d}\theta)-\boldsymbol{I}]\boldsymbol{T}\tag{3-13}$$

式中，$I$ 为单位矩阵，微分算子 $\boldsymbol{\Delta}=[\mathrm{Trans}(\mathrm{d}x,\mathrm{d}y,\mathrm{d}z)\mathrm{Rot}(q,\mathrm{d}\theta)-\boldsymbol{I}]$。

$\mathrm{d}\boldsymbol{T}$ 表示微分运动所引起的坐标系变化，矩阵各元素为

$$\mathrm{d}\boldsymbol{T}=\begin{bmatrix}\delta n_x&\delta o_x&\delta a_x&\mathrm{d}x\\\delta n_y&\delta o_y&\delta a_y&\mathrm{d}y\\\delta n_z&\delta o_z&\delta a_z&\mathrm{d}z\\0&0&0&1\end{bmatrix}$$

因此，微分算子 $\boldsymbol{\Delta}$ 的求解如下

$$\boldsymbol{\Delta}=\mathrm{Trans}(\mathrm{d}x,\mathrm{d}y,\mathrm{d}z)\mathrm{Rot}(q,\mathrm{d}\theta)-\boldsymbol{I}$$

$$=\begin{bmatrix}1&0&0&\mathrm{d}x\\0&1&0&\mathrm{d}y\\0&0&1&\mathrm{d}z\\0&0&0&1\end{bmatrix}\begin{bmatrix}1&-\delta z&\delta y&0\\\delta z&1&-\delta x&0\\-\delta y&\delta x&1&0\\0&0&0&1\end{bmatrix}-\begin{bmatrix}1&0&0&0\\0&1&0&0\\0&0&1&0\\0&0&0&1\end{bmatrix}$$

$$=\begin{bmatrix}0&-\delta z&\delta y&\mathrm{d}x\\\delta z&0&-\delta x&\mathrm{d}y\\-\delta y&\delta x&0&\mathrm{d}z\\0&0&0&0\end{bmatrix}\tag{3-14}$$

经微分运动后的坐标系的新位姿可通过将微分变化加到原来坐标系上求得：

$$\boldsymbol{T}_{\text{new}}=\mathrm{d}\boldsymbol{T}+\boldsymbol{T}_{\text{old}}$$

**例 3-2**　对于给定的坐标系 $B$，绕 $y$ 轴进行 0.1rad 的微分运动，再沿微分平移[0.1，0，0.2]，求微分变换后坐标系 $B$ 运动后的位姿。

$$\boldsymbol{B}=\begin{bmatrix}0&0&1&10\\1&0&0&5\\0&1&0&3\\0&0&0&1\end{bmatrix}$$

**解**　根据给定已知条件，坐标系的微小运动的微分量为 $\mathrm{d}x=0.1$，$\mathrm{d}y=0$，$\mathrm{d}z=0.2$，$\delta y=0.1$ rad，$\delta x=0$ rad，$\delta z=0$ rad。根据式(3-14)可得

$$\begin{aligned}\mathrm{d}\boldsymbol{B}&=\boldsymbol{\Delta B}\\&=\begin{bmatrix}0&0&0.1&0.1\\0&0&0&0\\-0.1&0&0&0.2\\0&0&0&0\end{bmatrix}\begin{bmatrix}0&0&1&10\\1&0&0&5\\0&1&0&3\\0&0&0&1\end{bmatrix}\\&=\begin{bmatrix}0&0.1&0&0.4\\0&0&0&0\\0&0&-0.1&-0.8\\0&0&0&0\end{bmatrix}\end{aligned}$$

坐标系 $B$ 运动后的位姿为

$$\begin{aligned}\boldsymbol{T}_{\text{new}}&=\mathrm{d}\boldsymbol{T}+\boldsymbol{T}_{\text{old}}\\&=\begin{bmatrix}0&0.1&0&0.4\\0&0&0&0\\0&0&-0.1&-0.8\\0&0&0&0\end{bmatrix}+\begin{bmatrix}0&0&1&10\\1&0&0&5\\0&1&0&3\\0&0&0&1\end{bmatrix}\\&=\begin{bmatrix}0&0.1&1&10.4\\1&0&0&5\\0&1&-0.1&-2.2\\0&0&0&1\end{bmatrix}\end{aligned}$$

**2. 坐标系间的微分变化**

相对于固定参考坐标系的微分算子记为 ${}^{U}\boldsymbol{\Delta}$，而相对于当前坐标系的微分算子记为 ${}^{T}\boldsymbol{\Delta}$，两者描述的是该坐标系中的相同变化，结果应该是相同的。于是有

$$\mathrm{d}\boldsymbol{T}=\boldsymbol{\Delta}T=T^{T}\boldsymbol{\Delta}\Rightarrow\boldsymbol{T}^{-1}\boldsymbol{\Delta}T=\boldsymbol{T}^{-1}T^{T}\boldsymbol{\Delta}\Rightarrow\boldsymbol{T}^{-1}\boldsymbol{\Delta}T={}^{T}\boldsymbol{\Delta}\tag{3-15}$$

因此，相对于当前坐标系的微分算子计算为

$$^{T}\boldsymbol{\Delta}=\boldsymbol{T}^{-1}\boldsymbol{\Delta}T \tag{3-16}$$

假设坐标系 $\boldsymbol{T}$ 是用 $\boldsymbol{n}$，$\boldsymbol{o}$，$\boldsymbol{a}$，$\boldsymbol{p}$ 表示的矩阵，则有

$$\boldsymbol{T}^{-1}=\begin{bmatrix} n_x & n_y & n_z & -\boldsymbol{p}\cdot\boldsymbol{n} \\ o_x & o_y & o_z & -\boldsymbol{p}\cdot\boldsymbol{o} \\ a_x & a_y & a_z & -\boldsymbol{p}\cdot\boldsymbol{a} \\ 0 & 0 & 0 & 1 \end{bmatrix} \quad \boldsymbol{\Delta}=\begin{bmatrix} 0 & -\delta z & \delta y & \mathrm{d}x \\ \delta z & 0 & -\delta x & \mathrm{d}y \\ -\delta y & \delta x & 0 & \mathrm{d}z \\ 0 & 0 & 0 & 0 \end{bmatrix} \tag{3-17}$$

$$^{T}\boldsymbol{\Delta}=\boldsymbol{T}^{-1}\boldsymbol{\Delta}T=\begin{bmatrix} 0 & -^{T}\delta z & ^{T}\delta y & ^{T}\mathrm{d}x \\ ^{T}\delta z & 0 & -^{T}\delta x & ^{T}\mathrm{d}y \\ -^{T}\delta y & ^{T}\delta x & 0 & ^{T}\mathrm{d}z \\ 0 & 0 & 0 & 0 \end{bmatrix}$$

式中，左上标 $T$ 表示相对于当前矩阵的变化，并非矩阵的转置。对式(3-16)进行运算可得

$$\boldsymbol{\Delta}T=\begin{bmatrix} (\boldsymbol{\delta}\times\boldsymbol{n})_x & (\boldsymbol{\delta}\times\boldsymbol{o})_x & (\boldsymbol{\delta}\times\boldsymbol{a})_x & ((\boldsymbol{\delta}\times\boldsymbol{p})+\mathbf{d})_x \\ (\boldsymbol{\delta}\times\boldsymbol{n})_y & (\boldsymbol{\delta}\times\boldsymbol{o})_y & (\boldsymbol{\delta}\times\boldsymbol{a})_y & ((\boldsymbol{\delta}\times\boldsymbol{p})+\mathbf{d})_y \\ (\boldsymbol{\delta}\times\boldsymbol{n})_z & (\boldsymbol{\delta}\times\boldsymbol{o})_z & (\boldsymbol{\delta}\times\boldsymbol{a})_z & ((\boldsymbol{\delta}\times\boldsymbol{p})+\mathbf{d})_z \\ 0 & 0 & 0 & 0 \end{bmatrix}$$

$$^{T}\boldsymbol{\Delta}=\boldsymbol{T}^{-1}\boldsymbol{\Delta}T=\begin{bmatrix} n_x & n_y & n_z & -p\cdot n \\ o_x & o_y & o_z & -p\cdot o \\ a_x & a_y & a_z & -p\cdot a \\ 0 & 0 & 0 & 1 \end{bmatrix}\begin{bmatrix} (\boldsymbol{\delta}\times\boldsymbol{n})_x & (\boldsymbol{\delta}\times\boldsymbol{o})_x & (\boldsymbol{\delta}\times\boldsymbol{a})_x & ((\boldsymbol{\delta}\times\boldsymbol{p})+\mathbf{d})_x \\ (\boldsymbol{\delta}\times\boldsymbol{n})_y & (\boldsymbol{\delta}\times\boldsymbol{o})_y & (\boldsymbol{\delta}\times\boldsymbol{a})_y & ((\boldsymbol{\delta}\times\boldsymbol{p})+\mathbf{d})_y \\ (\boldsymbol{\delta}\times\boldsymbol{n})_z & (\boldsymbol{\delta}\times\boldsymbol{o})_z & (\boldsymbol{\delta}\times\boldsymbol{a})_z & ((\boldsymbol{\delta}\times\boldsymbol{p})+\mathbf{d})_z \\ 0 & 0 & 0 & 0 \end{bmatrix}$$

$$=\begin{bmatrix} \boldsymbol{n}\cdot(\boldsymbol{\delta}\times\boldsymbol{n})_x & \boldsymbol{n}\cdot(\boldsymbol{\delta}\times\boldsymbol{o})_x & \boldsymbol{n}\cdot(\boldsymbol{\delta}\times\boldsymbol{a})_x & \boldsymbol{n}\cdot((\boldsymbol{\delta}\times\boldsymbol{p})+\mathbf{d})_x \\ \boldsymbol{o}\cdot(\boldsymbol{\delta}\times\boldsymbol{n})_y & \boldsymbol{o}\cdot(\boldsymbol{\delta}\times\boldsymbol{o})_y & \boldsymbol{o}\cdot(\boldsymbol{\delta}\times\boldsymbol{a})_y & \boldsymbol{o}\cdot((\boldsymbol{\delta}\times\boldsymbol{p})+\mathbf{d})_y \\ \boldsymbol{a}\cdot(\boldsymbol{\delta}\times\boldsymbol{n})_z & \boldsymbol{a}\cdot(\boldsymbol{\delta}\times\boldsymbol{o})_z & \boldsymbol{a}\cdot(\boldsymbol{\delta}\times\boldsymbol{a})_z & \boldsymbol{a}\cdot((\boldsymbol{\delta}\times\boldsymbol{p})+\mathbf{d})_z \\ 0 & 0 & 0 & 0 \end{bmatrix} \tag{3-18}$$

由于向量积的位置不能改变，数量积的位置可以交换，因此，存在如下关系：

$$a\cdot(b\times c)=-b\cdot(a\times c)=b\cdot(c\times a)$$

如果三个向量中任何两个向量相同，则三个向量的直积为0，即

$$\boldsymbol{a}\cdot(\boldsymbol{a}\times\boldsymbol{c})=0$$

因此，有

$$^{T}\boldsymbol{\Delta}=\begin{bmatrix} 0 & -\boldsymbol{\delta}\cdot(\boldsymbol{n}\times\boldsymbol{o})_x & \boldsymbol{\delta}\cdot(\boldsymbol{a}\times\boldsymbol{n})_x & \boldsymbol{\delta}\cdot((\boldsymbol{n}\times\boldsymbol{p})+\mathbf{d}\cdot\boldsymbol{n})_x \\ \boldsymbol{\delta}\cdot(\boldsymbol{n}\times\boldsymbol{o})_y & 0 & -\boldsymbol{\delta}\cdot(\boldsymbol{o}\times\boldsymbol{a})_y & \boldsymbol{\delta}\cdot((\boldsymbol{o}\times\boldsymbol{p})+\mathbf{d}\cdot\boldsymbol{n})_y \\ -\boldsymbol{\delta}\cdot(\boldsymbol{a}\times\boldsymbol{n})_z & \boldsymbol{\delta}\cdot(\boldsymbol{o}\times\boldsymbol{a})_z & 0 & \boldsymbol{\delta}\cdot((\boldsymbol{a}\times\boldsymbol{p})+\mathbf{d}\cdot\boldsymbol{n})_z \\ 0 & 0 & 0 & 0 \end{bmatrix}$$

由于 $\boldsymbol{a}=\boldsymbol{n}\times\boldsymbol{o}$，$\boldsymbol{o}=\boldsymbol{a}\times\boldsymbol{n}$，$\boldsymbol{n}=\boldsymbol{o}\times\boldsymbol{a}$，因此 ${}^{T}\boldsymbol{\Delta}$ 可写为

$$
{}^{T}\boldsymbol{\Delta}=\begin{bmatrix} 0 & -\boldsymbol{\delta}\cdot\boldsymbol{a} & \boldsymbol{\delta}\cdot\boldsymbol{o} & \boldsymbol{\delta}\cdot((\boldsymbol{p}\times\boldsymbol{n})+\mathbf{d}\cdot\boldsymbol{n}) \\ \boldsymbol{\delta}\cdot\boldsymbol{a} & 0 & -\boldsymbol{\delta}\cdot\boldsymbol{n} & \boldsymbol{\delta}\cdot((\boldsymbol{p}\times\boldsymbol{o})+\mathbf{d}\cdot\boldsymbol{n}) \\ -\boldsymbol{\delta}\cdot\boldsymbol{o} & \boldsymbol{\delta}\cdot(\boldsymbol{o}\times\boldsymbol{a})_z & 0 & \boldsymbol{\delta}\cdot((\boldsymbol{p}\times\boldsymbol{a})+\mathbf{d}\cdot\boldsymbol{n}) \\ 0 & 0 & 0 & 0 \end{bmatrix} \tag{3-19}
$$

式(3-16)可改写为

$$
\begin{aligned}
{}^{T}\boldsymbol{\Delta} &=\boldsymbol{T}^{-1}\boldsymbol{\Delta}T \\
&=\begin{bmatrix} 0 & -{}^{T}\delta z & {}^{T}\delta y & {}^{T}\mathrm{d}x \\ {}^{T}\delta z & 0 & -{}^{T}\delta x & {}^{T}\mathrm{d}y \\ -{}^{T}\delta y & {}^{T}\delta x & 0 & {}^{T}\mathrm{d}z \\ 0 & 0 & 0 & 0 \end{bmatrix} \\
&=\begin{bmatrix} 0 & -\boldsymbol{\delta}\cdot\boldsymbol{a} & \boldsymbol{\delta}\cdot\boldsymbol{o} & \boldsymbol{\delta}\cdot((\boldsymbol{p}\times\boldsymbol{n})+\mathbf{d}\cdot\boldsymbol{n}) \\ \boldsymbol{\delta}\cdot\boldsymbol{a} & 0 & -\boldsymbol{\delta}\cdot\boldsymbol{n} & \boldsymbol{\delta}\cdot((\boldsymbol{p}\times\boldsymbol{o})+\mathbf{d}\cdot\boldsymbol{n}) \\ -\boldsymbol{\delta}\cdot\boldsymbol{o} & \boldsymbol{\delta}\cdot\boldsymbol{n} & 0 & \boldsymbol{\delta}\cdot((\boldsymbol{p}\times\boldsymbol{a})+\mathbf{d}\cdot\boldsymbol{n}) \\ 0 & 0 & 0 & 0 \end{bmatrix}
\end{aligned} \tag{3-20}
$$

则有

$$
\begin{cases} {}^{T}\delta x=\boldsymbol{\delta}\cdot\boldsymbol{n} \\ {}^{T}\delta y=\boldsymbol{\delta}\cdot\boldsymbol{o} \\ {}^{T}\delta z=\boldsymbol{\delta}\cdot\boldsymbol{a} \\ {}^{T}\mathrm{d}x=\boldsymbol{n}\cdot((\boldsymbol{\delta}\times\boldsymbol{p})+\mathbf{d}) \\ {}^{T}\mathrm{d}y=\boldsymbol{o}\cdot((\boldsymbol{\delta}\times\boldsymbol{p})+\mathbf{d}) \\ {}^{T}\mathrm{d}z=\boldsymbol{a}\cdot((\boldsymbol{\delta}\times\boldsymbol{p})+\mathbf{d}) \end{cases} \tag{3-21}
$$

**例 3-3**　对给定的坐标系 $B$，绕 $y$ 轴进行 0.1rad 的微分运动，再沿微分平移[0.1，0，0.2]，求相对于当前坐标的微分变换的微分算子。

$$
\boldsymbol{B}=\begin{bmatrix} 0 & 0 & 1 & 10 \\ 1 & 0 & 0 & 5 \\ 0 & 1 & 0 & 3 \\ 0 & 0 & 0 & 1 \end{bmatrix}
$$

**解**　将给定值 $\mathrm{d}x=0.1$，$\mathrm{d}y=0$，$\mathrm{d}z=0.2$，$\delta x=0$ rad，$\delta y=0.1$ rad，$\delta z=0$ rad，$\boldsymbol{n}=[0,1,0]$，$\boldsymbol{o}=[0,0,1]$，$\boldsymbol{a}=[1,0,0]$，$\boldsymbol{p}=[10,5,3]$，$\boldsymbol{\delta}=[0,0.1,0]$，$\boldsymbol{d}=[0.1,0,0.2]$代入式(3-20)中可得

$$
\boldsymbol{\delta}\times\boldsymbol{p}=\begin{vmatrix} \boldsymbol{i} & \boldsymbol{j} & \boldsymbol{k} \\ 0 & 0.1 & 0 \\ 10 & 5 & 3 \end{vmatrix} \overset{\text{行列式}}{=} [0.3,0,-1]
$$

可得

$$^{B}\delta x=\delta\cdot n=0\times(0)+0.1\times(1)+0\times(0)=0.1$$
$$^{B}\delta y=\delta\cdot o=0\times(0)+0.1\times(0)+0\times(1)=0$$
$$^{B}\delta z=\delta\cdot a=0\times(1)+0.1\times(0)+0\times(0)=0$$
$$^{B}\mathrm{d}x=n\cdot((\delta\times p)+d)=0\times(0.4)+1\times(0)+0\times(-0.8)=0$$
$$^{B}\mathrm{d}y=o\cdot((\delta\times p)+d)=0\times(0.4)+0\times(0)+1\times(-0.8)=-0.8$$
$$^{B}\mathrm{d}z=a\cdot((\delta\times p)+d)=1\times(0.4)+0\times(0)+0\times(-0.8)=0.4$$

求得

$$^{B}\boldsymbol{d}=[0,\ -0.8,\ 0.4]$$
$$^{B}\boldsymbol{\delta}=[0.1,\ 0,\ 0]$$

因此，对于当前坐标的微分变换的微分算子为

$$^{B}\boldsymbol{\Delta}=\begin{bmatrix}0 & 0 & 0 & 0\\ 0 & 0 & 0.1 & -0.8\\ 0 & 0.1 & 0 & -0.4\\ 0 & 0 & 0 & 0\end{bmatrix}$$

## 3.3 雅克比矩阵计算

机器人的雅克比矩阵就是将关节运动和手运动之间的建立起了联系，即

$$\begin{bmatrix}\mathrm{d}x\\ \mathrm{d}y\\ \mathrm{d}z\\ \delta x\\ \delta y\\ \delta z\end{bmatrix}=[\text{雅克比矩阵}]\begin{bmatrix}\mathrm{d}\theta_1\\ \mathrm{d}\theta_2\\ \mathrm{d}\theta_3\\ \delta\theta_4\\ \delta\theta_5\\ \delta\theta_6\end{bmatrix}\quad\text{或}\ \boldsymbol{D}=\boldsymbol{J}\boldsymbol{D}_{\theta}\tag{3-22}$$

由于矩阵 $\boldsymbol{D}$ 和矩阵 $\boldsymbol{\Delta}$ 是同样的信息，这就将坐标系的微分运动与机器人的微分运动联系起来了。如果用 $\boldsymbol{n}$、$\boldsymbol{o}$、$\boldsymbol{a}$、$\boldsymbol{p}$ 表示矩阵，对相应元素 $p_x$、$p_y$、$p_z$ 求微分则可得到 $\mathrm{d}x$、$\mathrm{d}y$、$\mathrm{d}z$。

以六自由度链式机器人为例，机器人基座坐标系和机器人手坐标系之间的总变换为

$$^{R}\boldsymbol{T}_{H}={}^{R}\boldsymbol{T}_{1}\,{}^{1}\boldsymbol{T}_{2}\,{}^{2}\boldsymbol{T}_{3}\cdots{}^{n-1}\boldsymbol{T}_{n}=\boldsymbol{A}_1\boldsymbol{A}_2\boldsymbol{A}_3\boldsymbol{A}_4\boldsymbol{A}_5\boldsymbol{A}_6$$

$$=\begin{bmatrix}C_1(C_{234}C_5C_6-S_{234}S_6)-S_1S_5C_6 & C_1(-C_{234}C_5C_6-S_{234}S_6)+S_1S_5C_6 & C_1(C_{234}S_5)+S_1C_5 & C_1(C_{234}a_4+C_{23}a_3+C_2a_2)\\ S_1(C_{234}C_5C_6-S_{234}S_6)+C_1S_5C_6 & S_1(-C_{234}C_5C_6-S_{234}S_6)-C_1S_5C_6 & S_1(C_{234}S_5)-C_1C_5 & S_1(C_{234}a_4+C_{23}a_3+C_2a_2)\\ S_{234}C_5C_6+C_{234}S_6 & -S_{234}C_5C_6+C_{234}S_6 & S_{234}S_5 & S_{234}a_4+S_{23}a_3+S_2a_2\\ 0 & 0 & 0 & 1\end{bmatrix}$$

通过上式矩阵中最后一列元素，可得

$$\begin{bmatrix} p_x \\ p_y \\ p_z \\ 1 \end{bmatrix} = \begin{bmatrix} C_1(C_{234}a_4 + C_{23}a_3 + C_2a_2) \\ S_1(C_{234}a_4 + C_{23}a_3 + C_2a_2) \\ S_{234}a_4 + Sa_3 + S_2a_2 \\ 1 \end{bmatrix} \tag{3-23}$$

对 $p_x$ 求导，有

$$\begin{aligned} \mathrm{d}p_x &= \frac{\partial p_x}{\partial \theta_1}\mathrm{d}\theta_1 + \frac{\partial p_x}{\partial \theta_2}\mathrm{d}\theta_2 + \frac{\partial p_x}{\partial \theta_3}\mathrm{d}\theta_3 + \frac{\partial p_x}{\partial \theta_4}\mathrm{d}\theta_4 + \frac{\partial p_x}{\partial \theta_5}\mathrm{d}\theta_5 + \frac{\partial p_x}{\partial \theta_6}\mathrm{d}\theta_6 \\ &= [S_1(C_{234}a_4 + C_{23}a_3 + C_2a_2)]\mathrm{d}\theta_1 + [C_1(-S_{234}a_4 - S_{23}a_3 - S_2a_2)]\mathrm{d}\theta_2 + \\ &\quad [C_1(-S_{234}a_4 - S_{23}a_3)]\mathrm{d}\theta_3 + [C_1(-S_{234}a_{42})]\mathrm{d}\theta_4 + [0]\mathrm{d}\theta_5 + [0]\mathrm{d}\theta_6 \end{aligned}$$

因此，可得到雅克比矩阵的第 1 行值为

$$\begin{cases} \dfrac{\partial p_x}{\partial \theta_1} = J_{11} = S_1(C_{234}a_4 + C_{23}a_3 + C_2a_2) \\ \dfrac{\partial p_x}{\partial \theta_2} = J_{12} = C_1(-S_{234}a_4 - S_{23}a_3 - S_2a_2) \\ \dfrac{\partial p_x}{\partial \theta_3} = J_{13} = C_1(-S_{234}a_4 - S_{23}a_3) \\ \dfrac{\partial p_x}{\partial \theta_4} = J_{14} = C_1(-S_{234}a_{42}) \\ \dfrac{\partial p_x}{\partial \theta_5} = J_{15} = 0 \\ \dfrac{\partial p_x}{\partial \theta_6} = J_{16} = 0 \end{cases} \tag{3-24}$$

事实上，相对于最后一个坐标系 $\boldsymbol{T}_6$ 的雅克比矩阵比相对于第一个坐标系的雅克比矩阵计算要简单。Paul 指出，可将相对于最后一个坐标系（即第 6 个坐标系）速度方程写为

$$^{T_6}\boldsymbol{D} = {}^{T_6}\boldsymbol{J}\boldsymbol{D}_\theta \tag{3-25}$$

式(3-24)可写为

$$\begin{bmatrix} ^{T_6}d_x \\ ^{T_6}d_y \\ ^{T_6}d_z \\ ^{T_6}\delta_x \\ ^{T_6}\delta_y \\ ^{T_6}\delta_z \end{bmatrix} = \begin{bmatrix} ^{T_6}J_{11} & ^{T_6}J_{12} & ^{T_6}J_{13} & ^{T_6}J_{14} & ^{T_6}J_{15} & ^{T_6}J_{16} \\ ^{T_6}J_{21} & ^{T_6}J_{22} & ^{T_6}J_{23} & ^{T_6}J_{24} & ^{T_6}J_{25} & ^{T_6}J_{26} \\ ^{T_6}J_{31} & ^{T_6}J_{32} & ^{T_6}J_{33} & ^{T_6}J_{34} & ^{T_6}J_{35} & ^{T_6}J_{36} \\ ^{T_6}J_{41} & ^{T_6}J_{42} & ^{T_6}J_{43} & ^{T_6}J_{44} & ^{T_6}J_{45} & ^{T_6}J_{46} \\ ^{T_6}J_{51} & ^{T_6}J_{52} & ^{T_6}J_{53} & ^{T_6}J_{54} & ^{T_6}J_{55} & ^{T_6}J_{56} \\ ^{T_6}J_{61} & ^{T_6}J_{62} & ^{T_6}J_{63} & ^{T_6}J_{64} & ^{T_6}J_{65} & ^{T_6}J_{66} \end{bmatrix} \begin{bmatrix} \mathrm{d}\theta_1 \\ \mathrm{d}\theta_2 \\ \mathrm{d}\theta_3 \\ \mathrm{d}\theta_4 \\ \mathrm{d}\theta_5 \\ \mathrm{d}\theta_6 \end{bmatrix}$$

或

$$\begin{bmatrix} ^{T_6}d_x \\ ^{T_6}d_y \\ ^{T_6}d_z \\ ^{T_6}\delta_x \\ ^{T_6}\delta_y \\ ^{T_6}\delta_z \end{bmatrix} = \begin{bmatrix} ^{T_6}d_{1x} & ^{T_6}d_{2x} & ^{T_6}d_{3x} & ^{T_6}d_{4x} & ^{T_6}d_{5x} & ^{T_6}d_{6x} \\ ^{T_6}d_{2y} & ^{T_6}d_{2y} & ^{T_6}d_{3y} & ^{T_6}d_{4y} & ^{T_6}d_{5y} & ^{T_6}d_{6y} \\ ^{T_6}d_{3z} & ^{T_6}d_{2z} & ^{T_6}d_{3z} & ^{T_6}d_{4z} & ^{T_6}d_{5z} & ^{T_6}d_{6z} \\ ^{T_6}\delta_{4x} & ^{T_6}\delta_{2x} & ^{T_6}\delta_{3x} & ^{T_6}\delta_{4x} & ^{T_6}\delta_{5x} & ^{T_6}\delta_{6x} \\ ^{T_6}\delta_{5y} & ^{T_6}\delta_{2y} & ^{T_6}\delta_{3y} & ^{T_6}\delta_{4y} & ^{T_6}\delta_{5y} & ^{T_6}\delta_{6y} \\ ^{T_6}\delta_{6z} & ^{T_6}\delta_{2z} & ^{T_6}\delta_{3z} & ^{T_6}\delta_{4z} & ^{T_6}\delta_{5z} & ^{T_6}\delta_{6z} \end{bmatrix} \begin{bmatrix} \mathrm{d}\theta_1 \\ \mathrm{d}\theta_2 \\ \mathrm{d}\theta_3 \\ \mathrm{d}\theta_4 \\ \mathrm{d}\theta_5 \\ \mathrm{d}\theta_6 \end{bmatrix} \tag{3-26}$$

Paul 指出，可以利用如下计算得到相对于最后一个坐标系的雅克比矩阵。假设任意组

合可用相应的 $\boldsymbol{n}$、$\boldsymbol{o}$、$\boldsymbol{a}$ 和 $\boldsymbol{p}$ 矩阵表示，则矩阵相应的元素可用来计算雅克比矩阵。

如果关节 $i$ 为旋转关节，即 $\boldsymbol{d}_i=0$，则有

$$\begin{aligned}
{}^T\mathrm{d}x&=\boldsymbol{n}\cdot((\boldsymbol{\delta}\times\boldsymbol{p})+\boldsymbol{d}) & {}^T\mathrm{d}x&=\boldsymbol{n}\cdot(\boldsymbol{\delta}\times\boldsymbol{p})\\
{}^T\mathrm{d}y&=\boldsymbol{o}\cdot((\boldsymbol{\delta}\times\boldsymbol{p})+\boldsymbol{d}) \overset{\boldsymbol{d}=0}{\Rightarrow} & {}^T\mathrm{d}y&=\boldsymbol{o}\cdot(\boldsymbol{\delta}\times\boldsymbol{p})\\
{}^T\mathrm{d}z&=\boldsymbol{a}\cdot((\boldsymbol{\delta}\times\boldsymbol{p})+\boldsymbol{d}) & {}^T\mathrm{d}z&=\boldsymbol{a}\cdot(\boldsymbol{\delta}\times\boldsymbol{p})
\end{aligned}$$

$$\begin{aligned}
{}^T\delta x&=\boldsymbol{\delta}\cdot\boldsymbol{n}\\
{}^T\delta y&=\boldsymbol{\delta}\cdot\boldsymbol{o}\\
{}^T\delta z&=\boldsymbol{\delta}\cdot\boldsymbol{a}
\end{aligned}\tag{3-27}$$

因为 $\boldsymbol{\delta}_{ix}=0\boldsymbol{i}+0\boldsymbol{j}+1\boldsymbol{k}$，则式(3-27)可简化为

$$\boldsymbol{\delta}\times\boldsymbol{p}=\begin{vmatrix}\boldsymbol{i} & \boldsymbol{j} & \boldsymbol{k}\\ 0 & 0 & 1\\ p_x & p_y & p_z\end{vmatrix}\overset{\text{行列式}}{=\!=\!=}[-p_y,\ p_x,\ 0]$$

$$\begin{aligned}
{}^{T_6}\boldsymbol{d}_{ix}&=\boldsymbol{n}\cdot(\boldsymbol{\delta}\times\boldsymbol{p})=\boldsymbol{n}\cdot([-p_y,\ p_x,\ 0])=(-n_xp_y+n_yp_x)\boldsymbol{i}\\
{}^{T_6}\boldsymbol{d}_{iy}&=\boldsymbol{o}\cdot(\boldsymbol{\delta}\times\boldsymbol{p})=\boldsymbol{o}\cdot([-p_y,\ p_x,\ 0])=(-o_xp_y+o_yp_x)\boldsymbol{j}\\
{}^{T_6}\boldsymbol{d}_{iz}&=\boldsymbol{a}\cdot(\boldsymbol{\delta}\times\boldsymbol{p})=\boldsymbol{a}\cdot([-p_y,\ p_x,\ 0])=(-a_xp_y+a_yp_x)\boldsymbol{k}
\end{aligned}\tag{3-28}$$

则式(3-28)可写为

$$\begin{aligned}
\boldsymbol{n}\cdot\boldsymbol{\delta}&=[0,\ 0,\ n_z]\\
\boldsymbol{o}\cdot\boldsymbol{\delta}&=[0,\ 0,\ o_z]\\
\boldsymbol{a}\cdot\boldsymbol{\delta}&=[0,\ 0,\ a_z]
\end{aligned}$$

则有

$${}^{T_6}\boldsymbol{\delta}_i=n_z\boldsymbol{i}+o_z\boldsymbol{j}+a_z\boldsymbol{k}$$

因此，可得

$$\begin{aligned}
{}^{T_6}J_{1i}&=(-n_xp_y+n_yp_x)\\
{}^{T_6}J_{2i}&=(-o_xp_y+o_yp_x)\\
{}^{T_6}J_{3i}&=(-a_xp_y+a_yp_x)\\
{}^{T_6}J_{4i}=n_z,\ {}^{T_6}J_{5i}&=o_z,\ {}^{T_6}J_{6i}=a_z
\end{aligned}$$

如果关节 $i$ 为滑动关节，$\mathbf{d}=0\boldsymbol{i}+0\boldsymbol{j}+1\boldsymbol{k}$，$\delta=0$，则有

$$\boldsymbol{\delta}\times\boldsymbol{p}=\begin{vmatrix}\boldsymbol{i} & \boldsymbol{j} & \boldsymbol{k}\\ 0 & 0 & 0\\ p_x & p_y & p_z\end{vmatrix}\overset{\text{行列式}}{=\!=\!=}[0,\ 0,\ 0]$$

$$\begin{aligned}
{}^T\mathrm{d}x&=\boldsymbol{n}\cdot((\boldsymbol{\delta}\times\boldsymbol{p})+\boldsymbol{d})\\
{}^T\mathrm{d}y&=\boldsymbol{o}\cdot((\boldsymbol{\delta}\times\boldsymbol{p})+\boldsymbol{d})\\
{}^T\mathrm{d}z&=\boldsymbol{a}\cdot((\boldsymbol{\delta}\times\boldsymbol{p})+\boldsymbol{d})\\
{}^T\delta x&=\boldsymbol{\delta}\cdot\boldsymbol{n}\\
{}^T\delta y&=\boldsymbol{\delta}\cdot\boldsymbol{o}\\
{}^T\delta z&=\boldsymbol{\delta}\cdot\boldsymbol{a}
\end{aligned}$$

$$^{T_6}\boldsymbol{d}_{ix}=\boldsymbol{n}\cdot((\boldsymbol{\delta}\times\boldsymbol{p})+\boldsymbol{d})=\boldsymbol{n}\cdot([0,0,1])=n_z\boldsymbol{i}$$

$$^{T_6}\boldsymbol{d}_{iy}=\boldsymbol{o}\cdot((\boldsymbol{\delta}\times\boldsymbol{p})+\boldsymbol{d})=\boldsymbol{o}\cdot([0,0,1])=o_z\boldsymbol{j}$$

$$^{T_6}\boldsymbol{d}_{iz}=\boldsymbol{a}\cdot((\boldsymbol{\delta}\times\boldsymbol{p})+\boldsymbol{d})=\boldsymbol{a}\cdot([0,0,1])=a_z\boldsymbol{k}$$

则有

$$^{T_6}\boldsymbol{d}_i=n_z\boldsymbol{i}+o_z\boldsymbol{j}+a_z\boldsymbol{k}$$

因为 $\boldsymbol{n}\cdot\boldsymbol{\delta}=[0,0,0]$，$\boldsymbol{o}\cdot\boldsymbol{\delta}=[0,0,0]$，$\boldsymbol{a}\cdot\boldsymbol{\delta}=[0,0,0]$，则有 $^{T_6}\boldsymbol{\delta}_i=0\boldsymbol{i}+0\boldsymbol{j}+0\boldsymbol{k}$

从而可得到

$$^{T_6}J_{4i}=n_z,\ ^{T_6}J_{2i}=o_z,\ ^{T_6}J_{3i}=a_z,\ ^{T_6}J_{4i}=0,\ ^{T_6}J_{5i}=0,\ ^{T_6}J_{6i}=0$$

对于上式矩阵的第 $i$ 列，可表示为：

第 1 列用 $^0\boldsymbol{T}_6=\boldsymbol{A}_1\boldsymbol{A}_2\boldsymbol{A}_3\boldsymbol{A}_4\boldsymbol{A}_5\boldsymbol{A}_6$

第 2 列用 $^1\boldsymbol{T}_6=\boldsymbol{A}_2\boldsymbol{A}_3\boldsymbol{A}_4\boldsymbol{A}_5\boldsymbol{A}_6$

第 3 列用 $^2\boldsymbol{T}_6=\boldsymbol{A}_3\boldsymbol{A}_4\boldsymbol{A}_5\boldsymbol{A}_6$

第 4 列用 $^3\boldsymbol{T}_6=\boldsymbol{A}_4\boldsymbol{A}_5\boldsymbol{A}_6$

第 5 列用 $^4\boldsymbol{T}_6=\boldsymbol{A}_5\boldsymbol{A}_6$

第 6 列用 $^5\boldsymbol{T}_6=\boldsymbol{A}_6$

## 3.4　建立雅克比矩阵与微分算子之间的关联

本节通过两种计算方法将雅克比矩阵与微分算子关联起来，以便更好地分析机器人的运动变化。

**1. 借助 $\boldsymbol{D}$ 建立关系**

假设机器人的关节移动一个微分量：

(1) 由 $\begin{bmatrix}\mathrm{d}x\\ \mathrm{d}y\\ \mathrm{d}z\\ \delta x\\ \delta y\\ \delta z\end{bmatrix}=[\text{雅克比矩阵}]\begin{bmatrix}\mathrm{d}\theta_1\\ \mathrm{d}\theta_2\\ \mathrm{d}\theta_3\\ \delta\theta_4\\ \delta\theta_5\\ \delta\theta_6\end{bmatrix}$ 或 $\boldsymbol{D}=\boldsymbol{J}\boldsymbol{D}_\theta$ 及已知的雅克比矩阵，可计算出 $\boldsymbol{D}$。

(2) 将 d$x$，d$y$，d$z$，$\delta x$，$\delta y$，$\delta z$ 代入 $\boldsymbol{\Delta}=\begin{bmatrix}0 & -\delta z & \delta y & \mathrm{d}x\\ \delta z & 0 & -\delta x & \mathrm{d}y\\ -\delta y & \delta x & 0 & \mathrm{d}z\\ 0 & 0 & 0 & 0\end{bmatrix}$ 获得微分算子。

(3) 利用 $\mathrm{d}\boldsymbol{T}=\boldsymbol{\Delta}T$ 计算出 $\mathrm{d}\boldsymbol{T}$，由此确定机器人手的新位姿。

**2. 借助 $^{T_6}\boldsymbol{J}\boldsymbol{D}$ 建立关系**

(1) 用 $^{T_6}\boldsymbol{D}={}^{T_6}\boldsymbol{J}\boldsymbol{D}_\theta$ 及雅克比矩阵来计算矩阵 $^{T_6}\boldsymbol{D}$：

$$\begin{bmatrix} {}^{T_6}d_x \\ {}^{T_6}d_y \\ {}^{T_6}d_z \\ {}^{T_6}\delta_x \\ {}^{T_6}\delta_y \\ {}^{T_6}\delta_z \end{bmatrix} = \begin{bmatrix} {}^{T_6}J_{11} & {}^{T_6}J_{12} & {}^{T_6}J_{13} & {}^{T_6}J_{14} & {}^{T_6}J_{15} & {}^{T_6}J_{16} \\ {}^{T_6}J_{21} & {}^{T_6}J_{22} & {}^{T_6}J_{23} & {}^{T_6}J_{24} & {}^{T_6}J_{25} & {}^{T_6}J_{26} \\ {}^{T_6}J_{31} & {}^{T_6}J_{32} & {}^{T_6}J_{33} & {}^{T_6}J_{34} & {}^{T_6}J_{35} & {}^{T_6}J_{36} \\ {}^{T_6}J_{41} & {}^{T_6}J_{42} & {}^{T_6}J_{43} & {}^{T_6}J_{44} & {}^{T_6}J_{45} & {}^{T_6}J_{46} \\ {}^{T_6}J_{51} & {}^{T_6}J_{52} & {}^{T_6}J_{53} & {}^{T_6}J_{54} & {}^{T_6}J_{55} & {}^{T_6}J_{56} \\ {}^{T_6}J_{61} & {}^{T_6}J_{62} & {}^{T_6}J_{63} & {}^{T_6}J_{64} & {}^{T_6}J_{65} & {}^{T_6}J_{66} \end{bmatrix} \begin{bmatrix} d\theta_1 \\ d\theta_2 \\ d\theta_3 \\ d\theta_4 \\ d\theta_5 \\ d\theta_6 \end{bmatrix}$$

上式矩阵中包括了相当于当前坐标系机器人手的微分运动信息，即${}^{T_6}dx$，${}^{T_6}dy$，${}^{T_6}dz$，${}^{T_6}\delta x$，${}^{T_6}\delta y$，${}^{T_6}\delta z$。

(2) 将${}^{T_6}dx$，${}^{T_6}dy$，${}^{T_6}dz$，${}^{T_6}\delta x$，${}^{T_6}\delta y$，${}^{T_6}\delta z$代入式(3-16)，可得

$${}^{T}\boldsymbol{\Delta} = \boldsymbol{T}^{-1}\boldsymbol{\Delta T} = \begin{bmatrix} 0 & -{}^{T}\delta z & {}^{T}\delta y & {}^{T}dx \\ {}^{T}\delta z & 0 & -{}^{T}\delta x & {}^{T}dy \\ -{}^{T}\delta y & {}^{T}\delta x & 0 & {}^{T}dz \\ 0 & 0 & 0 & 0 \end{bmatrix}$$

便构成了微分算子${}^{T_6}\boldsymbol{\Delta}$。

(3) 再用$d\boldsymbol{T}=\boldsymbol{T}^{T}\boldsymbol{\Delta}$计算$d\boldsymbol{T}$，由此确定机器人手的新位姿。从而计算${}^{T_6}\boldsymbol{D}$，将机器人关节的微分运动与机器人手坐标系联系起来。

**例 3-4** 假定一个五自由度机器人手的坐标系、瞬时的雅克比矩阵及一组微分运动，求经微分运动后机器人手的坐标系的新位置。

$$\boldsymbol{T}_6 = \begin{bmatrix} 1 & 0 & 0 & 5 \\ 0 & 0 & -1 & 3 \\ 0 & 1 & 0 & 2 \\ 0 & 0 & 0 & 1 \end{bmatrix} \qquad \boldsymbol{J} = \begin{bmatrix} 3 & 0 & 0 & 0 & 0 \\ -2 & 0 & 1 & 0 & 0 \\ 0 & 4 & 0 & 0 & 0 \\ 0 & 1 & 0 & 1 & 0 \\ -1 & 0 & 0 & 0 & 1 \end{bmatrix} \qquad \begin{bmatrix} d\theta_1 \\ d\theta_2 \\ ds_1 \\ d\theta_4 \\ d\theta_5 \end{bmatrix} = \begin{bmatrix} 0.1 \\ -0.1 \\ 0.05 \\ 0.1 \\ 0 \end{bmatrix}$$

**解** 由于机器人有5个自由度，并假设它只能绕$x$轴和$y$轴旋转。

(1) 由 $\begin{bmatrix} dx \\ dy \\ dz \\ \delta x \\ \delta y \\ \delta z \end{bmatrix} = \begin{bmatrix} \text{robot} \\ \text{Jacobian} \\ \text{Matrix} \end{bmatrix} \begin{bmatrix} d\theta_1 \\ d\theta_2 \\ d\theta_3 \\ \delta\theta_4 \\ \delta\theta_5 \\ \delta\theta_6 \end{bmatrix}$ 或 $\boldsymbol{D}=\boldsymbol{J}\boldsymbol{D}_\theta$，可计算出$\boldsymbol{D}$矩阵：

$$\boldsymbol{D} = \begin{bmatrix} dx \\ dy \\ dz \\ \delta x \\ \delta y \end{bmatrix} = \boldsymbol{J}\boldsymbol{D}_\theta = \begin{bmatrix} 3 & 0 & 0 & 0 & 0 \\ -2 & 0 & 1 & 0 & 0 \\ 0 & 4 & 0 & 0 & 0 \\ 0 & 1 & 0 & 1 & 0 \\ -1 & 0 & 0 & 0 & 1 \end{bmatrix} \begin{bmatrix} 0.1 \\ -0.1 \\ 0.05 \\ 0.1 \\ 0 \end{bmatrix} = \begin{bmatrix} 0.3 \\ -0.15 \\ -0.4 \\ 0 \\ -0.1 \end{bmatrix}$$

(2) 将 $dx$，$dy$，$dz$，$\delta x$，$\delta y$ 代入 $\boldsymbol{\Delta}$ 可得

$$\boldsymbol{\Delta}=\begin{bmatrix}0 & -\delta z & \delta y & dx\\ \delta z & 0 & -\delta x & dy\\ -\delta y & \delta x & 0 & dz\\ 0 & 0 & 0 & 0\end{bmatrix}=\begin{bmatrix}0 & 0 & -0.1 & 0.3\\ 0 & 0 & 0 & -0.15\\ 0.1 & 0 & 0 & -0.4\\ 0 & 0 & 0 & 0\end{bmatrix}$$

(3) 利用 $dT=\boldsymbol{\Delta}T$ 计算出 $d\boldsymbol{T}$，由此来确定机器人手的新位姿。

$$\begin{aligned}d\boldsymbol{T}_6 &= \boldsymbol{\Delta T}_6\\ &=\begin{bmatrix}0 & 0 & -0.1 & 0.3\\ 0 & 0 & 0 & -0.15\\ 0.1 & 0 & 0 & -0.4\\ 0 & 0 & 0 & 0\end{bmatrix}\begin{bmatrix}1 & 0 & 0 & 5\\ 0 & 0 & -1 & 3\\ 0 & 1 & 0 & 2\\ 0 & 0 & 0 & 1\end{bmatrix}\\ &=\begin{bmatrix}0 & -0.1 & 0 & 0.1\\ 0 & 0 & 0 & -0.15\\ 0.1 & 0 & 0 & 0.1\\ 0 & 0 & 0 & 0\end{bmatrix}\end{aligned}$$

微分运动后，机器人手的坐标系的新位置为

$$\begin{aligned}\boldsymbol{T}_6 &= d\boldsymbol{T}_6+\boldsymbol{T}_{6\text{Original}}\\ &=\begin{bmatrix}0 & -0.1 & 0 & 0.1\\ 0 & 0 & 0 & -0.15\\ 0.1 & 0 & 0 & 0.1\\ 0 & 0 & 0 & 0\end{bmatrix}+\begin{bmatrix}1 & 0 & 0 & 5\\ 0 & 0 & -1 & 3\\ 0 & 1 & 0 & 2\\ 0 & 0 & 0 & 1\end{bmatrix}\\ &=\begin{bmatrix}1 & -0.1 & 0 & 5.1\\ 0 & 0 & -1 & 2.85\\ 0.1 & 1 & 0 & 2.1\\ 0 & 0 & 0 & 1\end{bmatrix}\end{aligned}$$

## 3.5　雅克比矩阵的逆

为了计算机器人关节上的微分运动，则需要获得雅克比矩阵的逆，方程如下：

$$\boldsymbol{D}=\boldsymbol{J}\boldsymbol{D}_\theta$$

上式同时左乘矩阵雅克比矩阵的 $\boldsymbol{J}^{-1}$，则可得

$$\boldsymbol{D}_\theta=\boldsymbol{J}^{-1}\boldsymbol{D} \tag{3-29}$$

因此，如果已知雅克比矩阵的逆，就可以计算出每个关节以何种速度运动才能使机器人手产生所期望的微分运动或达到期望的速度。由于机器人的运动及机器人构型的变换导致机器人雅克比矩阵所有元素的值是不断变换的，也就需要不断地计算雅克比矩阵的值，因此，为了能够计算出足够精确的关节速度，则需要保证高效、快速的计算能力。

雅克比矩阵逆的求解对机器人精确运动有着重要意义，常用的方法有三种：第一种是求出符号形式的雅克比矩阵的逆，把值代入其中并计算出速度；第二种是将数据代入雅克

比矩阵，再用高斯消去法或其他方法求解数值矩阵的逆；第三种是利用逆运动方程计算关节的速度。以六自由度链式机器人为例，其总变换矩阵为

$$
{}^{R}\boldsymbol{T}_H=\boldsymbol{A}_1\boldsymbol{A}_2\boldsymbol{A}_3\boldsymbol{A}_4\boldsymbol{A}_5\boldsymbol{A}_6=\boldsymbol{RHS}
$$

$$
=\begin{bmatrix} C_1(C_{234}C_5C_6-S_{234}S_6) & C_1(-C_{234}C_5C_6-S_{234}S_6) & C_1(C_{234}S_5)+S_1C_5 & C_1(C_{234}a_4+C_{23}a_3+C_2a_2) \\ -S_1S_5C_6 & +S_1S_5C_6 & & \\ S_1(C_{234}C_5C_6-S_{234}S_6) & S_1(-C_{234}C_5C_6-S_{234}S_6) & S_1(C_{234}S_5)-C_1C_5 & S_1(C_{234}a_4+C_{23}a_3+C_2a_2) \\ +C_1S_5C_6 & -C_1S_5C_6 & & \\ S_{234}C_5C_6+C_{234}S_6 & -S_{234}C_5C_6+C_{234}S_6 & S_{234}S_5 & S_{234}a_4+S_{23}a_3+S_2a_2 \\ 0 & 0 & 0 & 1 \end{bmatrix} \tag{3-30}
$$

将机器人的期望位姿表示为

$$
{}^{R}\boldsymbol{T}_H=\begin{bmatrix} n_x & o_x & a_x & p_x \\ n_y & o_y & a_y & p_y \\ n_z & o_z & a_z & p_z \\ 0 & 0 & 0 & 1 \end{bmatrix}
$$

**1. $\mathrm{d}\theta_1$ 的求解方法**

通过机器人的期望位姿矩阵和式(3-30)构建等式关系，并将等式两边左乘 $\boldsymbol{A}_1^{-1}$，即

$$
\boldsymbol{A}_1^{-1}\times\begin{bmatrix} n_x & o_x & a_x & p_x \\ n_y & o_y & a_y & p_y \\ n_z & o_z & a_z & p_z \\ 0 & 0 & 0 & 1 \end{bmatrix}=\boldsymbol{A}_1^{-1}\boldsymbol{RHS}=\boldsymbol{A}_2\boldsymbol{A}_3\boldsymbol{A}_4\boldsymbol{A}_5\boldsymbol{A}_6
$$

$$
\begin{bmatrix} C_1 & S_1 & 0 & 0 \\ 0 & 0 & 1 & 0 \\ -S_1 & -C_1 & 0 & 0 \\ 0 & 0 & 0 & 1 \end{bmatrix}\times\begin{bmatrix} n_x & o_x & a_x & p_x \\ n_y & o_y & a_y & p_y \\ n_z & o_z & a_z & p_z \\ 0 & 0 & 0 & 1 \end{bmatrix}=\boldsymbol{A}_2\boldsymbol{A}_3\boldsymbol{A}_4\boldsymbol{A}_5\boldsymbol{A}_6
$$

$$
\begin{bmatrix} n_xC_1+n_yS_1 & o_xC_1+o_yS_1 & a_xC_1+a_yS_1 & p_xC_1+p_yS_1 \\ n_z & o_z & a_z & p_z \\ n_xS_1-n_yC_1 & o_xS_1-o_yC_1 & a_xS_1-a_yC_1 & p_xS_1-p_yC_1 \\ 0 & 0 & 0 & 1 \end{bmatrix}
$$

$$
=\begin{bmatrix} C_{234}C_5C_6-S_{234}S_6 & -C_{234}C_5C_6-S_{234}C_6 & C_{234}S_5 & C_{234}a_4+C_{23}a_3+C_2a_2 \\ S_{234}C_5C_6+C_{234}S_6 & -C_{234}C_5C_6+C_{234}C_6 & S_{234}S_5 & S_{234}a_4+S_{23}a_3+S_2a_2 \\ -S_5C_6 & S_5S_6 & C_5 & 0 \\ 0 & 0 & 0 & 1 \end{bmatrix} \tag{3-31}
$$

根据式(3-31)的矩阵分量(3，4)，有

$$
p_xS_1-p_yC_1=0 \tag{3-32}
$$

可得 $\theta_1$ 为

$$
\theta_1=\arctan\frac{p_x}{p_y}\quad 和\quad \theta_1=\theta_1+180^\circ
$$

通过对式(3－32)求 $d\theta_1$ 微分，整理可得

$$d\theta_1(p_xC_1+p_yS_1)=-dp_xS_1+dp_yC_1$$

故求得 $d\theta_1$ 为

$$d\theta_1=\frac{-dp_xS_1+dp_yC_1}{p_xC_1+p_yS_1}$$

**2. $d\theta_3$ 的求解方法**

对式(3－30)左乘 $\boldsymbol{A}_4^{-1}\boldsymbol{A}_3^{-1}\boldsymbol{A}_2^{-1}\boldsymbol{A}_1^{-1}$ 可得

$$\boldsymbol{A}_4^{-1}\boldsymbol{A}_3^{-1}\boldsymbol{A}_2^{-1}\boldsymbol{A}_1^{-1}\times\begin{bmatrix} n_x & o_x & a_x & p_x \\ n_y & o_y & a_y & p_y \\ n_z & o_z & a_z & p_z \\ 0 & 0 & 0 & 1 \end{bmatrix}=\boldsymbol{A}_4^{-1}\boldsymbol{A}_3^{-1}\boldsymbol{A}_2^{-1}\boldsymbol{A}_1^{-1}\boldsymbol{RHS}=\boldsymbol{A}_5\boldsymbol{A}_6$$

$$\begin{bmatrix} C_{234}(C_1n_x+S_1n_y)+S_{234}n_z & C_{234}(C_1o_x+S_1o_y)+S_{234}o_z & C_{234}(C_1a_x+S_1a_y)+S_{234}a_z & C_{234}(C_1p_x+S_1p_y)+S_{234}p_z-C_{34}a_2-C_4a_3-a_4 \\ C_1n_y-S_1n_x & C_1o_y-S_1o_x & C_1a_y-S_1a_x & 0 \\ -S_{234}(C_1n_x+S_1n_y)+C_{234}n_z & -S_{234}(C_1o_x+S_1o_y)+C_{234}o_z & -S_{234}(C_1a_x+S_1a_y)+C_{234}a_z & -S_{234}(C_1p_x+S_1p_y)+C_{234}p_z+S_{34}a_2+S_4a_3 \\ 0 & 0 & 0 & 1 \end{bmatrix}$$

$$=\begin{bmatrix} C_5C_6 & -C_5S_6 & S_5 & 0 \\ S_5C_6 & -S_5S_6 & -C_5 & 0 \\ S_6 & C_6 & 0 & 0 \\ 0 & 0 & 0 & 1 \end{bmatrix} \tag{3-33}$$

由式(3－33)中矩阵分量(3，3)，有

$$\begin{cases} -S_{234}(C_1a_x+S_1a_y)+C_{234}a_z=0 \\ S_{234}(C_1a_x+S_1a_y)=C_{234}a_z \end{cases} \tag{3-34}$$

通过对式(3－34)求 $d\theta_2$，整理可得

$$\begin{aligned} &C_{234}(C_1a_x+S_1a_y)d\theta_2+C_{234}(C_1a_x+S_1a_y)d\theta_3+C_{234}(C_1a_x+S_1a_y)d\theta_4+ \\ &\quad S_{234}[-a_xS_1d\theta_1+C_1da_x+a_yC_1d\theta_1+S_1da_y] \\ &=-S_{234}a_zd\theta_2-S_{234}a_zd\theta_3-S_{234}a_zd\theta_4+C_{234}da_z \end{aligned}$$

对上式进行整理，可得

$$\begin{aligned} &C_{234}(d\theta_2+d\theta_3+d\theta_4)(C_1a_x+S_1a_y)+S_{234}[-a_xS_1d\theta_1+C_1da_x+a_yC_1d\theta_1+S_1da_y] \\ &=-S_{234}(d\theta_2+d\theta_3+d\theta_4)a_z+C_{234}da_z \end{aligned}$$

整理后可得

$$(d\theta_2+d\theta_3+d\theta_4)=\frac{S_{234}[a_xS_1d\theta_1-C_1da_x-a_yC_1d\theta_1-S_1da_y]+C_{234}da_z}{C_{234}(C_1a_x+S_1a_y)+S_{234}a_z} \tag{3-35}$$

由于 d$\boldsymbol{T}$ 是 $n$、$o$、$a$、$p$ 矩阵的微分变换，d$a_x$，d$a_y$，d$a_z$ 可从 d$\boldsymbol{T}$ 中得到。

根据式(3-33)的矩阵分量(1，4)和(2，4)可得

$$p_xC_1+p_yS_1=C_{234}a_4+C_{23}a_3+C_2a_2$$

$$p_z=S_{234}a_4+S_{23}a_3+S_2a_2$$

可整理为

$$(p_xC_1+p_yS_1-C_{234}a_4)^2=(C_{23}a_3+C_2a_2)^2$$

$$(p_z-S_{234}a_4)^2=(S_{23}a_3+S_2a_2)^2$$

$$(p_xC_1+p_yS_1-C_{234}a_4)^2+(p_z-S_{234}a_4)^2=(C_{23}a_3+C_2a_2)^2+(S_{23}a_3+S_2a_2)^2$$

根据三角函数关系，有

$$S\theta_1C\theta_2+C\theta_1S\theta_2=S(\theta_1+\theta_2)=S_{12}$$

$$C\theta_1C\theta_2-S\theta_1S\theta_2=C(\theta_1+\theta_2)=C_{12}$$

有

$$S_2S_{23}+C_2C_{23}=\cos[(\theta_2+\theta_3)-\theta_2]=\cos\theta_3$$

因此，可得

$$C_32a_2a_3=(p_xC_1+p_yS_1-C_{234}a_4)^2+(p_z-S_{234}a_4)^2-a_2^2-a_3^2$$

对 $C_32a_2a_3=(p_xC_1+p_yS_1-C_{234}a_4)^2+(p_z-S_{234}a_4)^2-a_2^2-a_3^2$ 求 d$\theta_3$ 微分，可得

$$\begin{aligned}-2S_3a_2a_3d\theta_3=&2(p_xC_1+p_yS_1-C_{234}a_4)\times\\&[C_1dp_x-p_xS_1d\theta_1+S_1dp_y+\\&p_yC_1d\theta_1+a_4S_{234}(d\theta_2+d\theta_3+d\theta_4)]+\\&2(p_z-S_{234}a_4)[dp_z-a_4C_{234}(d\theta_2+d\theta_3+d\theta_4)]\end{aligned} \tag{3-36}$$

因此，对式(3-36)整理，可得 d$\theta_3$ 为

$$\begin{aligned}d\theta_3=&\{2(p_xC_1+p_yS_1-C_{234}a_4)\times\\&\{[C_1dp_x-p_xS_1d\theta_1+S_1dp_y+p_yC_1d\theta_1+a_4S_{234}(d\theta_2+d\theta_3+d\theta_4)]+\\&2(p_z-S_{234}a_4)[dp_z-a_4C_{234}(d\theta_2+d\theta_3+d\theta_4)]\}/-2S_3a_2a_3\end{aligned}$$

**3. d$\theta_2$ 的求解方法**

根据式(3-33)的矩阵分量(1，4)和(2，4)可得

$$p_xC_1+p_yS_1=C_{234}a_4+C_{23}a_3+C_2a_2$$

$$p_z=S_{234}a_4+S_{23}a_3+S_2a_2$$

根据 $C_{12}=C_2C_3-S_2S_3$ 和 $S_{12}=S_1C_2+C_1S_2$ 可将上式整理为

$$p_xC_1+p_yS_1-C_{234}a_4=(C_2C_3-S_2S_3)a_3+C_2a_2 \tag{3-37}$$

$$p_z-S_{234}a_4=(S_2C_3+C_2S_3)a_3+S_2a_2 \tag{3-38}$$

将式(3-37)和式(3-38)作为具有两个方程和两个未知量的联立方程求解 $C_2$ 和 $S_2$，可得

$$S_2=\frac{(C_3a_3+a_2)(p_z-S_{234}a_4)-S_3a_3(p_xC_1+p_yS_1-C_{234}a_4)}{(C_3a_3+a_2)^2+S_3^2a_3^2}$$

$$C_2=\frac{(C_3a_3+a_2)(p_xC_1+p_yS_1-C_{234}a_4)+S_3a_3(p_z-S_{234}a_4)}{(C_3a_3+a_2)^2+S_3^2a_3^2}$$

因此，可得 $d\theta_2$ 为

$$d\theta_2=\frac{(C_3a_3+a_2)(p_z-S_{234}a_4)-S_3a_3(p_xC_1+p_yS_1-C_{234}a_4)}{(C_3a_3+a_2)(p_xC_1+p_yS_1-C_{234}a_4)+S_3a_3(p_z-S_{234}a_4)}$$

**4. $d\theta_4$ 的求解方法**

根据式(3-35)，整理可得

$$(d\theta_2+d\theta_3+d\theta_4)=\frac{S_{234}[a_xS_1d\theta_1-C_1da_x-a_yC_1d\theta_1-S_1da_y]+C_{234}da_z}{C_{234}(C_1a_x+S_1a_y)+S_{234}a_z}$$

因此，可得 $d\theta_4$ 为

$$d\theta_4=d\theta_2+d\theta_3$$

**5. $d\theta_5$ 的求解方法**

根据式(3-33)，可得

$$\begin{bmatrix} C_{234}(C_1n_x+S_1n_y)+S_{234}n_z & C_{234}(C_1o_x+S_1o_y)+S_{234}o_z & C_{234}(C_1a_x+S_1a_y)+S_{234}a_z & C_{234}(C_1p_x+S_1p_y)+S_{234}p_z-C_{34}a_2-C_4a_3-a_4 \\ C_1n_y-S_1n_x & C_1o_y-S_1o_x & C_1a_y-S_1a_x & 0 \\ -S_{234}(C_1n_x+S_1n_y)+C_{234}n_z & -S_{234}(C_1o_x+S_1o_y)+C_{234}o_z & -S_{234}(C_1a_x+S_1a_y)+C_{234}a_z & -S_{234}(C_1p_x+S_1p_y)+C_{234}p_z+S_{34}a_2+S_4a_3 \\ 0 & 0 & 0 & 1 \end{bmatrix}$$

$$=\begin{bmatrix} C_5C_6 & -C_5S_6 & S_5 & 0 \\ S_5C_6 & -S_5S_6 & -C_5 & 0 \\ S_6 & C_6 & 0 & 0 \\ 0 & 0 & 0 & 1 \end{bmatrix}$$

根据式(3-33)的矩阵分量(1，3)和(2，3)，可得

$$-C_5=C_1p_y-S_1a_x$$

因此，对上式求 $d\theta_5$ 微分，可得

$$-S_5d\theta_5=a_yS_1d\theta_1-C_1da_y+a_xS_1d\theta_1+S_1da_x$$

因此，可得 $d\theta_5$ 为

$$d\theta_5=\frac{a_yS_1d\theta_1-C_1da_y+a_xS_1d\theta_1+S_1da_x}{-S_5}$$

**6. $d\theta_6$ 的求解方法**

因为 $\theta_6$ 没有解耦方程，所以对式(3-30)左乘 $\boldsymbol{A}_5^{-1}\boldsymbol{A}_4^{-1}\boldsymbol{A}_3^{-1}\boldsymbol{A}_2^{-1}\boldsymbol{A}_1^{-1}$ 可得

$$\boldsymbol{A}_5^{-1}\boldsymbol{A}_4^{-1}\boldsymbol{A}_3^{-1}\boldsymbol{A}_2^{-1}\boldsymbol{A}_1^{-1}\times\begin{bmatrix} n_x & o_x & a_x & p_x \\ n_y & o_y & a_y & p_y \\ n_z & o_z & a_z & p_z \\ 0 & 0 & 0 & 1 \end{bmatrix}=\boldsymbol{A}_5^{-1}\boldsymbol{A}_4^{-1}\boldsymbol{A}_3^{-1}\boldsymbol{A}_2^{-1}\boldsymbol{A}_1^{-1}\boldsymbol{RHS}=\boldsymbol{A}_6$$

$$\begin{bmatrix} C_5[C_{234}(C_1n_x+S_1n_y)+S_{234}n_z]-S_5(C_1n_y-S_1n_x) & C_5[C_{234}(C_1o_x+S_1o_y)+S_{234}o_z]-S_5(C_1o_y-S_1o_x) & 0 & 0 \\ -S_{234}(C_1n_x+S_1n_y)+C_{234}n_z & -S_{234}(C_1o_x+S_1o_y)+C_{234}o_z & 0 & 0 \\ 0 & 0 & 0 & 0 \\ 0 & 0 & 0 & 0 \end{bmatrix}$$

$$=\begin{bmatrix} C_6 & -S_6 & S_5 & 0 \\ S_6 & -C_6 & 0 & 0 \\ 0 & 0 & 1 & 0 \\ 0 & 0 & 0 & 1 \end{bmatrix} \tag{3-39}$$

根据(3-39)的矩阵分量(2，1)，可得

$$S_6=-S_{234}(C_1n_x+S_1n_y)+C_{234}n_z \tag{3-40}$$

对式(3-40)求 $d\theta_6$ 微分，可得

$$\begin{aligned} C_6\,d\theta_6=&-C_{234}(C_1n_x+S_1n_y)(d\theta_2+d\theta_3+d\theta_4)- \\ &S_{234}(-S_1n_x d\theta_1+C_1 dn_x+C_1n_y d\theta_1+S_1 dn_y)- \\ &S_{234}n_z(d\theta_2+d\theta_3+d\theta_4)+C_{234}dn_z \end{aligned}$$

因此，对上式整理后可得 $d\theta_6$ 为

$$d\theta_6=\frac{\begin{aligned}&-C_{234}(C_1n_x+S_1n_y)(d\theta_2+d\theta_3+d\theta_4)- \\ &S_{234}(-S_1n_x d\theta_1+C_1 dn_x+C_1n_y d\theta_1+S_1 dn_y) \\ &-S_{234}n_z(d\theta_2+d\theta_2+d\theta_4)+C_{234}dn_z\end{aligned}}{C_6}$$

根据以上的 6 个方程编写机器人控制器程序，可求得 6 个关节微分值，使控制器能够迅速地计算出关节的瞬时速度，进而实时地驱动机器人关节。

**例 3-5** 工业相机安装在机器人手坐标系 $\boldsymbol{T}_H$ 上，已知机器人在该位置的雅克比矩阵的逆：

$$\boldsymbol{T}_H=\begin{bmatrix} 0 & 1 & 0 & 3 \\ 1 & 0 & 0 & 2 \\ 0 & 0 & -1 & 8 \\ 0 & 0 & 0 & 1 \end{bmatrix}$$

$$J^{-1}=\begin{bmatrix}1 & 0 & 0 & 0 & 0 & 0\\ 2 & 0 & -1 & 0 & 0 & 0\\ 0 & -0.2 & 0 & 0 & 0 & 0\\ 0 & -1 & 0 & 0 & 1 & 0\\ 0 & 0 & 0 & 1 & 0 & 0\\ 1 & 0 & 0 & 0 & 0 & 1\end{bmatrix}$$

机器人所做的微分运动为

$$D=\begin{bmatrix}0.05\\ 0\\ -0.1\\ 0\\ 0.1\\ 0.03\end{bmatrix}$$

(1) 找出哪些关节必须做微分运动，并计算出这些关节需要做多大的微分运动量才能产生所指定的微分运动。

**解**　由 $D_\theta=J^{-1}D$ 可得

$$D_\theta=\begin{bmatrix}1 & 0 & 0 & 0 & 0 & 0\\ 2 & 0 & -1 & 0 & 0 & 0\\ 0 & -0.2 & 0 & 0 & 0 & 0\\ 0 & -1 & 0 & 0 & 1 & 0\\ 0 & 0 & 0 & 1 & 0 & 0\\ 1 & 0 & 0 & 0 & 0 & 1\end{bmatrix}[0.05\quad 0\quad -0.1\quad 0\quad 0.1\quad 0.03]^{\mathrm{T}}$$

$$=[0.05\quad 0.2\quad 0\quad 0.1\quad 0\quad 0.08]^{\mathrm{T}}$$

从而可得，关节 1、2、4、6 需要做微分运动，这些关节需要做的微分运动量为 0.05、0.2、0.1、0.08。

(2) 求机器人手坐标的变换。

$$\mathrm{d}T=\Delta\cdot T=[\mathrm{Trans}(\mathrm{d}x,\ \mathrm{d}y,\ \mathrm{d}z)\mathrm{Rot}(q,\ \mathrm{d}\theta)-I]\cdot T_H$$

$$=\begin{bmatrix}0 & -\delta z & \delta y & \mathrm{d}x\\ \delta z & 0 & -\delta x & \mathrm{d}y\\ -\delta y & \delta x & 0 & \mathrm{d}z\\ 0 & 0 & 0 & 0\end{bmatrix}\begin{bmatrix}0 & 1 & 0 & 3\\ 1 & 0 & 0 & 2\\ 0 & 0 & -1 & 8\\ 0 & 0 & 0 & 1\end{bmatrix}$$

$$=\begin{bmatrix}-0.03 & 0 & -0.1 & 0.79\\ 0 & 0.03 & 0 & 0.09\\ 0 & -0.1 & 0 & -0.4\\ 0 & 0 & 0 & 0\end{bmatrix}$$

(3) 求出微分运动以后的摄像机的新位置。

$$\boldsymbol{T}_{\text{new}}=\mathrm{d}\boldsymbol{T}+\boldsymbol{T}_{\text{old}}$$

$$=\begin{bmatrix}0&1&0&3\\1&0&0&2\\0&0&-1&8\\0&0&0&1\end{bmatrix}+\begin{bmatrix}-0.03&0&-0.1&0.79\\0&0.03&0&0.09\\0&-0.1&0&-0.4\\0&0&0&0\end{bmatrix}$$

$$=\begin{bmatrix}-0.03&1&-0.1&3.79\\1&0.03&0&2.09\\0&0.1&-1&7.6\\0&0&0&1\end{bmatrix}$$

(4)如果相对于机器人手坐标系 $\boldsymbol{T}_H$ 进行测量，使得机器人仍然移动到问题(3)中的新位置，求所需要的微分运动。

**解** $${}^{T}\boldsymbol{\Delta}=\boldsymbol{T}_1^{-1}\cdot\boldsymbol{\Delta}\cdot\boldsymbol{T}_1=\boldsymbol{T}_1^{-1}\cdot\mathrm{d}\boldsymbol{T}$$

$$=\begin{bmatrix}0&1&0&-2\\1&0&0&-3\\0&0&-1&8\\0&0&0&1\end{bmatrix}\begin{bmatrix}-0.03&0&-0.1&0.79\\0&0.03&0&0.09\\0&-0.1&0&-0.4\\0&0&0&0\end{bmatrix}$$

$$=\begin{bmatrix}0&0.03&0&0.09\\-0.03&0&-0.1&0.79\\0&0.1&0&0.4\\0&0&0&0\end{bmatrix}$$

$$=\begin{bmatrix}0&-{}^{T}\delta z&{}^{T}\delta y&{}^{T}\mathrm{d}x\\{}^{T}\delta z&0&-{}^{T}\delta x&{}^{T}\mathrm{d}y\\-{}^{T}\delta y&{}^{T}\delta x&0&{}^{T}\mathrm{d}z\\0&0&0&0\end{bmatrix}$$

因此，相对于该坐标系的微分运动是

$$\boldsymbol{D}=[0.09\quad 0.79\quad 0.4\quad 0.1\quad 0\quad -0.03]^{\mathrm{T}}$$

# 习 题

1. 描述雅克比矩阵在机器人运动学中的意义。
2. 描述雅克比矩阵的计算过程。

# 第 4 章　机器人力学分析

机器人力学分析包括机器人的动力学分析和静力学分析。

机器人动力学用于分析机器人的加速度、质量、负载和惯量之间的关系。若要驱动机器人运动或加减速，则必然需要施加一定的力，实质上就是建立和分析机器人的质量、力和(加)速度间的数学关系。为了使机器人加速，驱动器必须有足够大的力和力矩来驱动机器人的连杆和关节，以使得它们能以期望的加速度和速度运行，否则，连杆将达不到期望的位置精度。因此，依据动力学关系可以计算出驱动器承载的最大载荷，才能使驱动器实时精确地提供足够的力和力矩。

动力学分析方法包括牛顿力学法和拉格朗日力学法。由于机器人是质量三维分布的、多自由度的机械装置，因此用牛顿力学法确定动力学方程非常困难。而拉格朗日力学法是从系统能力角度入手建立系统动力学方程的，因此这种方法简单方便，应用广泛。

机器人静力学分析主要用于位置控制状态和力控制状态的分析，对机器人的精准控制有重要的意义。

## 4.1　动力学分析方法

### 1. 牛顿力学法

此处以经典的小车弹簧为例(如图 4-1 所示)描述牛顿动力学的分析方法。

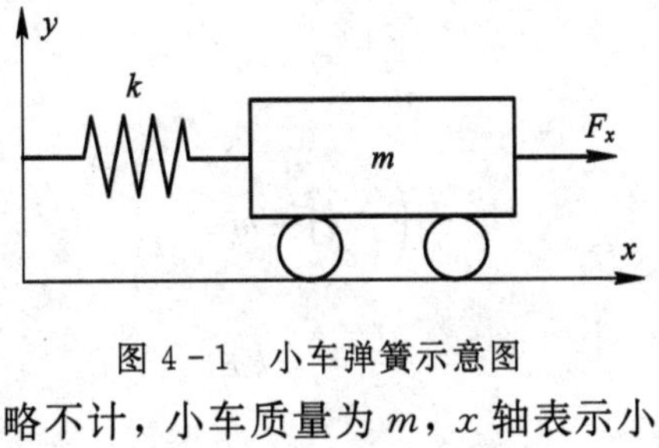


图 4-1　小车弹簧示意图

假设小车的车轮惯量忽略不计，小车质量为 $m$，$x$ 轴表示小车的运动方向(即系统的位移变量)，则小车的受力方程如下：

$$F_x - kx = ma_x$$

因此，应施加的力为

$$F_x = ma_x + kx \tag{4-1}$$

### 2. 拉格朗日力学法

拉格朗日力学法以系统能量为基础，以直线运动和旋转运动的基本方程实现系统变量及时间的微分。

拉格朗日函数 $L$ 定义为

$$L=K-P \tag{4-2}$$

式中，$K$、$P$ 分别为系统动能和势能。

假定 $x_i$ 为直线运动的系统变量，$\theta_i$ 为旋转运动的系统变量，$F_i$ 是产生直线运动的所有外力之和，$T_i$ 是产生旋转转动的所有外力矩之和，则有

$$F_i=\frac{\partial}{\partial t}\left(\frac{\partial L}{\partial \dot{x}_i}\right)-\frac{\partial L}{\partial x_i} \tag{4-3}$$

$$T_i=\frac{\partial}{\partial t}\left(\frac{\partial L}{\partial \dot{\theta}_i}\right)-\frac{\partial L}{\partial \theta_i} \tag{4-4}$$

通过推导系统的能量方程，再对拉格朗日函数求导，可获得运动方程。同样，以小车弹簧为例，该系统是单自由度系统，只需要利用直线运动描述即可。

小车动能为

$$K=\frac{1}{2}mv^2=\frac{1}{2}m\dot{x}^2$$

小车势能为

$$P=\frac{1}{2}kx^2$$

则拉格朗日函数 $L$ 为

$$L=K-P=\frac{1}{2}m\dot{x}^2-\frac{1}{2}kx^2$$

根据式(4-3)对拉格朗日函数求导，可得

$$\frac{\partial L}{\partial \dot{x}_i}=m\dot{x}$$

$$\frac{\partial}{\partial t}\left(\frac{\partial L}{\partial \dot{x}_i}\right)=m\ddot{x}$$

$$\frac{\partial L}{\partial x_i}=-kx$$

将上式代入式(4-3)，可得小车的运动方程为

$$F_i=\frac{\partial}{\partial t}\left(\frac{\partial L}{\partial \dot{x}_i}\right)-\frac{\partial L}{\partial x_i}=m\ddot{x}+kx$$

通过上述两种方法的分析可以看出，两者结果相同，但牛顿力学法比较简单。对于简单的系统，使用牛顿力学法比较简单；当系统较为复杂时，则使用拉格朗日力学法比较简单。

# 4.2　两自由度机器人的动力学分析

本节通过分析两自由度双杆系统、仅含旋转的两自由度链式机器人臂、含转动和伸缩的两自由度链式机器人臂三种不同的系统来描述动力学分析方法。

## 4.2.1　两自由度双杆系统动力学方程

假定有一个双连杆系统，该系统有两个自由度，连杆的受力点固定在 $O$ 处，因此每个连杆的质量都集中在连杆末端 $O$ 处，如图4-2所示。

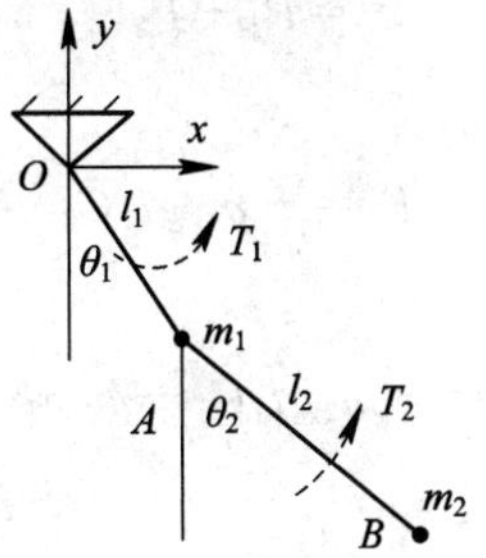


图 4-2　两自由度双连杆系统

### 1. 系统动能的计算

系统的动能是连杆 $l_1$ 的动能 $K_1$ 和连杆 $l_2$ 的动能 $K_2$ 之和，即

$$K=K_1+K_2 \tag{4-5}$$

连杆 $l_1$ 的动能 $K_1$ 为

$$K_1=\frac{1}{2}m_1 v^2=\frac{1}{2}m_1\ (\omega r)^2=\frac{1}{2}m_1 l_1^2\ \dot{\theta}_1^2 \tag{4-6}$$

连杆 $l_2$ 的动能 $K_2$ 计算过程如下：

(1) $B$ 点处 $m_2$的位置方程为

$$\begin{cases} x_B=l_1\sin\theta_1+l_1\sin(\theta_1+\theta_2)=l_1 S_1+l_1 S_{12} \\ y_B=-l_2\cos\theta_1-l_2\cos(\theta_1+\theta_2)=-l_2 C_1-l_2 C_{12} \end{cases} \tag{4-7}$$

**注：**为了简化书写，用 $S_{12}$代替 $\sin(\theta_1+\theta_2)$，用 $C_{12}$代替 $\cos(\theta_1+\theta_2)$。

(2) $B$ 点处 $m_2$的速度为位置方程的导数，即

$$\begin{cases} \dot{x}_B=l_1 C_1\ \dot{\theta}_1+l_1 C_{12}(\dot{\theta}_1+\dot{\theta}_2) \\ \dot{y}_B=l_2 S_1\ \dot{\theta}_1+l_2 S_{12}(\dot{\theta}_1+\dot{\theta}_2) \end{cases} \tag{4-8}$$

(3) 由于物体的速度为 $v^2=\dot{x}^2+\dot{y}^2$，则

$$\begin{aligned} v_B^2 &=(\dot{x}_B)^2+(\dot{y}_B)^2=[l_1 C_1\ \dot{\theta}_1+l_1 C_{12}(\dot{\theta}_1+\dot{\theta}_2)]^2+[l_1 S_1\ \dot{\theta}_1+l_1 S_{12}(\dot{\theta}_1+\dot{\theta}_2)]^2 \\ &=l_1^2\ \dot{\theta}_1^2+l_2^2(\dot{\theta}_1^2+\dot{\theta}_2^2+2\dot{\theta}_1\dot{\theta}_2)+2l_1 l_2 C_2(\dot{\theta}_1^2+\dot{\theta}_1\dot{\theta}_2) \end{aligned}$$

因此，$K_2$ 为

$$K_2=\frac{1}{2}m_2 l_1^2\dot{\theta}_1^2+\frac{1}{2}m_2 l_2^2(\dot{\theta}_1^2+\dot{\theta}_2^2+2\dot{\theta}_1\dot{\theta}_2)+m_2 l_1 l_2 C_2(\dot{\theta}_1^2+\dot{\theta}_1\dot{\theta}_2)$$

因此，系统的总动能 $K$ 为

$$K=\frac{1}{2}(m_1+m_2)l_1^2\dot{\theta}_1^2+\frac{1}{2}m_2 l_2^2(\dot{\theta}_1^2+\dot{\theta}_2^2+2\dot{\theta}_1\dot{\theta}_2)+m_2 l_1 l_2 C_2(\dot{\theta}_1^2+\dot{\theta}_1\dot{\theta}_2) \tag{4-9}$$

**2. 系统势能的计算**

将基准线零势能线设在转动轴 $O$ 点处，系统的势能 $P$ 是连杆 $l_1$ 的势能 $P_1$ 和连杆 $l_2$ 的势能 $P_2$ 之和，即

$$P=P_1+P_2 \tag{4-10}$$

连杆 $l_1$ 的势能 $P_1$ 为

$$P_1=-m_1 g l_1 C_1$$

连杆 $l_2$ 的势能 $P_2$ 为

$$P_2=-m_2 g l_1 C_1-m_2 g l_2 C_{12}$$

因此，系统总势能为

$$P=P_1+P_2=-(m_1+m_2)g l_1 C_1-m_2 g l_2 C_{12} \tag{4-11}$$

**3. 系统的拉格朗日函数**

由式(4－9)和式(4－11)，可得系统的拉格朗日函数为

$$\begin{aligned}L&=K-P\\&=\frac{1}{2}(m_1+m_2)l_1^2\dot{\theta}_1^2+\frac{1}{2}m_2 l_2^2(\dot{\theta}_1^2+\dot{\theta}_2^2+2\dot{\theta}_1\dot{\theta}_2)+m_2 l_1 l_2 C_2(\dot{\theta}_1^2+\dot{\theta}_1\dot{\theta}_2)+\\&\quad(m_1+m_2)g l_1 C_1+m_2 g l_2 C_{12}\end{aligned} \tag{4-12}$$

因为该两自由度双杆系统做的是旋转运动，所以仅需利用式(4－4)求解，可表示为

$$T_i=\frac{\partial}{\partial t}\left(\frac{\partial L}{\partial\dot{\theta}_i}\right)-\frac{\partial L}{\partial\theta_i}$$

$$\begin{aligned}\frac{\partial L}{\partial\dot{\theta}_1}=\frac{\partial}{\partial\dot{\theta}_1}\Big[&\frac{1}{2}(m_1+m_2)l_1^2\dot{\theta}_1^2+\frac{1}{2}m_2 l_2^2(\dot{\theta}_1^2+\dot{\theta}_2^2+2\dot{\theta}_1\dot{\theta}_1)+\\&m_2 l_1 l_2 C_2(\dot{\theta}_1^2+\dot{\theta}_1\dot{\theta}_2)+(m_1+m_2)g l_1 C_1+m_2 g l_2 C_{12}\Big]\end{aligned} \tag{4-13}$$

对式(4－13)求导，可得

$$\begin{aligned}\frac{\partial}{\partial t}\left(\frac{\partial L}{\partial\dot{\theta}_1}\right)&=(m_1+m_2)l_1^2\ddot{\theta}_1+m_2 l_2^2\ddot{\theta}_1+m_2 l_2^2\ddot{\theta}_2+2m_2 l_1 l_2 C_2\ddot{\theta}_1-\\&\quad 2m_2 l_1 l_2 S_2\dot{\theta}_1+m_2 l_1 l_2 C_2\ddot{\theta}_2-m_2 l_1 l_2 S_2\dot{\theta}_2\\&=[(m_1+m_2)l_1^2+m_2 l_2^2+2m_2 l_1 l_2 C_2]\ddot{\theta}_1+[m_2 l_2^2+m_2 l_1 l_2 C_2]\ddot{\theta}_2-\\&\quad 2m_2 l_1 l_2 S_2\dot{\theta}_1-m_2 l_1 l_2 S_2\dot{\theta}_2\end{aligned} \tag{4-14}$$

再对式(4-12)求导，可得

$$\frac{\partial L}{\partial\theta_1}=\frac{\partial}{\partial\theta_1}\left[\frac{1}{2}(m_1+m_2)l_1^2\dot{\theta}_1^2+\frac{1}{2}m_2l_2^2(\dot{\theta}_1^2+\dot{\theta}_2^2+2\dot{\theta}_1\dot{\theta}_2)+m_2l_1l_2C_2(\dot{\theta}_1^2+\dot{\theta}_1\dot{\theta}_2)\right]+$$

$$\frac{\partial}{\partial\theta_1}[(m_1+m_2)gl_1C_1+m_2gl_2C_{12}]$$

$$=0+\frac{\partial}{\partial\theta_1}[(m_1+m_2)gl_1C_1+m_2gl_2C_{12}]$$

$$=-(m_1+m_2)gl_1S_1-m_2gl_2S_{12} \tag{4-15}$$

因此，连杆 $l_1$ 的运动方程为

$$T_1=[(m_1+m_2)l_1^2+m_2l_2^2+2m_2l_1l_2C_2]\ddot{\theta}_1+[m_2l_2^2+m_2l_1l_2C_2]\ddot{\theta}_2-2m_2l_1l_2S_2\dot{\theta}_1\dot{\theta}_2-$$

$$m_2l_1l_2S_2\dot{\theta}_2-m_2l_1l_2S_2\dot{\theta}_2^2+(m_1+m_2)gl_1S_1+m_2gl_2S_{12} \tag{4-16}$$

同理，对式(4-12)求导可得连杆 $l_2$ 的运动方程为

$$T_2=[m_2l_2^2+m_2l_1l_2C_2]\ddot{\theta}_1+m_2l_2^2\ddot{\theta}_2+m_2l_1l_2S_2\dot{\theta}_1^2+m_2gl_2S_{12} \tag{4-17}$$

将式(4-16)和式(4-17)表示成矩阵形式：

$$\begin{bmatrix}T_1\\T_2\end{bmatrix}=\begin{bmatrix}(m_1+m_2)l_1^2+m_2l_2^2+2m_2l_1l_2C_2 & m_2l_2^2+m_2l_1l_2C_2\\ m_2l_2^2+m_2l_1l_2C_2 & m_2l_2^2\end{bmatrix}\begin{bmatrix}\ddot{\theta}_1\\ \ddot{\theta}_2\end{bmatrix}+$$

$$\begin{bmatrix}0 & -m_2l_1l_2S_2\\ m_2l_1l_2S_2 & 0\end{bmatrix}\begin{bmatrix}\dot{\theta}_1^2\\ \dot{\theta}_2^2\end{bmatrix}+\begin{bmatrix}-m_2l_1l_2S_2 & -m_2l_1l_2S_2\\ 0 & 0\end{bmatrix}\begin{bmatrix}\dot{\theta}_1\dot{\theta}_2\\ \dot{\theta}_2\dot{\theta}_1\end{bmatrix}+$$

$$\begin{bmatrix}(m_1+m_2)gl_1S_1+m_2gl_2S_{12}\\ m_2gl_2S_{12}\end{bmatrix} \tag{4-18}$$

式中，$\ddot{\theta}$ 项与连杆的角加速度有关，$\dot{\theta}^2$ 项为向心加速度，$\dot{\theta}_1\dot{\theta}_2$ 项为科里奥利加速度。由于连杆 1 为连杆 2 提供了一个旋转基准而产生了科里奥利加速度。若没有旋转运动，就不会产生科里奥利加速度。多自由度机器人做三维运动时，每个连杆都是后续连杆的旋转基准，将会有多个科里奥利加速度项。

### 4.2.2　仅含旋转的两自由度链式机器人臂动力学方程

两自由度链式机器人臂的两个连杆的质心均位于连杆中心，在计算动能时需要考虑它们的转动惯量，设它们的惯量分别为 $I_1$ 和 $I_2$，如图 4-3 所示。

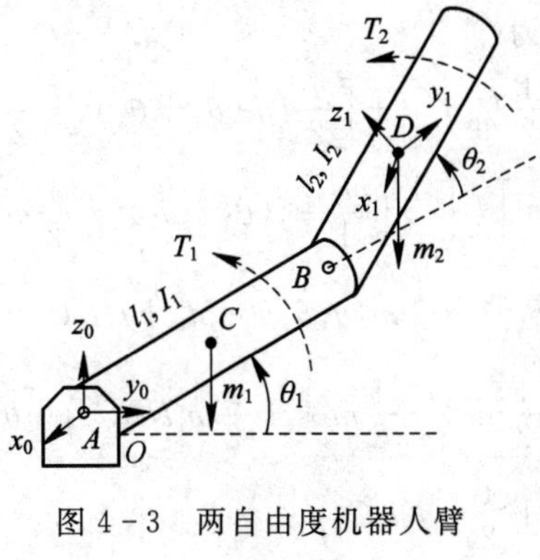


图 4-3　两自由度机器人臂

**1. 系统的动能**

该系统的动能是连杆 $l_1$ 的动能 $K_1$ 和连杆 $l_2$ 的动能 $K_2$ 之和，即

$$K=K_1+K_2$$

连杆 $l_1$ 产生的动能 $K_1$ 为

$$K_1=\frac{1}{2}I_A\dot{\theta}_1^2$$

式中，$I_A$ 为 $A$ 点的转动惯量。

连杆 $l_2$ 产生的动能 $K_2$ 的计算过程如下：

(1) $B$ 点处 $m_2$ 的位置方程为

$$\begin{cases}x_D=l_1\cos\theta_1+0.5l_2\cos(\theta_1+\theta_2)=l_1C_1+0.5l_2C_{12}\\ y_D=l_1\sin\theta_1+0.5l_2\sin(\theta_1+\theta_2)=l_1S_1+0.5l_2S_{12}\end{cases}$$

为了简化书写，用 $S_{12}$ 代替 $\sin(\theta_1+\theta_2)$，用 $C_{12}$ 代替 $\cos(\theta_1+\theta_2)$。

(2) $B$ 点处 $m_2$ 的速度为位置方程的导数，即

$$\begin{cases}\dot{x}_D=-l_1S_1\dot{\theta}_1-0.5l_1S_{12}(\dot{\theta}_1+\dot{\theta}_2)\\ \dot{y}_D=l_1C_1\dot{\theta}_1+0.5l_1C_{12}(\dot{\theta}_1+\dot{\theta}_2)\end{cases}$$

(3) 由于速度为 $v^2=\dot{x}^2+\dot{y}^2$，则

$$\begin{aligned}v_D^2&=(\dot{x}_D)^2+(\dot{y}_D)^2\\&=[-l_1S_1\dot{\theta}_1-0.5l_2S_{12}(\dot{\theta}_1+\dot{\theta}_2)]^2+[l_1C_1\dot{\theta}_1+0.5l_2C_{12}(\dot{\theta}_1+\dot{\theta}_2)]^2\\&=\dot{\theta}_1^2(l_1^2+0.25l_2^2+l_1l_2C_2)+\dot{\theta}_2^2(0.25l_2^2)+\dot{\theta}_1\dot{\theta}_2(0.5l_2^2+l_1l_2C_2)\end{aligned}\tag{4-19}$$

当运动的连杆回转轴过杆的质心并垂直于杆时，则惯量为 $I=\dfrac{mL^2}{12}$；当回转轴过杆的端点并垂直于杆时，则 $I=\dfrac{mL^2}{3}$。其中 $m$ 是杆的质量，$L$ 是杆的长度。

可见，$K_2$ 的总动能为

$$\begin{aligned}K_2&=\frac{1}{2}I_D(\dot{\theta}_1+\dot{\theta}_2)^2+\frac{1}{2}m_2v_D^2\\&=\frac{1}{2}I_D(\dot{\theta}_1+\dot{\theta}_2)^2+\frac{1}{2}m_2\dot{\theta}_1^2(l_1^2+0.25l_2^2+l_1l_2C_2)+\\&\quad\frac{1}{2}m_2\dot{\theta}_2^2(0.25l_2^2)+\frac{1}{2}m_2\dot{\theta}_1\dot{\theta}_2(0.5l_2^2+l_1l_2C_2)\end{aligned}$$

式中，$I_D$ 为 $D$ 点的转动惯量。

因此，系统的总动能 $K$ 为

$$\begin{aligned}K&=K_1+K_2=\left[\frac{1}{2}I_A\dot{\theta}_1^2\right]+\left[\frac{1}{2}I_D(\dot{\theta}_1+\dot{\theta}_2)^2+\frac{1}{2}m_2v_D^2\right]\\&=\left[\frac{1}{2}\left(\frac{m_1l_1^2}{3}\right)\dot{\theta}_1^2\right]+\left[\frac{1}{2}\left(\frac{m_2l_2^2}{12}\right)(\dot{\theta}_1+\dot{\theta}_2)^2+\frac{1}{2}m_2\dot{\theta}_1^2(l_1^2+0.25l_2^2+l^1l^2C_2)+\right.\\&\quad\left.\frac{1}{2}m_2\dot{\theta}_2^2(0.25l_2^2)+\frac{1}{2}m_2\dot{\theta}_1\dot{\theta}_2(0.5l_2^2+l_1l_2C_2)\right]\\&=\dot{\theta}_1^2\left(\frac{1}{6}m_1l_1^2+\frac{1}{2}m_2l_2^2+\frac{1}{2}m_2l_1^2+\frac{1}{2}m_2l_1l_2C_2\right)+\dot{\theta}_1^2\left(\frac{1}{6}m_2l_2^2\right)+\\&\quad\dot{\theta}_1\dot{\theta}_2\left(\frac{1}{3}m_2l_2^2+\frac{1}{2}m_2l_1l_2C_2\right)\end{aligned}\tag{4-20}$$

**2. 系统的势能**

假定将基准线(零势能线)选择在转动轴 $O$ 点处下，则系统势能是连杆 $l_1$ 的动能 $P_1$ 和连杆 $l_2$ 的动能 $P_2$ 之和，即

$$P=P_1+P_2=m_1 g\frac{l_1}{2}S_1+m_2 g\left(l_1 S_1+\frac{l_2}{2}S_{12}\right)\tag{4-21}$$

**3. 系统的拉格朗日函数**

由式(4-20)和式(4-21)可得系统的拉格朗日函数为

$$\begin{aligned}L&=K-P\\&=\dot\theta_1^2\left(\frac{1}{6}m_1l_1^2+\frac{1}{2}m_2l_2^2+\frac{1}{2}m_2l_1^2+\frac{1}{2}m_2l_1l_2C_2\right)+\dot\theta_2^2\left(\frac{1}{6}m_2l_2^2\right)+\\&\quad\dot\theta_1\dot\theta_2\left(\frac{1}{3}m_2l_2^2+\frac{1}{2}m_2l_1l_2C_2\right)-m_1g\frac{l_1}{2}S_1-m_2g\left(l_1S_1+\frac{l_2}{2}S_{12}\right)\end{aligned}$$

因为该系统是旋转运动，所以仅需利用式(4-4)求解，即轴 $T_1$ 和 $T_2$ 的运动方程为

$$\begin{aligned}T_1&=\frac{\partial}{\partial t}\left(\frac{\partial L}{\partial\dot\theta_1}\right)-\frac{\partial L}{\partial\theta_1}\\&=\ddot\theta_1\left(\frac{1}{3}m_1l_1^2+m_2l_2^2+\frac{1}{3}m_2l_1^2+m_2l_1l_2C_2\right)+\\&\quad\ddot\theta_2\left(\frac{1}{3}m_2l_2^2+\frac{1}{2}m_2l_1l_2C_2\right)-m_2l_1l_2S_2\dot\theta_1\dot\theta_2-\dot\theta_2^2\left(\frac{1}{2}m_2l_1l_2S_2\right)+\\&\quad\left(\frac{1}{2}m_1+m_2\right)gl_1C_1+\frac{1}{2}m_2gl_2C_{12}\end{aligned}\tag{4-22}$$

$$\begin{aligned}T_2&=\frac{\partial}{\partial t}\left(\frac{\partial L}{\partial\dot\theta_2}\right)-\frac{\partial L}{\partial\theta_2}\\&=\ddot\theta_1\left(\frac{1}{3}m_2l_2^2+\frac{1}{2}m_2l_1l_2C_2\right)+\ddot\theta_2\left(\frac{1}{3}m_2l_2^2\right)-\dot\theta_1^2\left(\frac{1}{2}m_2l_1l_2S_2\right)+\frac{1}{2}m_2gl_2C_{12}\end{aligned}\tag{4-23}$$

将式(4-22)和式(4-23)表示成矩阵形式：

$$\begin{aligned}\begin{bmatrix}T_1\\T_2\end{bmatrix}=&\begin{bmatrix}\left(\frac{1}{3}m_1l_1^2+m_2l_2^2+\frac{1}{3}m_2l_1^2+m_2l_1l_2C_2\right)&\left(\frac{1}{3}m_2l_2^2+\frac{1}{2}m_2l_1l_2C_2\right)\\\left(\frac{1}{3}m_2l_2^2+\frac{1}{2}m_2l_1l_2C_2\right)&\left(\frac{1}{3}m_2l_2^2\right)\end{bmatrix}\begin{bmatrix}\ddot\theta_1\\\ddot\theta_2\end{bmatrix}+\\&\begin{bmatrix}0&-\frac{1}{2}m_2l_1l_2S_2\\\frac{1}{2}m_2l_1l_2S_2&0\end{bmatrix}\begin{bmatrix}\dot\theta_1^2\\\dot\theta_2^2\end{bmatrix}+\begin{bmatrix}-m_2l_1l_2S_2&0\\0&0\end{bmatrix}\begin{bmatrix}\dot\theta_1\dot\theta_2\\\dot\theta_2\dot\theta_1\end{bmatrix}+\\&\begin{bmatrix}\frac{1}{2}(m_1+m_2)gl_1C_1+\frac{1}{2}m_2gl_2C_{12}\\\frac{1}{2}m_2gl_2C_{12}\end{bmatrix}\end{aligned}\tag{4-24}$$

式(4-24)为两自由度链式机器人臂产生转动的外力矩，其中第一项的 $\ddot\theta$ 与连杆的角加速度有关，第二项 $\dot\theta^2$ 是向心加速度，第三项 $\dot\theta_1\dot\theta_2$ 为科里奥利加速度。

### 4.2.3 含转动和伸缩的两自由度链式机器人臂的动力学方程

本节针对同时含转动和伸缩的两自由度链式机器人臂进行动力学分析，该机器人臂每个连杆的质心均位于该连杆的中心，假设转动惯量分别为 $I_1$ 和 $I_2$，机械臂中心到旋转中心距离为 $r$，是系统的一个变量，机械臂总长为$\frac{r+l_2}{2}$，如图 4-4 所示。

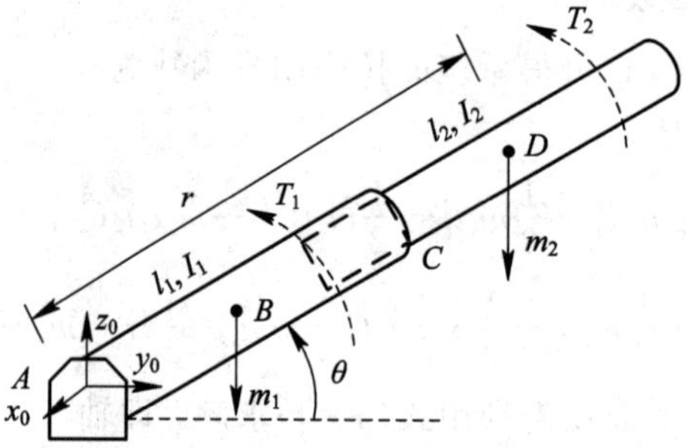


图 4-4　两自由度极坐标机械臂

**1. 系统的动能**

系统的动能是连杆 $l_1$ 的动能 $K_1$ 和连杆 $l_2$ 的动能 $K_2$ 之和，即

$$K=K_1+K_2$$

连杆 $l_1$ 产生的动能 $K_1$ 为

$$K_1=\frac{1}{2}I_{1,A}\dot{\theta}^2=\frac{1}{2}\frac{m_1l_1^2}{3}\dot{\theta}^2=\frac{1}{6}m_1l_1^2\dot{\theta}^2$$

连杆 $l_2$ 产生的动能 $K_2$ 计算步骤如下：

(1)$B$ 点处 $m_2$的位置方程为

$$\begin{cases}x_D=r\cos\theta\\ y_D=r\sin\theta\end{cases}$$

(2) $B$ 点处 $m_2$的速度为位置方程的导数，即

$$\begin{cases}\dot{x}_D=\dot{r}\cos\theta-\dot{r}\theta\sin\theta_1\\ \dot{y}_D=\dot{r}\sin\theta+\dot{r}\theta\cos\theta_1\end{cases}$$

(3) 由于速度为 $v^2=\dot{x}^2+\dot{y}^2$，则

$$v_D^2=(\dot{x}_D)^2+(\dot{y}_D)^2=[\dot{r}\cos\theta-r\dot{\theta}\sin\theta]^2+[\dot{r}\sin\theta+r\dot{\theta}\cos\theta]^2=\dot{r}^2+r^2\dot{\theta}^2$$

$K_2$ 的总动能为

$$K_2=\frac{1}{2}(I_{2,D})\dot{\theta}^2+\frac{1}{2}m_2(v_D^2)=\frac{1}{2}\left(\frac{m_2l_2^2}{12}\right)\dot{\theta}^2+\frac{1}{2}m_2(\dot{r}^2+r^2\dot{\theta}^2)$$

因此，系统的总动能为：

$$\begin{aligned}K&=K_1+K_2=\left[\frac{1}{6}m_1l_1^2\dot{\theta}^2\right]+\left[\frac{1}{2}(\frac{m_2l_2^2}{12})\dot{\theta}^2+\frac{1}{2}m_2(\dot{r}^2+r^2\dot{\theta}^2)\right]\\&=\left(\frac{1}{6}m_1l_1^2+\frac{m_2l_2^2}{24}+\frac{1}{2}m_2r^2\right)\dot{\theta}^2+\frac{1}{2}m_2\dot{r}^2\end{aligned}\tag{4-25}$$

**2. 系统的势能**

将基准线(零势能线)设在转动轴 $O$ 点处，系统的势能可表示为

$$P=P_1+P_2=m_1 g\frac{l_1}{2}\sin\theta+m_2 gr\sin\theta \tag{4-26}$$

**3. 系统的拉格朗日函数**

由式(4-25)和式(4-26)可得系统的拉格朗日函数为

$$\begin{aligned}L&=K-P\\&=\left(\frac{1}{6}m_1 l_1^2+\frac{m_2 l_2^2}{24}+\frac{1}{2}m_2 r^2\right)\dot{\theta}^2+\frac{1}{2}m_2\dot{r}^2-m_1 g\frac{l_1}{2}S\theta-m_2 grS\theta\end{aligned} \tag{4-27}$$

式中，$S\theta$ 为 $\sin\theta$ 的简写。

该系统既包含直线移动，又包含旋转运动，需利用式(4-3)和式(4-4)求解运动方程：

$$\begin{aligned}T&=\frac{\partial}{\partial t}\left(\frac{\partial L}{\partial\dot{\theta}}\right)-\frac{\partial L}{\partial\theta}\\&=\left(\frac{1}{3}m_1 l_1^2+\frac{1}{12}m_2 l_2^2+m_2 r^2\right)\ddot{\theta}+2m_2\dot{r}r\dot{\theta}-m_1 g\frac{l_1}{2}C\theta-m_2 grC\theta\\&=\left(\frac{1}{3}m_1 l_1^2+\frac{1}{12}m_2 l_2^2+m_2 r^2\right)\ddot{\theta}+2m_2\dot{r}r\dot{\theta}+\left(m_1 g\frac{l_1}{2}+m_2 gr\right)C\theta\end{aligned}$$

式中，$C\theta$ 为 $\cos\theta$ 的简写。

$$F=\frac{\partial}{\partial t}\left(\frac{\partial L}{\partial\dot{r}}\right)-\frac{\partial L}{\partial r}=[m_2\ddot{r}+m_2 r\dot{\theta}^2]-(m_2 gS\theta)$$

将方程 $T$ 和 $F$ 表示成矩阵形式：

$$\begin{bmatrix}T\\F\end{bmatrix}=\begin{bmatrix}\frac{1}{3}m_1 l_1^2+\frac{1}{12}m_2 l_2^2+m_2 r^2 & 0\\0 & m_2\end{bmatrix}\begin{bmatrix}\ddot{\theta}\\\ddot{r}\end{bmatrix}+\begin{bmatrix}0 & 0\\-m_2 r & 0\end{bmatrix}\begin{bmatrix}\dot{\theta}^2\\\dot{r}^2\end{bmatrix}+$$

$$\begin{bmatrix}m_2 r & m_2 r\\0 & 0\end{bmatrix}\begin{bmatrix}\dot{r}\dot{\theta}\\\dot{\theta}\dot{r}\end{bmatrix}+\begin{bmatrix}(m_2 g\frac{l_1}{2}+m_2 gr)C\theta\\m_2 gS\theta\end{bmatrix}$$

为了简化运动过程表示，可将方程符号化：

$$\begin{bmatrix}T_i\\T_j\end{bmatrix}=\begin{bmatrix}D_{ii} & D_{ij}\\D_{ji} & D_{jj}\end{bmatrix}\begin{bmatrix}\ddot{\theta}_i\\\ddot{\theta}_j\end{bmatrix}+\begin{bmatrix}D_{iii} & D_{ijj}\\D_{jii} & D_{jjj}\end{bmatrix}\begin{bmatrix}\dot{\theta}_i^2\\\dot{\theta}_j^2\end{bmatrix}+\begin{bmatrix}D_{iij} & D_{iji}\\D_{jij} & D_{jji}\end{bmatrix}\begin{bmatrix}\dot{\theta}_i\dot{\theta}_j\\\dot{\theta}_j\dot{\theta}_i\end{bmatrix}+\begin{bmatrix}D_i\\D_j\end{bmatrix} \tag{4-28}$$

式中，$D_{ii}$ 表示关节 $i$ 处的有效惯量，在关节 $i$ 处，由加速度产生的力矩为 $D_{ii}\ddot{\theta}_i$；$D_{ij}$ 表示关节 $i$ 和关节 $j$ 之间的耦合惯量，当关节 $i$（或 $j$）关节有加速度时，就在关节 $j$（或 $i$）处产生力矩 $D_{ij}\ddot{\theta}_j$（或 $D_{ji}\ddot{\theta}_i$）；$D_{ijj}\dot{\theta}_j^2$ 为因关节 $j$ 处的速度而在关节 $i$ 所产生的向心力；$\dot{\theta}_i\dot{\theta}_j$ 为代表科里奥利加速度，将其乘以相应的惯量就是科里奥利力；$D_i$ 为关节 $i$ 处(或 $j$)的重力。

# 4.3 多自由度机器人的动力学分析

多自由度机器人在工业应用中最为普遍，其动力学方程的计算也比较复杂。可以通过如下步骤实现动力学方程的计算：

(1) 计算连杆和关节的动能和势能；

(2) 定义拉格朗日函数；

(3) 利用拉格朗日函数对关节变量求导。

## 4.3.1 系统的动能

刚体的三维运动的动能为

$$K=\frac{1}{2}mv_G^2+\frac{1}{2}w\cdot h_G \tag{4-29}$$

式中，$h_G$ 为刚体关于 $G$ 点的角动量，如图 4-5 所示。

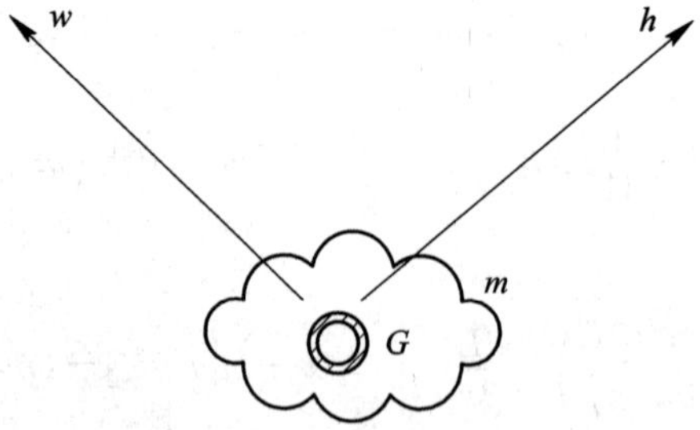


图 4-5 刚体的三维运动的动能

当刚体做平面运动(如图 4-6 所示)时，动能为

$$K=\frac{1}{2}mv_G^2+\frac{1}{2}\bar{I}w^2 \tag{4-30}$$

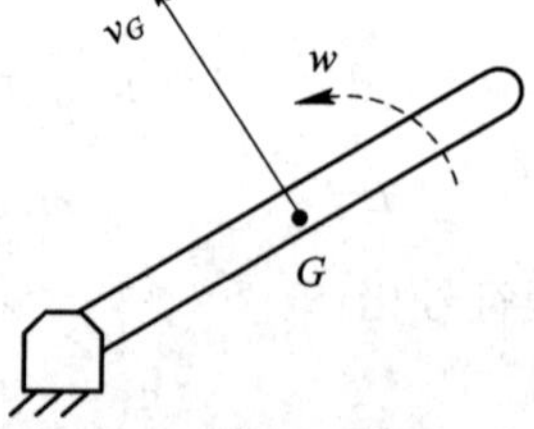


图 4-6 刚体做平面运动的动能

### 1. 机器人关节的速度

机器人末端手坐标系和基座坐标系之间的变换为

$$^{R}\boldsymbol{T}_H={}^{R}\boldsymbol{T}_1\,{}^{1}\boldsymbol{T}_2\,{}^{2}\boldsymbol{T}_3\cdots{}^{n-1}\boldsymbol{T}_n=\boldsymbol{A}_1\boldsymbol{A}_2\boldsymbol{A}_3\cdots\boldsymbol{A}_n$$

对于六自由度链式机器人，可写为

$$^{0}\boldsymbol{T}_6={}^{R}\boldsymbol{T}_1\,{}^{1}\boldsymbol{T}_2\,{}^{2}\boldsymbol{T}_3\,{}^{3}\boldsymbol{T}_4\,{}^{4}\boldsymbol{T}_5\,{}^{5}\boldsymbol{T}_6=\boldsymbol{A}_1\boldsymbol{A}_2\boldsymbol{A}_3\boldsymbol{A}_4\boldsymbol{A}_5\boldsymbol{A}_6$$

由 D-H 变换方法可得

$$
\begin{aligned}
{}^{n}\boldsymbol{T}_{n+1} &= \boldsymbol{A}_{n+1} \\
&= \mathrm{Rot}(z,\ \theta_{n+1}) \times \mathrm{Trans}(0,\ 0,\ \theta_{d+1}) \times \mathrm{Trans}(a_{n+1},\ 0,\ 0) \times \mathrm{Rot}(x,\ \alpha_{n+1}) \\
&= \begin{bmatrix} C\theta_{n+1} & -S\theta_{n+1} & 0 & 0 \\ S\theta_{n+1} & C\theta_{n+1} & 0 & 0 \\ 0 & 0 & 1 & 0 \\ 0 & 0 & 0 & 1 \end{bmatrix} \times \begin{bmatrix} 1 & 0 & 0 & 0 \\ 0 & 1 & 0 & 0 \\ 0 & 0 & 1 & d_{n+1} \\ 0 & 0 & 0 & 1 \end{bmatrix} \times \\
&\quad \begin{bmatrix} 1 & 0 & 0 & a_{n+1} \\ 0 & 1 & 0 & 0 \\ 0 & 0 & 1 & 0 \\ 0 & 0 & 0 & 1 \end{bmatrix} \times \begin{bmatrix} 1 & 0 & 0 & 0 \\ 0 & C\alpha_{n+1} & -S\alpha_{n+1} & 0 \\ 0 & S\alpha_{n+1} & C\alpha_{n+1} & 0 \\ 0 & 0 & 0 & 1 \end{bmatrix} \\
&= \begin{bmatrix} C\theta_{n+1} & -S\theta_{n+1}C\alpha_{n+1} & S\theta_{n+1}S\alpha_{n+1} & a_{n+1}C\theta_{n+1} \\ S\theta_{n+1} & C\theta_{n+1}C\alpha_{n+1} & -C\theta_{n+1}S\alpha_{n+1} & a_{n+1}S\theta_{n+1} \\ 0 & S\alpha_{n+1} & C\alpha_{n+1} & d_{n+1} \\ 0 & 0 & 0 & 1 \end{bmatrix}
\end{aligned} \tag{4-31}
$$

(1) 如果机器人的关节是旋转关节，则矩阵 $\boldsymbol{A}_i$ 对其关节变量 $\theta_i$ 的导数为

$$
\begin{aligned}
\frac{\partial \boldsymbol{A}_i}{\partial \theta_i} &= \frac{\partial}{\partial \theta_i} \begin{bmatrix} C\theta_i & -S\theta_iC\alpha_i & S\theta_iS\alpha_i & a_iC\theta_i \\ S\theta_i & C\theta_iC\alpha_i & -C\theta_iS\alpha_i & a_iS\theta_i \\ 0 & S\alpha_i & C\alpha_i & d_i \\ 0 & 0 & 0 & 1 \end{bmatrix} \\
&= \begin{bmatrix} -S\theta_i & -C\theta_iC\alpha_i & C\theta_iS\alpha_i & -a_iS\theta_i \\ C\theta_i & -S\theta_iC\alpha_i & S\theta_iS\alpha_i & a_iC\theta_i \\ 0 & 0 & 0 & 0 \\ 0 & 0 & 0 & 1 \end{bmatrix} \\
&= \begin{bmatrix} 0 & -1 & 0 & 0 \\ 1 & 0 & 0 & 0 \\ 0 & 0 & 0 & 0 \\ 0 & 0 & 0 & 0 \end{bmatrix} \times \begin{bmatrix} C\theta_i & -S\theta_iC\alpha_i & S\theta_iS\alpha_i & a_iC\theta_i \\ S\theta_i & C\theta_iC\alpha_i & -C\theta_iS\alpha_i & a_iS\theta_i \\ 0 & S\alpha_i & C\alpha_i & d_i \\ 0 & 0 & 0 & 1 \end{bmatrix}
\end{aligned} \tag{4-32}
$$

因此，可将式(4－32)分解为常数矩阵 $\boldsymbol{Q}_{\mathrm{Rot\_}i}$ 和矩阵 $\boldsymbol{A}_i$，可表示为 $\dfrac{\partial \boldsymbol{A}_i}{\partial \theta_i} = \boldsymbol{Q}_{\mathrm{Rot\_}i}\boldsymbol{A}_i$。

(2) 如果机器人的关节是滑动关节，则矩阵 $A_i$ 对其关节变量 $d_i$ 的导数为

$$
\begin{aligned}
\frac{\partial \boldsymbol{A}_i}{\partial d_i} &= \frac{\partial}{\partial \mathrm{d}_i} \begin{bmatrix} C\theta_i & -S\theta_iC\alpha_i & S\theta_iS\alpha_i & a_iC\theta_i \\ S\theta_i & C\theta_iC\alpha_i & -C\theta_iS\alpha_i & a_iS\theta_i \\ 0 & S\alpha_i & C\alpha_i & d_i \\ 0 & 0 & 0 & 1 \end{bmatrix} = \begin{bmatrix} 0 & 0 & 0 & 0 \\ 0 & 0 & 0 & 0 \\ 0 & 0 & 0 & 1 \\ 0 & 0 & 0 & 0 \end{bmatrix} \\
&= \begin{bmatrix} 0 & 0 & 0 & 0 \\ 0 & 0 & 0 & 0 \\ 0 & 0 & 0 & 1 \\ 0 & 0 & 0 & 0 \end{bmatrix} \times \begin{bmatrix} C\theta_i & -S\theta_iC\alpha_i & S\theta_iS\alpha_i & a_iC\theta_i \\ S\theta_i & C\theta_iC\alpha_i & -C\theta_iS\alpha_i & a_iS\theta_i \\ 0 & S\alpha_i & C\alpha_i & \mathrm{d}_i \\ 0 & 0 & 0 & 1 \end{bmatrix}
\end{aligned} \tag{4-33}
$$

因此，可将式(4-33)分解为常数矩阵 $\boldsymbol{Q}_{\text{Prism}\_i}$ 和矩阵 $\boldsymbol{A}_i$，可表示为 $\dfrac{\partial A_i}{\partial \theta_i}=\boldsymbol{Q}_{\text{Prism}\_i}\boldsymbol{A}_i$。

通过上述推导提取出常数矩阵 $\boldsymbol{Q}_{\text{Rot}\_i}$ 和 $\boldsymbol{Q}_{\text{Prism}\_i}$，即

$$\boldsymbol{Q}_{\text{Rot}\_i}=\begin{bmatrix}0 & -1 & 0 & 0\\1 & 0 & 0 & 0\\0 & 0 & 0 & 0\\0 & 0 & 0 & 0\end{bmatrix}$$

$$\boldsymbol{Q}_{\text{Prism}\_i}=\begin{bmatrix}0 & 0 & 0 & 0\\0 & 0 & 0 & 0\\0 & 0 & 0 & 1\\0 & 0 & 0 & 0\end{bmatrix}$$

为了表述方便，利用 $\boldsymbol{Q}_i$ 表示常数矩阵 $\boldsymbol{Q}_{\text{Rot}\_i}$ 和 $\boldsymbol{Q}_{\text{Prism}\_i}$，利用 $q_i$ 表示关节变量，旋转关节用 $\theta_1$，$\theta_2$，…，$\theta_n$ 表示，滑动关节用 $d_1$，$d_2$，…，$d_n$ 表示。

因此，将其推广到带有多个关节变量的矩阵 ${}^0T_i$，仅对其中一个变量求导可得

$$\boldsymbol{U}_{ij}=\frac{\partial\,{}^0\boldsymbol{T}_i}{\partial q_j}=\frac{\partial(\boldsymbol{A}_1\boldsymbol{A}_2\cdots\boldsymbol{A}_j\cdots\boldsymbol{A}_i)}{\partial q_j}=\boldsymbol{A}_1\boldsymbol{A}_2\cdots\boldsymbol{Q}_j\boldsymbol{A}_j\cdots\boldsymbol{A}_i,\ j\leqslant i \tag{4-34}$$

由于 ${}^0\boldsymbol{T}_i$ 仅对一个变量 $q_i$ 求导，表达式只有一个 $\boldsymbol{Q}_j$，高阶导数可类似地用下式求得：

$$\boldsymbol{U}_{ijk}=\frac{\partial \boldsymbol{U}_{ij}}{\partial q_k}$$

**2. 机器人连杆速度**

机器人连杆上某点的速度可通过对该点的位置方程求导得到。某点的位置方程可用相对于机器人基座坐标的一个坐标变换 ${}^R\boldsymbol{T}_P$ 来表示。采用 D-H 变换矩阵 $\boldsymbol{A}_i$ 来求解机器人连杆上点的速度。

假设用 $r_i$ 表示相对于机器人第 $i$ 连杆坐标系的点，它在基坐标系中的位置可以通过左乘变换矩阵得到，该变换矩阵表示该点所在的坐标系，即

$$\boldsymbol{p}_i={}^R\boldsymbol{T}_i r_i={}^0\boldsymbol{T}_i r_i$$

该点速度是所有关节速度 $\dot{q}_1$，$\dot{q}_2$，$\dot{q}_3$，…，$\dot{q}_i$ 的函数，即对上述位置的所有关节变量求导，即可得到该点的速度：

$$v_i=\frac{\mathrm{d}}{\mathrm{d}t}({}^0\boldsymbol{T}_i r_i)=\sum_{j=1}^{i}\left(\frac{\partial({}^0\boldsymbol{T}_i)}{\partial q_j}\frac{\mathrm{d}q_j}{\mathrm{d}t}\right)r_i=\sum_{j=1}^{i}\left(U_{ij}\frac{\mathrm{d}q_j}{\mathrm{d}t}\right)r_i \tag{4-35}$$

连杆上质量元 $m_i$ 的动能方程为

$$\mathrm{d}K_i=\frac{1}{2}(\dot{x}_i^2+\dot{y}_i^2+\dot{z}_i^2)\mathrm{d}m \tag{4-36}$$

由于 $v_i$ 有三个分量 $\dot{x}_i$、$\dot{y}_i$、$\dot{z}_i$，因此有如下的矩阵形式：

$$\boldsymbol{v}_i\boldsymbol{v}_i^{\mathrm{T}}=\begin{bmatrix}\dot{x}_i\\\dot{y}_i\\\dot{z}_i\end{bmatrix}\begin{bmatrix}\dot{x}_i & \dot{y}_i & \dot{z}_i\end{bmatrix}=\begin{bmatrix}\dot{x}_i^2 & \dot{x}_i\dot{y}_i & \dot{x}_i\dot{z}_i\\\dot{y}_i\dot{x}_i & \dot{y}_i^2 & \dot{y}_i\dot{z}_i\\\dot{z}_i\dot{x}_i & \dot{z}_i\dot{y}_i & \dot{z}_i^2\end{bmatrix}$$

且

$$\mathrm{Trace}(\boldsymbol{v}_i\boldsymbol{v}_i^{\mathrm{T}})=\mathrm{Trace}\begin{bmatrix}\dot{x}_i^2 & \dot{x}_i\dot{y}_i & \dot{x}_i\dot{z}_i\\ \dot{y}_i\dot{x}_i & \dot{y}_i^2 & \dot{y}_i\dot{z}_i\\ \dot{z}_i\dot{x}_i & \dot{z}_i\dot{y}_i & \dot{z}_i^2\end{bmatrix}=\dot{x}_i^2+\dot{y}_i^2+\dot{z}_i^2 \tag{4-37}$$

式中，Trace 为矩阵的迹，即矩阵的主对角线上所有元素之和。

综合式(4－35)、式(4－36)和式(4－37)可得到该质量元的动能方程：

$$\begin{aligned}\mathrm{d}K_i&=\frac{1}{2}(\dot{x}_i^2+\dot{y}_i^2+\dot{z}_i^2)\mathrm{d}m\\&=\frac{1}{2}\mathrm{Trace}\begin{bmatrix}\dot{x}_i^2 & \dot{x}_i\dot{y}_i & \dot{x}_i\dot{z}_i\\ \dot{y}_i\dot{x}_i & \dot{y}_i^2 & \dot{y}_i\dot{z}_i\\ \dot{z}_i\dot{x}_i & \dot{z}_i\dot{y}_i & \dot{z}_i^2\end{bmatrix}\mathrm{d}m\\&=\frac{1}{2}\mathrm{Trace}[\boldsymbol{v}_i\boldsymbol{v}_i^{\mathrm{T}}]\mathrm{d}m\\&=\frac{1}{2}\mathrm{Trace}\left[\left(\sum_{p=1}^{i}\left(\boldsymbol{U}_{ip}\frac{\mathrm{d}q_p}{\mathrm{d}t}\right)\cdot r_i\right)\left(\sum_{r=1}^{i}\left(\boldsymbol{U}_{ir}\frac{\mathrm{d}q_r}{\mathrm{d}t}\right)\cdot r_i\right)^{\mathrm{T}}\right]\mathrm{d}m_i\end{aligned} \tag{4-38}$$

式中，$p$ 和 $r$ 表示不同的关节编号，这样就能将其他关节的运动对任一连杆 $i$ 上点的最终速度的影响进行累计。

对上述方程积分，整理后得到总动能为

$$K_i=\int\mathrm{d}K_i=\frac{1}{2}\mathrm{Trace}\left[\sum_{p=1}^{i}\sum_{r=1}^{i}\boldsymbol{U}_{ip}\left(\int\boldsymbol{r}_i\boldsymbol{r}_i^{\mathrm{T}}\mathrm{d}m_i\right)\boldsymbol{U}_{ir}^{\mathrm{T}}\dot{q}_p\dot{q}_r\right] \tag{4-39}$$

对于式(4－39)中的$\int\boldsymbol{r}_i\boldsymbol{r}_i^{\mathrm{T}}\mathrm{d}m_i$ 项，对其推导如下：

$\boldsymbol{r}_i$ 表示相对于机器人第 $i$ 连杆坐标系的点，可表示为

$$\boldsymbol{r}_i=\begin{bmatrix}x_i\\ y_i\\ z_i\\ 1\end{bmatrix}$$

$$\boldsymbol{r}_i^{\mathrm{T}}=[x_i\quad y_i\quad z_i\quad 1]$$

$$\boldsymbol{r}_i\boldsymbol{r}_i^{\mathrm{T}}=\begin{bmatrix}x_i\\ y_i\\ z_i\\ 1\end{bmatrix}[x_i\quad y_i\quad z_i\quad 1]=\begin{bmatrix}x_i^2 & x_iy_i & x_iz_i & x_i\\ x_iy_i & y_i^2 & y_i & y_i\\ x_iz_i & y_iz_i & z_i^2 & z_i\\ x_i & y_i & z_i & 1\end{bmatrix} \tag{4-40}$$

对于式(4－40)，有

$$\int\boldsymbol{r}_i\boldsymbol{r}_i^{\mathrm{T}}\mathrm{d}m_i=\begin{bmatrix}x_i^2 & x_iy_i & x_iz_i & x_i\\ x_iy_i & y_i^2 & y_i & y_i\\ x_iz_i & y_iz_i & z_i^2 & z_i\\ x_i & y_i & z_i & 1\end{bmatrix}\int\mathrm{d}m_i$$

$$
=\begin{bmatrix} \int x_i^2 \mathrm{d}m_i & \int x_i y_i \mathrm{d}m_i & \int x_i z_i \mathrm{d}m_i & \int x_i \mathrm{d}m_i \\ \int x_i y \mathrm{d}m_i & \int y_i^2 \mathrm{d}m_i & \int y_i z_i \mathrm{d}m_i & \int y_i \mathrm{d}m_i \\ \int x_i z_i \mathrm{d}m_i & \int y_i z_i \mathrm{d}m_i & \int z_i^2 \mathrm{d}m_i & \int z_i \mathrm{d}m_i \\ \int x_i \mathrm{d}m_i & \int y_i \mathrm{d}m_i & \int z_i \mathrm{d}m_i & \int \mathrm{d}m_i \end{bmatrix} \tag{4-41}
$$

一个刚体的惯性张量 $\boldsymbol{I}$ 可以表示为 3×3 的矩阵：

$$
\boldsymbol{I}=\begin{bmatrix} I_{xx} & I_{xy} & I_{xz} \\ I_{yx} & I_{yy} & I_{yz} \\ I_{zx} & I_{yz} & I_{zz} \end{bmatrix}
$$

矩阵的对角元素 $I_{xx}$、$I_{yy}$、$I_{zz}$ 分别为绕 $x$、$y$、$z$ 轴的转动惯量。

对于三维空间中任意一参考点 $K$ 与以此参考点为原点的直角坐标系 $K_{xyz}$，设 $(x, y, z)$ 为微小质量 $\mathrm{d}m$，则转动惯量的方程定义为

$$
I_{xx}=\int(y^2+z^2)\mathrm{d}m
$$

$$
I_{yy}=\int(x^2+z^2)
$$

$$
I_{zz}=\int(x^2+y^2)\mathrm{d}m
$$

由于矩阵的非对角元素称为惯性积，因此可定义为

$$
I_{xy}=I_{yx}=\int xy\,\mathrm{d}m
$$

$$
I_{yz}=I_{zy}=\int yz\,\mathrm{d}m
$$

$$
I_{xz}=I_{zx}=\int xz\,\mathrm{d}m
$$

以 $O$ 为原点建立与刚体固连在一起的坐标系 $O_{xyz}$，过 $O$ 点的任意轴线 $N$ 的方向余弦分别记为 $\alpha$，$\beta$，$\gamma$；位于刚体 $A$ 点的质元为 $\mathrm{d}m$，如图 4－7 所示。

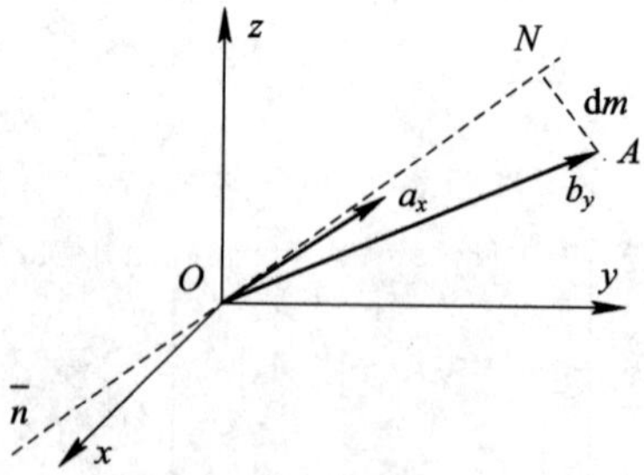


图 4－7　刚体坐标系

$A$ 到 $ON$ 的距离 $\rho$ 为

$$
\begin{aligned}
\rho^2 &=\overline{OA}^2-\overline{OB}^2 \\
&=(x^2+y^2+z^2)-(\alpha x+\beta y+\gamma z)^2 \\
&=\alpha^2(y^2+z^2)+\beta^2(x^2+z^2)+\gamma^2(x^2+y^2)- \\
&\quad \alpha\beta xy-\alpha\gamma xz-\alpha\beta yx-\alpha\beta zx-\beta\gamma xz-\beta\gamma zy
\end{aligned}
$$

将 $\rho^2$ 代入转动惯量公式可得刚体对 $O$ 点的任意轴线的转动惯量 $I_N$ 为

$$\begin{aligned} I_N &= \int \rho^2 \mathrm{d}m \\ &= \alpha^2 I_{xx} + \beta^2 I_{yy} + \gamma^2 I_{zz} - \alpha\beta I_{xy} - \alpha\beta I_{yx} - \alpha\gamma I_{xz} - \alpha\gamma I_{zx} - \\ &\quad \beta\gamma I_{zy} - \beta\gamma I_{yz} - \alpha\beta I_{xy} - \beta\gamma I_{yz} - \alpha\gamma I_{zx} \end{aligned} \tag{4-42}$$

式中，$I_{xx} = \int (y^2 + z^2)\mathrm{d}m$，$I_{yy} = \int (x^2 + z^2)$，$I_{zz} = \int (x^2 + y^2)\mathrm{d}m$ 分别为刚体坐标系 $O_x$、$O_y$、$O_z$ 的转动惯量。

定义：

$$I_{xx} = \int (y^2 + z^2)\mathrm{d}m, \quad I_{yy} = \int (x^2 + z^2), \quad I_{zz} = \int (x^2 + y^2)\mathrm{d}m$$

$$I_{xy} = I_{yx} = \int xy\,\mathrm{d}m, \quad I_{yz} = I_{zy} = \int yz\,\mathrm{d}m, \quad I_{xz} = I_{zx} = \int xz\,\mathrm{d}m$$

$$m\bar{x} = \int x\mathrm{d}m, \quad m\bar{y} = \int y\mathrm{d}m, \quad m\bar{z} = \int z\mathrm{d}m$$

由于

$$2x^2 = x^2 + x^2 + y^2 - y^2 + z^2 - z^2$$

可得

$$x^2 = \frac{1}{2}[(x^2 + y^2) + (x^2 + z^2) - (y^2 + z^2)]$$

则有

$$\int x^2 \mathrm{d}m = \frac{1}{2}[(x^2 + y^2) + (x^2 + z^2) - (y^2 + z^2)] = \frac{1}{2}(-I_{xx} + I_{yy} + I_{zz})$$

同样可得

$$\int y^2 \mathrm{d}m = \frac{1}{2}[(x^2 + y^2) + (y^2 + z^2) - (x^2 + z^2)] = \frac{1}{2}(I_{xx} - I_{yy} + I_{zz})$$

$$\int z^2 \mathrm{d}m = \frac{1}{2}[(z^2 + y^2) + (z^2 + x^2) - (x^2 + y^2)] = \frac{1}{2}(I_{xx} + I_{yy} - I_{zz})$$

因此，对式(4-41)进行处理，得到伪惯量矩阵为

$$\int \boldsymbol{r}_i \boldsymbol{r}_i^{\mathrm{T}} \mathrm{d}m_i = \boldsymbol{J}_i$$

$$= \begin{bmatrix} \frac{1}{2}(-I_{xx} + I_{yy} + I_{zz}) & I_{ixy} & I_{ixz} & m_i \bar{x}_i \\ I_{ixy} & \frac{1}{2}(I_{xx} - I_{yy} + I_{zz}) & I_{iyz} & m_i \bar{y}_i \\ I_{ixz} & I_{iyz} & \frac{1}{2}(I_{xx} + I_{yy} - I_{zz}) & m_i \bar{z}_i \\ m_i \bar{x}_i & m_i \bar{y}_i & m_i \bar{z}_i & m_i \end{bmatrix} \tag{4-43}$$

由式(4-43)可以看出，该矩阵与关节角度与速度无关，因此，只需计算 1 次。

最后将式(4－43)代入式(4－39)，即可得机器人手的动能为

$$K_i=\int \mathrm{d}K_i=\frac{1}{2}\mathrm{Trace}\Big[\sum_{p=1}^{i}\sum_{r=1}^{i}\boldsymbol{U}_{ip}\Big(\int \boldsymbol{r}_i\boldsymbol{r}_i{}^{\mathrm{T}}\mathrm{d}m_i\Big)\boldsymbol{U}_{ir}^{\mathrm{T}}\dot{q}_p\dot{q}_r\Big]$$
$$=\frac{1}{2}\mathrm{Trace}\Big[\sum_{p=1}^{i}\sum_{r=1}^{i}\boldsymbol{U}_{ip}\boldsymbol{J}_i\boldsymbol{U}_{ir}^{\mathrm{T}}\dot{q}_p\dot{q}_r\Big]$$
$$=\frac{1}{2}\sum_{i=1}^{n}\sum_{p=1}^{i}\sum_{r=1}^{i}\mathrm{Trace}(\boldsymbol{U}_{ip}\boldsymbol{J}_i\boldsymbol{U}_{ir}^{\mathrm{T}})\dot{q}_p\dot{q}_r \tag{4-44}$$

假设每个驱动器的重量分别为 $I_{i(act)}$，则相应驱动器的动能为$\frac{1}{2}I_{i(\mathrm{act})}i^2$，于是机器人的总动能为

$$K=\frac{1}{2}\sum_{i=1}^{n}\sum_{p=1}^{i}\sum_{r=1}^{i}\mathrm{Trace}(\boldsymbol{U}_{ip}\boldsymbol{J}_i\boldsymbol{U}_{ir}^{\mathrm{T}})\dot{q}_p\dot{q}_r+\frac{1}{2}\sum_{i=1}^{n}I_{i(\mathrm{act})}\dot{q}_i^2 \tag{4-45}$$

## 4.3.2 系统的势能

系统的势能是每个连杆的势能总和，即

$$P=\sum_{i=1}^{n}P_i=\sum_{i=1}^{n}[m_i\boldsymbol{g}^{\mathrm{T}}\cdot({}^0\boldsymbol{T}_i\bar{\boldsymbol{r}}_i)] \tag{4-46}$$

其中，$\boldsymbol{g}^{\mathrm{T}}=[g_x,g_y,g_z,0]$是重力矩阵，其依赖于参考坐标系的方位；$\bar{\boldsymbol{r}}_i$ 表示连杆质心在对应连杆坐标系中的位置，$\boldsymbol{g}^{\mathrm{T}}$(1×4 的矩阵)与位置向量${}^0\boldsymbol{T}_i\bar{\boldsymbol{r}}_i$ 相乘(4×1 的矩阵)恰好得到标量。

## 4.3.3 机器人运动学方程

系统的拉格朗日函数为

$$L=K-P$$
$$=\frac{1}{2}\sum_{i=1}^{n}\sum_{p=1}^{i}\sum_{r=1}^{i}\mathrm{Trace}(\boldsymbol{U}_{ip}\boldsymbol{J}_i\boldsymbol{U}_{ir}^{\mathrm{T}})\dot{q}_p\dot{q}_r+\frac{1}{2}\sum_{i=1}^{n}I_{i(\mathrm{act})}\dot{q}_i^2-\sum_{i=1}^{n}[m_i\boldsymbol{g}^{\mathrm{T}}\cdot({}^0\boldsymbol{T}_i\bar{\boldsymbol{r}}_i)] \tag{4-47}$$

对于 $n$ 自由度机器人，根据式(4－47)，其拉格朗日函数为

$$L=\frac{1}{2}\sum_{i=1}^{n}\sum_{j=1}^{i}\sum_{k=1}^{i}\mathrm{Trace}(\boldsymbol{U}_{ij}\boldsymbol{J}_i\boldsymbol{U}_{ik}^{\mathrm{T}})\dot{q}_j\dot{q}_k+\frac{1}{2}\sum_{i=1}^{n}I_{i(\mathrm{act})}\dot{q}_i^2+\sum_{i=1}^{n}[m_i\boldsymbol{g}^{\mathrm{T}}\boldsymbol{T}_i{}^i\bar{\boldsymbol{r}}_i] \tag{4-48}$$

将式(4－34)代入上式，可得

$$L=\frac{1}{2}\sum_{i=1}^{n}\sum_{j=1}^{i}\sum_{k=1}^{i}\mathrm{Trace}\Big(\frac{\partial \boldsymbol{T}_i}{\partial q_j}\boldsymbol{J}_i\frac{\partial \boldsymbol{T}_i^{\mathrm{T}}}{\partial q_k}\Big)\dot{q}_j\dot{q}_k+\frac{1}{2}\sum_{i=1}^{n}I_{i(\mathrm{act})}\dot{q}_i^2+\sum_{i=1}^{n}[m_ig^{\mathrm{T}}T_i^i\bar{r}_i]$$

显然，导致机器人旋转的所有外力的和 $T_i$ 为

$$\boldsymbol{T}_i=\frac{\partial}{\partial t}\Big(\frac{\partial L}{\partial \dot{q}_i}\Big)-\frac{\partial L}{\partial q_i} \tag{4-49}$$

式(4－49)的求解过程如下：

(1) 计算$\dfrac{\partial L}{\partial \dot{q}_i}$。

$$\frac{\partial L}{\partial \dot{q}_p}=\frac{1}{2}\sum_{i=1}^{n}\sum_{k=1}^{i}\text{Trace}\left(\frac{\partial \boldsymbol{T}_i}{\partial q_p}\boldsymbol{J}_i\frac{\partial \boldsymbol{T}_i}{\partial q_k}^{\text{T}}\right)\dot{q}_k+\frac{1}{2}\sum_{i=1}^{n}\sum_{j=1}^{i}\text{Trace}\left(\frac{\partial \boldsymbol{T}_i}{\partial q_j}J_i\frac{\partial \boldsymbol{T}_i^{\text{T}}}{\partial q_p}\right)\dot{q}_j+I_{p(\text{act})}\dot{q}_p \tag{4-50}$$

根据式(4－50)，有

$$\text{Trace}\left(\frac{\partial \boldsymbol{T}_i}{\partial q_j}\boldsymbol{J}_i\frac{\partial \boldsymbol{T}_i}{\partial q_k}^{\text{T}}\right)=\text{Trace}\left(\frac{\partial \boldsymbol{T}_i}{\partial q_j}\boldsymbol{J}_i\frac{\partial \boldsymbol{T}_i}{\partial q_k}^{\text{T}}\right)^{\text{T}}=\text{Trace}\left(\frac{\partial \boldsymbol{T}_i}{\partial q_k}\boldsymbol{J}_i\frac{\partial \boldsymbol{T}_i}{\partial q_j}^{\text{T}}\right)$$

因此可将式(4－50)整理为

$$\frac{\partial L}{\partial \dot{q}_p}=\frac{1}{2}\sum_{i=1}^{n}\sum_{k=1}^{i}\text{Trace}\left(\frac{\partial \boldsymbol{T}_i}{\partial q_p}\boldsymbol{J}_i\frac{\partial \boldsymbol{T}_i}{\partial q_k}^{\text{T}}\right)\dot{q}_k+\frac{1}{2}\sum_{i=1}^{n}\sum_{j=1}^{i}\text{Trace}\left(\frac{\partial \boldsymbol{T}_i}{\partial q_j}\boldsymbol{J}_i\frac{\partial \boldsymbol{T}_i}{\partial q_p}^{\text{T}}\right)\dot{q}_j+I_{p(\text{act})}q_p \tag{4-51}$$

$$\frac{\partial L}{\partial \dot{q}_p}=\frac{1}{2}\sum_{i=1}^{n}\sum_{k=1}^{i}\text{Trace}\left(\frac{\partial \boldsymbol{T}_i}{\partial q_p}\boldsymbol{J}_i\frac{\partial \boldsymbol{T}_i}{\partial q_k}^{\text{T}}\right)\dot{q}_k+\frac{1}{2}\sum_{i=1}^{n}\sum_{k=1}^{i}\text{Trace}\left(\frac{\partial \boldsymbol{T}_i}{\partial q_k}\boldsymbol{J}_i\frac{\partial \boldsymbol{T}_i}{\partial q_p}^{\text{T}}\right)\dot{q}_k+I_{p(\text{act})}\dot{q}_p \tag{4-52}$$

将式(4－51)和式(4－49)相加可得

$$\frac{\partial L}{\partial \dot{q}_p}=\sum_{i=1}^{n}\sum_{k=1}^{i}\text{Trace}\left(\frac{\partial \boldsymbol{T}_i}{\partial q_k}\boldsymbol{J}_i\frac{\partial \boldsymbol{T}_i}{\partial q_p}^{\text{T}}\right)\dot{q}_k+I_{p(\text{act})}\dot{q}_p \tag{4-53}$$

因为

$$\frac{\partial \boldsymbol{T}_i}{\partial q_p}=0,\quad p>i$$

所以式(4－53)可写为

$$\frac{\partial L}{\partial \dot{q}_p}=\sum_{i=p}^{n}\sum_{k=1}^{i}\text{Trace}\left(\frac{\partial \boldsymbol{T}_i}{\partial q_k}\boldsymbol{J}_i\frac{\partial \boldsymbol{T}_i}{\partial q_p}^{\text{T}}\right)\dot{q}_k+I_{p(\text{act})}\dot{q}_p \tag{4-54}$$

(2) 计算$\dfrac{\text{d}}{\partial t}\left(\dfrac{\partial L}{\partial \dot{q}_i}\right)$。

$$\begin{aligned}\frac{\text{d}}{\partial t}\left(\frac{\partial L}{\partial \dot{q}_i}\right)&=\frac{\text{d}}{\partial t}\left[\sum_{i=p}^{n}\sum_{k=1}^{i}\text{Trace}\left(\frac{\partial \boldsymbol{T}_i}{\partial q_k}\boldsymbol{J}_i\frac{\partial \boldsymbol{T}_i}{\partial q_p}^{\text{T}}\right)\dot{q}_k+I_{p(\text{act})}\dot{q}_p\right]\\&=\sum_{i=p}^{n}\sum_{k=1}^{i}\text{Trace}\left(\frac{\partial \boldsymbol{T}_i}{\partial q_k}J_i\frac{\partial \boldsymbol{T}_i}{\partial q_p}^{\text{T}}\right)\ddot{q}_k+I_{p(\text{act})}\ddot{q}_p+\\&\quad\sum_{i=p}^{n}\sum_{k=1}^{i}\sum_{m=1}^{i}\text{Trace}\left(\frac{\partial^2 \boldsymbol{T}_i}{\partial q_k\partial q_m}J_i\frac{\partial \boldsymbol{T}_i}{\partial q_p}^{\text{T}}\right)\dot{q}_k\dot{q}_m+\\&\quad\sum_{i=p}^{n}\sum_{k=1}^{i}\sum_{m=1}^{i}\text{Trace}\left(\frac{\partial^2 \boldsymbol{T}_i}{\partial q_p\partial q_m}J_i\frac{\partial \boldsymbol{T}_i}{\partial q_k}^{\text{T}}\right)\dot{q}_k\dot{q}_m\end{aligned} \tag{4-55}$$

(3) 计算$\dfrac{\partial L}{\partial q_p}$。

$$\begin{aligned}\frac{\partial L}{\partial q_p}&=\frac{\partial}{\partial q_p}\left\{\frac{1}{2}\sum_{i=1}^{n}\sum_{p=1}^{i}\sum_{k=1}^{i}\text{Trace}\left(\frac{\partial \boldsymbol{T}_i}{\partial q_p}J_i\frac{\partial \boldsymbol{T}_i}{\partial q_k}^{\text{T}}\right)\dot{q}_p\dot{q}_k+\frac{1}{2}\sum_{i=1}^{n}I_{i(\text{act})}\dot{q}_i^2+\sum_{i=1}^{n}m_i\boldsymbol{g}^{\text{T}\,i}\boldsymbol{T}\bar{\boldsymbol{r}}_i\right\}\\&=\left\{\frac{1}{2}\sum_{i=p}^{6}\sum_{j=1}^{i}\sum_{k=1}^{i}\text{Trace}\left(\frac{\partial^2 \boldsymbol{T}_i}{\partial q_j\partial q_p}J_i\frac{\partial \boldsymbol{T}_i}{\partial q_k}^{\text{T}}\right)\dot{q}_j\dot{q}_k+\right.\\&\quad\left.\frac{1}{2}\sum_{i=p}^{6}\sum_{j=1}^{i}\sum_{k=1}^{i}\text{Trace}\left(\frac{\partial^2 \boldsymbol{T}_i}{\partial q_k\partial q_p}J_i\frac{\partial T_i}{\partial q_j}^{\text{T}}\right)\dot{q}_j\dot{q}_k+\sum_{i=1}^{6}m_i\boldsymbol{g}^{\text{T}}\frac{\partial \boldsymbol{T}_i}{\partial q_p}{}^{i}\bar{\boldsymbol{r}}_i\right\}\end{aligned}$$

通过交换下标值 $k$ 和 $j$，有

$$\frac{\partial L}{\partial q_p}=\sum_{i=p}^{n}\sum_{j=1}^{i}\sum_{k=1}^{i}\mathrm{Trace}\left(\frac{\partial^2 \mathrm{T}_i}{\partial q_p\partial q_j}J_i\frac{\partial \boldsymbol{T}_i}{\partial q_k}^{\mathrm{T}}\right)\dot{q}_j\dot{q}_k+\sum_{i=1}^{n}m_i\boldsymbol{g}^{\mathrm{T}}\frac{\partial \boldsymbol{T}_i}{\partial q_p}{}^{i}\bar{\boldsymbol{r}}_i\Big\} \tag{4-56}$$

(4) 计算 $\boldsymbol{T}_i$。

将式(4-55)和式(4-56)代入 $\boldsymbol{T}_i$ 中，即

$$\begin{aligned}\boldsymbol{T}_i&=\frac{\partial}{\partial t}\left(\frac{\partial L}{\partial \dot{q}_i}\right)-\frac{\partial L}{\partial q_i}\\&=\sum_{i=p}^{n}\sum_{k=1}^{i}\mathrm{Trace}\left(\frac{\partial \boldsymbol{T}_i}{\partial q_k}J_i\frac{\partial \boldsymbol{T}_i}{\partial q_p}^{\mathrm{T}}\right)\ddot{q}_k+I_{p(\mathrm{act})}\ddot{q}_p+\\&\sum_{i=p}^{n}\sum_{k=1}^{i}\sum_{m=1}^{i}\mathrm{Trace}\left(\frac{\partial^2 \boldsymbol{T}_i}{\partial q_k\partial q_m}\boldsymbol{J}_i\frac{\partial \boldsymbol{T}_i}{\partial q_p}^{\mathrm{T}}\right)\dot{q}_k\dot{q}_m+\\&\sum_{i=p}^{n}\sum_{k=1}^{i}\sum_{m=1}^{i}\mathrm{Trace}\left(\frac{\partial^2 \boldsymbol{T}_i}{\partial q_p\partial q_m}J_i\frac{\partial \boldsymbol{T}_i}{\partial q_k}^{\mathrm{T}}\right)\dot{q}_k\dot{q}_m-\\&\sum_{i=p}^{n}\sum_{k=1}^{i}\sum_{m=1}^{i}\mathrm{Trace}\left(\frac{\partial^2 \boldsymbol{T}_i}{\partial q_p\partial q_m}\boldsymbol{J}_i\frac{\partial \boldsymbol{T}_i}{\partial q_m}^{\mathrm{T}}\right)\dot{q}_k\dot{q}_m+\sum_{i=1}^{n}m_i\boldsymbol{g}^{\mathrm{T}}\frac{\partial \boldsymbol{T}_i}{\partial q_p}{}^{i}\bar{\boldsymbol{r}}_i\\&=\sum_{i=p}^{n}\sum_{k=1}^{i}\mathrm{Trace}\left(\frac{\partial \boldsymbol{T}_i}{\partial q_k}J_i\frac{\partial \boldsymbol{T}_i}{\partial q_p}^{\mathrm{T}}\right)\ddot{q}_k+I_{p(\mathrm{act})}\ddot{q}_p+\\&\sum_{i=p}^{n}\sum_{k=1}^{i}\sum_{m=1}^{i}\mathrm{Trace}\left(\frac{\partial^2 \boldsymbol{T}_i}{\partial q_k\partial q_m}\boldsymbol{J}_i\frac{\partial \boldsymbol{T}_i}{\partial q_p}^{\mathrm{T}}\right)\dot{q}_k\dot{q}_m+\sum_{i=1}^{n}m_i\boldsymbol{g}^{\mathrm{T}}\frac{\partial \boldsymbol{T}_i}{\partial q_p}{}^{i}\bar{\boldsymbol{r}}_i\end{aligned}$$

通过交换下标值 $p$ 和 $i$、$i$ 和 $j$，则有

$$\begin{aligned}\boldsymbol{T}_i&=\frac{\partial}{\partial t}\left(\frac{\partial L}{\partial \dot{q}_i}\right)-\frac{\partial L}{\partial q_i}\\&=\sum_{j=i}^{n}\sum_{k=1}^{j}\mathrm{Trace}\left(\frac{\partial \boldsymbol{T}_j}{\partial q_k}J_i\frac{\partial \boldsymbol{T}_j}{\partial q_i}^{\mathrm{T}}\right)\ddot{q}_k+I_{i(\mathrm{act})}\ddot{q}_i+\\&\sum_{j=i}^{n}\sum_{k=1}^{j}\sum_{m=1}^{j}\mathrm{Trace}\left(\frac{\partial^2 \boldsymbol{T}_j}{\partial q_k\partial q_m}\boldsymbol{J}_j\frac{\partial \boldsymbol{T}_j}{\partial q_i}^{\mathrm{T}}\right)\dot{q}_k\dot{q}_m+\sum_{j=1}^{n}m_j\boldsymbol{g}^{\mathrm{T}}\frac{\partial \boldsymbol{T}_j}{\partial q_i}{}^{j}\bar{r}_i\Big\}\end{aligned}$$

整理上式可得

$$\boldsymbol{T}_i=\sum_{j=1}^{n}D_{ij}\ddot{q}_j+I_{i(\mathrm{act})}\ddot{q}_i+\sum_{j=1}^{n}\sum_{k=1}^{n}D_{ijk}\dot{q}_j\dot{q}_k+D_i \tag{4-57}$$

其中：

$$D_{ij}=\sum_{p=\max(i,\ j)}^{n}\mathrm{Trace}\left(\frac{\partial \boldsymbol{T}_p}{\partial q_j}\boldsymbol{J}_p\frac{\partial \boldsymbol{T}_p}{\partial q_i}^{\mathrm{T}}\right)=\sum_{p=\max(i,\ j)}^{n}\mathrm{Trace}(\boldsymbol{U}_{pj}\boldsymbol{J}_p\boldsymbol{U}_{pi}^{\mathrm{T}}),$$

$$D_{ijk}=\sum_{p=\max(i,\ j,K)}^{n}\mathrm{Trace}\left(\frac{\partial^2 \boldsymbol{T}_p}{\partial q_j\partial q_k}\boldsymbol{J}_p\frac{\partial \boldsymbol{T}_p}{\partial q_i}^{\mathrm{T}}\right)=\sum_{p=\max(i,\ j,K)}^{n}\mathrm{Trace}(\boldsymbol{U}_{pjk}\boldsymbol{J}_p\boldsymbol{U}_{pi}^{\mathrm{T}}),$$

$$D_i=\sum_{p=i}^{n}-m_p\boldsymbol{g}^{\mathrm{T}}\frac{\partial \boldsymbol{T}_p}{\partial q_i}\bar{\boldsymbol{r}}_p=\sum_{p=i}^{n}-m_p\boldsymbol{g}^{\mathrm{T}}\boldsymbol{U}_{pi}\bar{\boldsymbol{r}}_p。$$

式(4－57) 中等式右边的四项分别为角加速度-惯量项、驱动器惯量项、科里奥利力和向心力项以及重力项。

### 4.3.4　六自由度机器人的运动学方程

对于一个六轴转动关节的机器人，可将式(4－57) 写为

$$\boldsymbol{T}_i = \sum_{j=1}^{6} D_{ij}\,\ddot{\theta}_j + I_{i(\mathrm{act})}\,\ddot{\theta}_i + \sum_{j=1}^{6}\sum_{k=1}^{6} D_{ijk}\,\dot{\theta}_j\,\dot{\theta}_k + D_i \tag{4-58}$$

将式(4－58) 展开，可得

$$\begin{aligned}\boldsymbol{T}_i = & D_{i1}\,\ddot{\theta}_1 + D_{i2}\,\ddot{\theta}_2 + D_{i3}\,\ddot{\theta}_3 + D_{i4}\,\ddot{q}_4 + D_{i5}\,\ddot{\theta}_5 + D_{i6}\,\ddot{\theta}_6 + I_{i(act)}\,\ddot{\theta}_i \\ & + D_{i11}\,\dot{\theta}_1^2 + D_{i12}\,\dot{\theta}_1\dot{\theta}_2 + D_{i13}\,\dot{\theta}_1\dot{\theta}_3 + D_{i14}\,\dot{\theta}_1\dot{\theta}_4 + D_{i15}\,\dot{\theta}_1\dot{\theta}_5 + D_{i16}\,\dot{\theta}_1\dot{\theta}_6 \\ & + D_{i21}\,\dot{\theta}_2\dot{\theta}_1 + D_{i22}\,\dot{\theta}_2^2 + D_{i23}\,\dot{\theta}_2\dot{\theta}_3 + D_{i24}\,\dot{\theta}_2\dot{\theta}_4 + D_{i25}\,\dot{\theta}_2\dot{\theta}_5 + D_{i26}\,\dot{\theta}_2\dot{\theta}_6 \\ & + D_{i31}\,\dot{\theta}_3\dot{\theta}_1 + D_{i32}\,\dot{\theta}_3\dot{\theta}_2 + D_{i33}\,\dot{\theta}_3^2 + D_{i34}\,\dot{\theta}_3\dot{\theta}_4 + D_{i35}\,\dot{\theta}_3\dot{\theta}_5 + D_{i36}\,\dot{\theta}_3\dot{\theta}_6 \\ & + D_{i41}\,\dot{\theta}_4\dot{\theta}_1 + D_{i42}\,\dot{\theta}_4\dot{\theta}_2 + D_{i43}\,\dot{\theta}_4\dot{\theta}_3 + D_{i44}\,\dot{\theta}_4^2 + D_{i45}\,\dot{\theta}_4\dot{\theta}_4 + D_{i46}\,\dot{\theta}_4\dot{\theta}_6 \\ & + D_{i51}\,\dot{\theta}_5\dot{\theta}_1 + D_{i52}\,\dot{\theta}_5\dot{\theta}_2 + D_{i53}\,\dot{\theta}_5\dot{\theta}_3 + D_{i54}\,\dot{\theta}_5\dot{\theta}_4 + D_{i55}\,\dot{\theta}_5^2 + D_{i56}\,\dot{\theta}_5\dot{\theta}_6 \\ & + D_{i61}\,\dot{\theta}_6\dot{\theta}_1 + D_{i62}\,\dot{\theta}_6\dot{\theta}_2 + D_{i63}\,\dot{\theta}_6\dot{\theta}_3 + D_{i64}\,\dot{\theta}_6\dot{\theta}_4 + D_{i65}\,\dot{\theta}_6\dot{\theta}_5 + D_{i66}\,\dot{\theta}_6^2 \\ & + D_i\end{aligned} \tag{4-59}$$

式中，$\ddot{\theta}_6$ 项为第 6 个驱动器角加速度-惯量项，$\dot{\theta}_i\,\dot{\theta}_j$ 是科里奥利力和向心力项。

对式(4－59)的科里奥利力和向心力项 $\dot{\theta}_i\,\dot{\theta}_j$ 的系数可以进行整合。假设 $i=5$，对于 $D_{512}$，$i=5$，$j=1$，$k=2$，$n=6$，$p=5$；对于 $D_{521}$，$i=5$，$j=2$，$k=1$，$n=6$，$p=5$。则可得

$$D_{512} = \mathrm{Trace}(\boldsymbol{U}_{512}\boldsymbol{J}_5\boldsymbol{U}_{55}{}^{\mathrm{T}}) + \mathrm{Trace}(\boldsymbol{U}_{621}\boldsymbol{J}_6\boldsymbol{U}_{65}{}^{\mathrm{T}})$$

$$D_{521} = \mathrm{Trace}(\boldsymbol{U}_{521}\boldsymbol{J}_5\boldsymbol{U}_{55}{}^{\mathrm{T}}) + \mathrm{Trace}(\boldsymbol{U}_{612}\boldsymbol{J}_6\boldsymbol{U}_{65}{}^{\mathrm{T}})$$

根据

$$\boldsymbol{U}_{ij} = \frac{\partial^0 \boldsymbol{T}_i}{\partial q_j} = \frac{\partial(\boldsymbol{A}_1\boldsymbol{A}_2\cdots\boldsymbol{A}_j\cdots\boldsymbol{A}_i)}{\partial q_j} = \boldsymbol{A}_1\boldsymbol{A}_2\cdots\boldsymbol{Q}_j\boldsymbol{A}_j\cdots\boldsymbol{A}_i,\ j\leqslant i$$

可得

$$\boldsymbol{U}_{51} = \frac{\partial(\boldsymbol{A}_1\boldsymbol{A}_2\boldsymbol{A}_3\boldsymbol{A}_4\boldsymbol{A}_5)}{\partial\theta_1} = \boldsymbol{Q}_1\boldsymbol{A}_1\boldsymbol{A}_2\boldsymbol{A}_3\boldsymbol{A}_4\boldsymbol{A}_5$$

$$\Rightarrow \boldsymbol{U}_{512} = \boldsymbol{U}_{(51)2} = \frac{\partial(\boldsymbol{Q}_1\boldsymbol{A}_1\boldsymbol{A}_2\boldsymbol{A}_3\boldsymbol{A}_4\boldsymbol{A}_5)}{\partial\theta_2} = \boldsymbol{Q}_1\boldsymbol{A}_1\boldsymbol{Q}_2\boldsymbol{A}_2\boldsymbol{A}_3\boldsymbol{A}_4\boldsymbol{A}_5$$

$$\boldsymbol{U}_{52} = \frac{\partial(\boldsymbol{A}_1\boldsymbol{A}_2\boldsymbol{A}_3\boldsymbol{A}_4\boldsymbol{A}_5)}{\partial\theta_2} = \boldsymbol{A}_1\boldsymbol{Q}_2\boldsymbol{A}_2\boldsymbol{A}_3\boldsymbol{A}_4\boldsymbol{A}_5$$

$$\Rightarrow \boldsymbol{U}_{521} = \boldsymbol{U}_{(52)1} = \frac{\partial(\boldsymbol{Q}_1\boldsymbol{A}_1\boldsymbol{A}_2\boldsymbol{A}_3\boldsymbol{A}_4\boldsymbol{A}_5)}{\partial\theta_1} = \boldsymbol{Q}_1\boldsymbol{A}_1\boldsymbol{Q}_2\boldsymbol{A}_2\boldsymbol{A}_3\boldsymbol{A}_4\boldsymbol{A}_5$$

$$\boldsymbol{U}_{61} = \frac{\partial(\boldsymbol{A}_1\boldsymbol{A}_2\boldsymbol{A}_3\boldsymbol{A}_4\boldsymbol{A}_5\boldsymbol{A}_6)}{\partial\theta_1} = \boldsymbol{Q}_1\boldsymbol{A}_1\boldsymbol{A}_2\boldsymbol{A}_3\boldsymbol{A}_4\boldsymbol{A}_5\boldsymbol{A}_6$$

$$\Rightarrow \boldsymbol{U}_{612} = \boldsymbol{U}_{(61)2} = \frac{\partial(\boldsymbol{A}_1\boldsymbol{A}_2\boldsymbol{A}_3\boldsymbol{A}_4\boldsymbol{A}_5\boldsymbol{A}_6)}{\partial\theta_2} = \boldsymbol{Q}_1\boldsymbol{A}_1\boldsymbol{Q}_2\boldsymbol{A}_2\boldsymbol{A}_3\boldsymbol{A}_4\boldsymbol{A}_5\boldsymbol{A}_6$$

$$\boldsymbol{U}_{62} = \frac{\partial(\boldsymbol{A}_1\boldsymbol{A}_2\boldsymbol{A}_3\boldsymbol{A}_4\boldsymbol{A}_5\boldsymbol{A}_6)}{\partial\theta_2} = \boldsymbol{A}_1\boldsymbol{Q}_2\boldsymbol{A}_2\boldsymbol{A}_3\boldsymbol{A}_4\boldsymbol{A}_5\boldsymbol{A}_6$$

$$\Rightarrow \boldsymbol{U}_{621} = \boldsymbol{U}_{(62)1} = \frac{\partial(\boldsymbol{A}_1\boldsymbol{A}_2\boldsymbol{A}_3\boldsymbol{A}_4\boldsymbol{A}_5\boldsymbol{A}_6)}{\partial\theta_1} = \boldsymbol{Q}_1\boldsymbol{A}_1\boldsymbol{Q}_2\boldsymbol{A}_2\boldsymbol{A}_3\boldsymbol{A}_4\boldsymbol{A}_5\boldsymbol{A}_6$$

由于 $\boldsymbol{Q}_1=\boldsymbol{Q}_2$，可得 $D_{512}=D_{521}$；同样，推广可得 $D_{kij}=D_{kji}$。

因此，根据式(4-59)可写出机器人每个关节的力矩为

$$\begin{aligned}\boldsymbol{T}_1=&D_{11}\ddot{\theta}_1+D_{12}\ddot{\theta}_2+D_{13}\ddot{\theta}_3+D_{14}\ddot{q}_4+D_{15}\ddot{\theta}_5+D_{16}\ddot{\theta}_6+I_{1(\mathrm{act})}\ddot{\theta}_1\\&+D_{111}\dot{\theta}_1^2+2D_{112}\dot{\theta}_1\dot{\theta}_2+2D_{113}\dot{\theta}_1\dot{\theta}_3+2D_{114}\dot{\theta}_1\dot{\theta}_4+2D_{115}\dot{\theta}_1\dot{\theta}_5+2D_{116}\dot{\theta}_1\dot{\theta}_6\\&+D_{122}\dot{\theta}_2^2+2D_{123}\dot{\theta}_2\dot{\theta}_3+2D_{124}\dot{\theta}_2\dot{\theta}_4+2D_{125}\dot{\theta}_2\dot{\theta}_5+2D_{126}\dot{\theta}_2\dot{\theta}_6\\&+D_{133}\dot{\theta}_3^2+2D_{134}\dot{\theta}_3\dot{\theta}_4+2D_{135}\dot{\theta}_3\dot{\theta}_5+2D_{136}\dot{\theta}_3\dot{\theta}_6\\&+D_{144}\dot{\theta}_4^2+2D_{145}\dot{\theta}_4\dot{\theta}_5+2D_{146}\dot{\theta}_4\dot{\theta}_6\\&+D_{155}\dot{\theta}_5^2+2D_{156}\dot{\theta}_5\dot{\theta}_6\\&+D_{166}\dot{\theta}_6^2\\&+D_1\end{aligned}\tag{4-60}$$

$$\begin{aligned}\boldsymbol{T}_2=&D_{21}\ddot{\theta}_1+D_{22}\ddot{\theta}_2+D_{23}\ddot{\theta}_3+D_{24}\ddot{q}_4+D_{25}\ddot{\theta}_5+D_{26}\ddot{\theta}_6+I_{2(\mathrm{act})}\ddot{\theta}_2\\&+D_{211}\dot{\theta}_1^2+2D_{212}\dot{\theta}_1\dot{\theta}_2+2D_{213}\dot{\theta}_1\dot{\theta}_3+2D_{214}\dot{\theta}_1\dot{\theta}_4+2D_{215}\dot{\theta}_1\dot{\theta}_5+2D_{216}\dot{\theta}_1\dot{\theta}_6\\&+D_{222}\dot{\theta}_2^2+2D_{223}\dot{\theta}_2\dot{\theta}_3+2D_{224}\dot{\theta}_2\dot{\theta}_4+2D_{225}\dot{\theta}_2\dot{\theta}_5+2D_{226}\dot{\theta}_2\dot{\theta}_6\\&+D_{233}\dot{\theta}_3^2+2D_{234}\dot{\theta}_3\dot{\theta}_4+2D_{235}\dot{\theta}_3\dot{\theta}_5+2D_{236}\dot{\theta}_3\dot{\theta}_6\\&+D_{244}\dot{\theta}_4^2+2D_{245}\dot{\theta}_4\dot{\theta}_5+2D_{246}\dot{\theta}_4\dot{\theta}_6\\&+D_{255}\dot{\theta}_5^2+2D_{256}\dot{\theta}_5\dot{\theta}_6\\&+D_{266}\dot{\theta}_6^2\\&+D_2\end{aligned}\tag{4-61}$$

$$\begin{aligned}\boldsymbol{T}_3=&D_{31}\ddot{\theta}_1+D_{32}\ddot{\theta}_2+D_{33}\ddot{\theta}_3+D_{34}\ddot{q}_4+D_{35}\ddot{\theta}_5+D_{36}\ddot{\theta}_6+I_{3(act)}\ddot{\theta}_3\\&+D_{311}\dot{\theta}_1^2+2D_{312}\dot{\theta}_1\dot{\theta}_2+2D_{313}\dot{\theta}_1\dot{\theta}_3+2D_{314}\dot{\theta}_1\dot{\theta}_4+2D_{315}\dot{\theta}_1\dot{\theta}_5+2D_{316}\dot{\theta}_1\dot{\theta}_6\\&+D_{322}\dot{\theta}_2^2+2D_{323}\dot{\theta}_2\dot{\theta}_3+2D_{324}\dot{\theta}_2\dot{\theta}_4+2D_{325}\dot{\theta}_2\dot{\theta}_5+2D_{326}\dot{\theta}_2\dot{\theta}_6\\&+D_{333}\dot{\theta}_3^2+2D_{334}\dot{\theta}_3\dot{\theta}_4+2D_{335}\dot{\theta}_3\dot{\theta}_5+2D_{336}\dot{\theta}_3\dot{\theta}_6\\&+D_{344}\dot{\theta}_4^2+2D_{345}\dot{\theta}_4\dot{\theta}_5+2D_{346}\dot{\theta}_4\dot{\theta}_6\\&+D_{355}\dot{\theta}_5^2+2D_{356}\dot{\theta}_5\dot{\theta}_6\\&+D_{366}\dot{\theta}_6^2\\&+D_3\end{aligned}\tag{4-62}$$

$$\begin{aligned}\boldsymbol{T}_4=&D_{41}\ddot{\theta}_1+D_{42}\ddot{\theta}_2+D_{44}\ddot{\theta}_4+D_{44}\ddot{q}_4+D_{45}\ddot{\theta}_5+D_{46}\ddot{\theta}_6+I_{4(act)}\ddot{\theta}_4\\&+D_{411}\dot{\theta}_1^2+2D_{412}\dot{\theta}_1\dot{\theta}_2+2D_{413}\dot{\theta}_1\dot{\theta}_3+2D_{414}\dot{\theta}_1\dot{\theta}_4+2D_{415}\dot{\theta}_1\dot{\theta}_5+2D_{416}\dot{\theta}_1\dot{\theta}_6\\&+D_{422}\dot{\theta}_2^2+2D_{424}\dot{\theta}_2\dot{\theta}_4+2D_{424}\dot{\theta}_2\dot{\theta}_4+2D_{425}\dot{\theta}_2\dot{\theta}_5+2D_{426}\dot{\theta}_2\dot{\theta}_6\\&+D_{444}\dot{\theta}_4^2+2D_{444}\dot{\theta}_4\dot{\theta}_4+2D_{445}\dot{\theta}_4\dot{\theta}_5+2D_{446}\dot{\theta}_4\dot{\theta}_6\\&+D_{444}\dot{\theta}_4^2+2D_{445}\dot{\theta}_4\dot{\theta}_5+2D_{446}\dot{\theta}_4\dot{\theta}_6\\&+D_{455}\dot{\theta}_5^2+2D_{456}\dot{\theta}_5\dot{\theta}_6\\&+D_{466}\dot{\theta}_6^2\\&+D_4\end{aligned}\tag{4-63}$$

$$
\begin{aligned}
\boldsymbol{T}_5 = {} & D_{51}\ddot{\theta}_1 + D_{52}\ddot{\theta}_2 + D_{53}\ddot{\theta}_3 + D_{54}\ddot{q}_4 + D_{55}\ddot{\theta}_5 + D_{56}\ddot{\theta}_6 + I_{5(\mathrm{act})}\ddot{\theta}_5 \\
& + D_{511}\dot{\theta}_1^2 + 2D_{512}\dot{\theta}_1\dot{\theta}_2 + 2D_{513}\dot{\theta}_1\dot{\theta}_3 + 2D_{514}\dot{\theta}_1\dot{\theta}_4 + 2D_{515}\dot{\theta}_1\dot{\theta}_5 + 2D_{516}\dot{\theta}_1\dot{\theta}_6 \\
& + D_{522}\dot{\theta}_2^2 + 2D_{523}\dot{\theta}_2\dot{\theta}_3 + 2D_{524}\dot{\theta}_2\dot{\theta}_4 + 2D_{525}\dot{\theta}_2\dot{\theta}_5 + 2D_{526}\dot{\theta}_2\dot{\theta}_6 \\
& + D_{533}\dot{\theta}_3^2 + 2D_{534}\dot{\theta}_3\dot{\theta}_4 + 2D_{535}\dot{\theta}_3\dot{\theta}_5 + 2D_{536}\dot{\theta}_3\dot{\theta}_6 \\
& + D_{544}\dot{\theta}_4^2 + 2D_{545}\dot{\theta}_4\dot{\theta}_5 + 2D_{546}\dot{\theta}_4\dot{\theta}_6 \\
& + D_{555}\dot{\theta}_5^2 + 2D_{556}\dot{\theta}_5\dot{\theta}_6 \\
& + D_{566}\dot{\theta}_6^2 \\
& + D_5
\end{aligned} \tag{4-64}
$$

$$
\begin{aligned}
\boldsymbol{T}_6 = {} & D_{61}\ddot{\theta}_1 + D_{62}\ddot{\theta}_2 + D_{63}\ddot{\theta}_3 + D_{64}\ddot{q}_4 + D_{65}\ddot{\theta}_5 + D_{66}\ddot{\theta}_6 + I_{6(\mathrm{act})}\ddot{\theta}_6 \\
& + D_{611}\dot{\theta}_1^2 + 2D_{612}\dot{\theta}_1\dot{\theta}_2 + 2D_{613}\dot{\theta}_1\dot{\theta}_3 + 2D_{614}\dot{\theta}_1\dot{\theta}_4 + 2D_{615}\dot{\theta}_1\dot{\theta}_5 + 2D_{616}\dot{\theta}_1\dot{\theta}_6 \\
& + D_{622}\dot{\theta}_2^2 + 2D_{623}\dot{\theta}_2\dot{\theta}_3 + 2D_{624}\dot{\theta}_2\dot{\theta}_4 + 2D_{625}\dot{\theta}_2\dot{\theta}_5 + 2D_{626}\dot{\theta}_2\dot{\theta}_6 \\
& + D_{633}\dot{\theta}_3^2 + 2D_{634}\dot{\theta}_3\dot{\theta}_4 + 2D_{635}\dot{\theta}_3\dot{\theta}_5 + 2D_{636}\dot{\theta}_3\dot{\theta}_6 \\
& + D_{644}\dot{\theta}_4^2 + 2D_{645}\dot{\theta}_4\dot{\theta}_5 + 2D_{646}\dot{\theta}_4\dot{\theta}_6 \\
& + D_{655}\dot{\theta}_5^2 + 2D_{656}\dot{\theta}_5\dot{\theta}_6 \\
& + D_{666}\dot{\theta}_6^2 \\
& + D_6
\end{aligned} \tag{4-65}
$$

将式(4－60)至式(4－65)利用矩阵表示为

$$
\begin{bmatrix} T_1 \\ T_2 \\ T_3 \\ T_4 \\ T_5 \\ T_6 \end{bmatrix} =
\begin{bmatrix}
D_{11} & D_{12} & D_{13} & D_{14} & D_{15} & D_{16} \\
D_{21} & D_{22} & D_{23} & D_{24} & D_{25} & D_{26} \\
D_{31} & D_{32} & D_{33} & D_{34} & D_{35} & D_{36} \\
D_{41} & D_{42} & D_{43} & D_{44} & D_{45} & D_{46} \\
D_{51} & D_{52} & D_{53} & D_{54} & D_{55} & D_{56} \\
D_{61} & D_{62} & D_{63} & D_{64} & D_{65} & D_{66}
\end{bmatrix}
\begin{bmatrix} \ddot{\theta}_1 \\ \ddot{\theta}_2 \\ \ddot{\theta}_3 \\ \ddot{\theta}_4 \\ \ddot{\theta}_5 \\ \ddot{\theta}_6 \end{bmatrix} +
$$

$$
\begin{bmatrix}
D_{111} & D_{122} & D_{133} & D_{144} & D_{155} & D_{166} \\
D_{211} & D_{222} & D_{233} & D_{244} & D_{255} & D_{266} \\
D_{311} & D_{322} & D_{333} & D_{344} & D_{355} & D_{366} \\
D_{411} & D_{422} & D_{433} & D_{444} & D_{455} & D_{466} \\
D_{511} & D_{522} & D_{533} & D_{544} & D_{555} & D_{566} \\
D_{611} & D_{622} & D_{633} & D_{644} & D_{655} & D_{666}
\end{bmatrix}
\begin{bmatrix} \dot{\theta}_1^2 \\ \dot{\theta}_2^2 \\ \dot{\theta}_3^2 \\ \dot{\theta}_4^2 \\ \dot{\theta}_5^2 \\ \dot{\theta}_6^2 \end{bmatrix} +
\begin{bmatrix}
D_{112} & D_{112} & D_{113} & D_{113} & D_{114} & D_{114} \\
D_{212} & D_{212} & D_{213} & D_{213} & D_{214} & D_{214} \\
D_{312} & D_{312} & D_{313} & D_{313} & D_{314} & D_{314} \\
D_{412} & D_{412} & D_{413} & D_{413} & D_{414} & D_{414} \\
D_{512} & D_{512} & D_{513} & D_{513} & D_{514} & D_{514} \\
D_{612} & D_{612} & D_{613} & D_{613} & D_{614} & D_{614}
\end{bmatrix}
\begin{bmatrix} \dot{\theta}_1\dot{\theta}_2 \\ \dot{\theta}_2\dot{\theta}_1 \\ \dot{\theta}_1\dot{\theta}_3 \\ \dot{\theta}_3\dot{\theta}_1 \\ \dot{\theta}_1\dot{\theta}_4 \\ \dot{\theta}_4\dot{\theta}_1 \end{bmatrix} +
$$

$$
\begin{bmatrix} D_{115} & D_{115} & D_{116} & D_{116} & D_{123} & D_{123} \\ D_{215} & D_{215} & D_{216} & D_{216} & D_{223} & D_{223} \\ D_{315} & D_{315} & D_{316} & D_{316} & D_{323} & D_{323} \\ D_{415} & D_{415} & D_{416} & D_{416} & D_{423} & D_{423} \\ D_{515} & D_{515} & D_{516} & D_{516} & D_{523} & D_{523} \\ D_{615} & D_{615} & D_{616} & D_{616} & D_{623} & D_{623} \end{bmatrix}
\begin{bmatrix} \dot{\theta}_1 \dot{\theta}_5 \\ \dot{\theta}_5 \dot{\theta}_1 \\ \dot{\theta}_1 \dot{\theta}_6 \\ \dot{\theta}_6 \dot{\theta}_1 \\ \dot{\theta}_2 \dot{\theta}_3 \\ \dot{\theta}_3 \dot{\theta}_2 \end{bmatrix}
+
\begin{bmatrix} D_{124} & D_{124} & D_{125} & D_{125} & D_{126} & D_{125} \\ D_{224} & D_{224} & D_{225} & D_{225} & D_{226} & D_{226} \\ D_{324} & D_{324} & D_{325} & D_{325} & D_{326} & D_{326} \\ D_{424} & D_{424} & D_{425} & D_{425} & D_{426} & D_{426} \\ D_{524} & D_{524} & D_{525} & D_{525} & D_{526} & D_{526} \\ D_{624} & D_{624} & D_{625} & D_{625} & D_{626} & D_{626} \end{bmatrix}
\begin{bmatrix} \dot{\theta}_2 \dot{\theta}_4 \\ \dot{\theta}_4 \dot{\theta}_2 \\ \dot{\theta}_2 \dot{\theta}_5 \\ \dot{\theta}_5 \dot{\theta}_2 \\ \dot{\theta}_2 \dot{\theta}_6 \\ \dot{\theta}_6 \dot{\theta}_2 \end{bmatrix}
+
$$

$$
\begin{bmatrix} D_{134} & D_{134} & D_{135} & D_{135} & D_{136} & D_{136} \\ D_{234} & D_{234} & D_{235} & D_{235} & D_{236} & D_{236} \\ D_{334} & D_{334} & D_{335} & D_{335} & D_{336} & D_{336} \\ D_{434} & D_{434} & D_{435} & D_{435} & D_{436} & D_{436} \\ D_{534} & D_{534} & D_{535} & D_{535} & D_{536} & D_{536} \\ D_{634} & D_{634} & D_{635} & D_{635} & D_{636} & D_{636} \end{bmatrix}
\begin{bmatrix} \dot{\theta}_3 \dot{\theta}_4 \\ \dot{\theta}_4 \dot{\theta}_3 \\ \dot{\theta}_3 \dot{\theta}_5 \\ \dot{\theta}_5 \dot{\theta}_3 \\ \dot{\theta}_3 \dot{\theta}_6 \\ \dot{\theta}_6 \dot{\theta}_3 \end{bmatrix}
+
$$

$$
\begin{bmatrix} D_{145} & D_{145} & D_{146} & D_{146} & D_{156} & D_{156} \\ D_{245} & D_{245} & D_{246} & D_{246} & D_{256} & D_{256} \\ D_{345} & D_{345} & D_{346} & D_{346} & D_{356} & D_{356} \\ D_{445} & D_{445} & D_{446} & D_{446} & D_{456} & D_{456} \\ D_{545} & D_{545} & D_{546} & D_{546} & D_{556} & D_{556} \\ D_{645} & D_{645} & D_{646} & D_{646} & D_{656} & D_{656} \end{bmatrix}
\begin{bmatrix} \dot{\theta}_4 \dot{\theta}_5 \\ \dot{\theta}_5 \dot{\theta}_4 \\ \dot{\theta}_4 \dot{\theta}_6 \\ \dot{\theta}_6 \dot{\theta}_4 \\ \dot{\theta}_5 \dot{\theta}_6 \\ \dot{\theta}_6 \dot{\theta}_5 \end{bmatrix}
+
\begin{bmatrix} D_1 \\ D_2 \\ D_3 \\ D_4 \\ D_5 \\ D_6 \end{bmatrix}
$$

将与机器人相关的参数代入这些方程，即可得出机器人的运动方程。式中，含 $\ddot{\theta}_i$ 的项为加速度引起的关节力矩项；含 $\dot{\theta}_i^2$ 的项为向心力引起的关节力矩项；含 $\dot{\theta}_i \dot{\theta}_j$ 的项为科里奥利力引起的关节力矩项；含 $D_i$ 的项为相邻连杆对其之间的关节 $i$ 引起的重力矩项。在实际应用中，为了降低计算量，可根据实际情况做适当简化。比如当杆件质量不是太大时，重力矩项可以省略；当关节速度不是太大时，含 $\dot{\theta}_i^2$、$\dot{\theta}_i \dot{\theta}_j$ 的项可以省略；当关节加速度不是太大时，含 $\ddot{\theta}_i$ 的项可以省略。因此，通过调节这些方程项来控制机器人的动力学影响，即可合理设计和控制机器人。

# 4.4　机器人的静力学分析

机器人不仅可以处于位置控制状态，也可以处于力控制状态。如果需要机器人沿直线运动并在钢板上切割一个槽，则当机器人沿着预先设定的路径运动时，其处于位置控制状态。当机器人沿着平面上的直线运动切割时，如果平面表面平整，则机器人会沿着平面上的直线切割；但如果平面表面不平整，则机器人沿着给定的路径运动切割出的槽就深浅不一。为了保证机器人切割出的槽各处深度一致，机器人需要根据力的大小调整深度，这种情况下机器人便处于力控制状态。同样，当机器人给零件钻螺孔时，机器人不仅需要沿孔的轴施加一个已知的轴向心力，还需要施加一定的力矩使其转动，因此控制器需要驱动关节以一定的速率旋转以便在机器人手坐标系中产生合适的力和力矩。

为了建立机器人关节的力和力矩与机器人手坐标系产生的力和力矩之间的关系，定义四个关系矩阵如下：

(1) 机器人手坐标系的力和力矩 ${}^{H}\boldsymbol{F}$ 定义为

$$ {}^{H}\boldsymbol{F}=[f_x \quad f_y \quad f_z \quad m_x \quad m_y \quad m_z]^{\mathrm{T}} \tag{4-66}$$

其中，$f_x$、$f_y$、$f_z$ 分别为机器人手坐标系中沿 $x$、$y$、$z$ 轴的作用力；$m_x$、$m_y$、$m_z$ 是关于 $x$、$y$、$z$ 三轴的力矩。

(2) 机器人手坐标系的位移和转角 ${}^{H}\boldsymbol{D}$ 定义为

$$ {}^{H}\boldsymbol{D}=[\mathrm{d}x \quad \mathrm{d}y \quad \mathrm{d}z \quad \delta x \quad \delta y \quad \delta z]^{\mathrm{T}} \tag{4-67}$$

其中，$\mathrm{d}x$、$\mathrm{d}y$、$\mathrm{d}z$ 分别为手坐标系 $x$、$y$、$z$ 三轴的位移，$\delta x$、$\delta y$、$\delta z$ 分别为手坐标系 $x$、$y$、$z$ 三轴的转角。

(3) 机器人关节的力矩和力 $\boldsymbol{T}$ 定义为

$$\boldsymbol{T}=[T_1 \quad T_2 \quad T_3 \quad T_4 \quad T_5 \quad T_6]^{\mathrm{T}} \tag{4-68}$$

其中，$T_i$ 为各关节处的力矩(对旋转关节)和力(对滑动关节)。

(4) 机器人关节的微分运动 $\boldsymbol{D}_\theta$ 定义为

$$\boldsymbol{D}_\theta=[\mathrm{d}\theta_1 \quad \mathrm{d}\theta_2 \quad \mathrm{d}\theta_3 \quad \mathrm{d}\theta_4 \quad \mathrm{d}\theta_5 \quad \mathrm{d}\theta_6]^{\mathrm{T}} \tag{4-69}$$

其中，$\mathrm{d}\theta_i$ 表示关节的微分运动，旋转关节对应的为角度，滑动关节对应的为线位移。

力在由该力引起的位移上所做的功称为实功，在由非该力引起的位移上所做的功称为虚功。运用虚功原理，可知机器人关节的总虚功等于机器人手坐标系内的总虚功，即

$$\delta \boldsymbol{W}={}^{H}\boldsymbol{F}^{\mathrm{T}}\,{}^{H}\boldsymbol{D}=\boldsymbol{T}^{\mathrm{T}}\boldsymbol{D}_\theta \tag{4-70}$$

显然，机器人手坐标系中的力矩和力乘以机器人手坐标系中的位移等于关节空间中的力矩(或力)乘以位移，即式(4-70)的左边部分为

$$[f_x \quad f_y \quad f_z \quad m_x \quad m_y \quad m_z]\begin{bmatrix} dx \\ dy \\ dz \\ \delta x \\ \delta y \\ \delta z \end{bmatrix} = f_x dx + f_y dy + f_z dz + m_x \delta x + m_y \delta y + m_z \delta z$$

根据式(3-25)，可得

$$^{T_6}\boldsymbol{D} = {}^{T_6}\boldsymbol{J}\boldsymbol{D}_\theta \quad 或 \quad {}^{H}\boldsymbol{D} = {}^{H}\boldsymbol{J}\boldsymbol{D}_\theta \tag{4-71}$$

将式(4-71)代入式(4-70)并运用虚功原理，则

$$^{H}\boldsymbol{F}^{\mathrm{T}\,H}\boldsymbol{D} = \boldsymbol{T}^{\mathrm{T}}\boldsymbol{D}_\theta \quad 或 \quad {}^{H}\boldsymbol{F}^{\mathrm{T}\,H}\boldsymbol{J}\boldsymbol{D}_\theta = \boldsymbol{T}^{\mathrm{T}}\boldsymbol{D}_\theta \tag{4-72}$$

由矩阵乘积的转置性质，式(4-72)可写为

$$\boldsymbol{T} = {}^{H}\boldsymbol{J}^{\mathrm{T}\,H}\boldsymbol{F} \tag{4-73}$$

从而可以看出，获得机器人关节的力和力矩是由机器人手坐标系中期望的力和力矩决定的。如果已知雅克比矩阵，控制器可根据机器人手坐标系中的期望值来计算关节力和力矩，从而对机器人进行控制。当然，机器人的力控制也可以通过使用力和力矩传感器来实现。

随着机器人构型的变化，雅克比矩阵也发生变化。当机器人运动时，为了保证在机器人手坐标系内持续施加同样的力和力矩，关节处的力矩必须随之发生变化，因此，需要控制器实时地计算所需的关节力矩。

## 习　题

1. 结合六自由度链式机器人系统地分析其动力学方程。
2. 推导机器人运动的动力学方程。

# 第 5 章　机器人的轨迹规划

## 5.1　运动轨迹描述

机器人的运动学和动力学用于产生机器人受控的运动序列，最优化这些运动序列就是机器人的运动规划。机器人的运动规划包括路径规划和轨迹规划。路径是机器人构型的一个特定序列，不考虑机器人构型的时间因素，如机器人从 $A$ 点移动到 $B$ 点再到 $C$ 点，这些构型序列就构成了一个路径。轨迹是路径上每个点与时间对应关系的运动序列，即轨迹包含了时间维度。轨迹规划是根据机器人本身的运动能力和运动过程的受限空间优化的时间与点的运动序列。通常，描述机器人轨迹的方法有关节空间描述和直角坐标空间描述两种方法。

### 1. 关节空间描述

采用关节量描述机器人的运动称为关节空间描述。例如让机器人末端从 $A$ 点移动到 $B$ 点，则通过逆运动学方程计算出机器人从 $A$ 点到达新位置 $B$ 点时关节的总位移，机器人控制器利用所算出的关节值驱动机器人到达新的关节值，从而实现了机器人末端运动到新的位置，如图 5-1 所示。关节空间描述虽然能够让机器人移动到期望位置，但机器人在这两点间的运动过程是不可预知的。

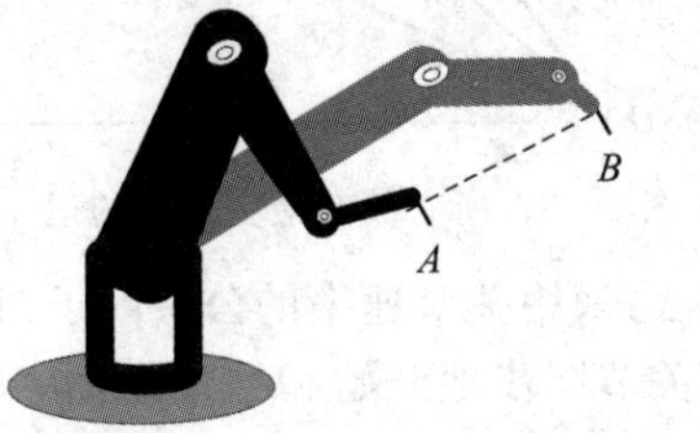


图 5-1　关节空间描述

### 2. 直角坐标空间描述

采用预设的直角坐标空间中的点序列而获得相对应的关节量的方法来描述机器人的运动称为直角坐标空间描述。该方法能够直观地观测机器人末端的运动轨迹。针对机器人从 $A$ 点沿直线运动到 $B$ 点的中间点不可预知的问题，通常将直线分成许多小段，强制机器人经过所有中间点后再到达目标点，如图 5-2 所示。当然，在每个中间点处都要通过逆运动方程计算获得一系列关节量，再由机器人控制器驱动关节到达每个点，直至机器人到达所期望的点为止。可见，通过直角坐标空间描述可以得到一条可控且可预知的路径，但计算量远远大于关节空间描述，因此，需要较快的处理速度才能得到类似关节空间轨迹的计算精度，但难以确保奇异点，因此通常采用设置指定中间点来避开障碍物或其他奇异点。

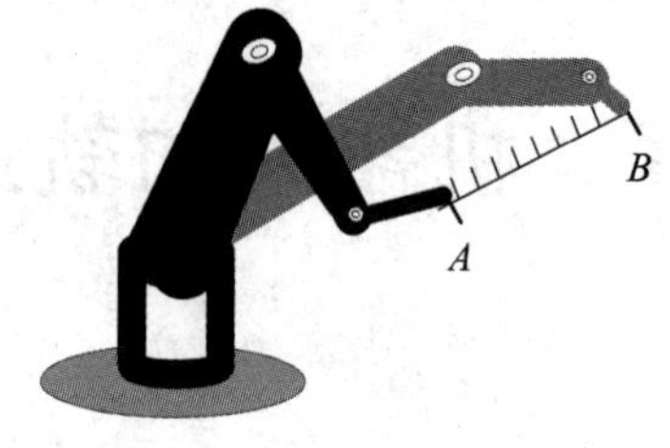


图 5-2　直角坐标空间描述

## 5.2　轨迹规划分析

以两自由度机器人为例，采用问题驱动法来描述轨迹规划的意义和必要性。

假定要求一两自由度机器人从 $A$ 点运动到 $B$ 点，在 $A$ 点时关节角度为 $\alpha=20°$，$\beta=30°$，在 $B$ 点时关节角度为 $\alpha=40°$，$\beta=80°$。已知机器人两个关节运动的最大速率为10°/s。

(1) 第 1 种轨迹规划方法：以其最大速度运动驱动两个关节，则机器人下方连杆用时 2 s、上方连杆用时 5 s 即可完成运动。可见，该规划的关节角度运动不规则，手臂末端走过的距离也不均匀，如图 5-3 所示。

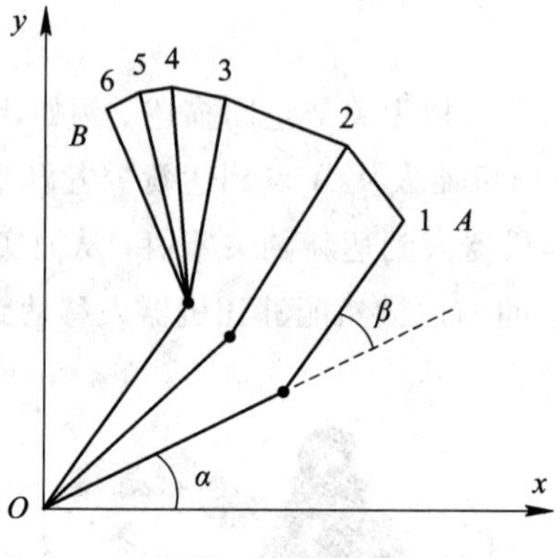


图 5-3　所有关节最大速度的运动轨迹

(2) 第 2 种轨迹规划方法：采用关节速率的公共因子归一化(即 $\alpha=4°/s$，$\beta=10°/s$)，使其关节按比例运动，则两个关节同步地开始和结束运动。显然，采用归一化处理可以使各部分运动轨迹更平衡，但所经过的路径仍然是不规则的，如图 5-4 所示。

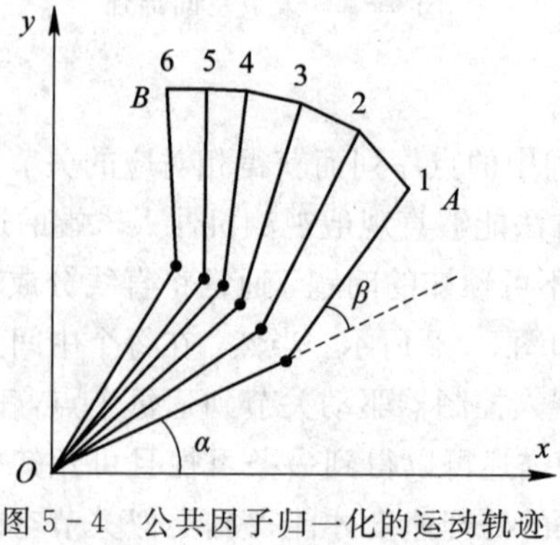


图 5-4　公共因子归一化的运动轨迹

(3) 第 3 种轨迹规划方法：假设将机器人沿 $A$ 点移动到 $B$ 点之间的轨迹等份分成若干线段，计算出每个点所需的 $\alpha$ 和 $\beta$，则机器人末端的轨迹和机器人各关节量的关系如图 5-5 所示。由图可以看出虽然机器人末端的运动轨迹是一条直线，但必须计算直线上每点的关节量，且关节值并非均匀变化。但按照此方法会产生如下问题：① 假设机器人的驱动装置能够提供足够大的功率来满足关节所需的加速和减速，但如果不能立刻加速到所需的期望速度，机器人的轨迹将落后于设想的轨迹。② 两个连续关节量之间的差值不能超过规定的最大关节速度10°/s，而机器人末端从第 1 个轨迹点移动到第 2 个轨迹点时，要求机器人的关节速度必须为 25°/s，这是不现实的；③ 机器人末端在第 1 个轨迹点向上移动前需要先向下移动，这也不符合常规的运动轨迹。

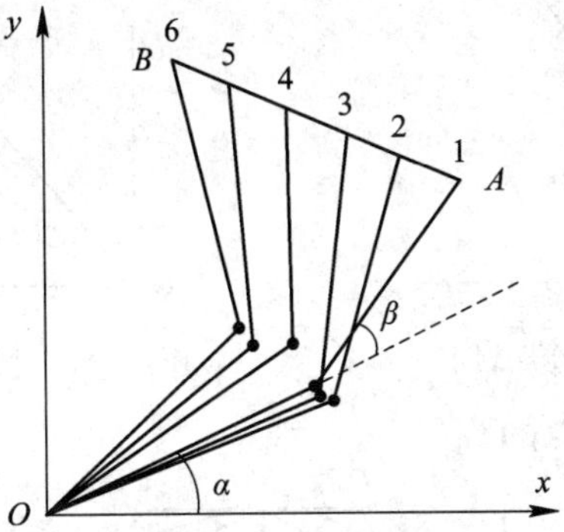


图 5-5　直角坐标空间运动图

(4) 第 4 种轨迹规划方法：　为了优化轨迹，令机器人末端在开始的一小段路径做加速运动，随后以其恒定速度运动一段时间，到接近 $B$ 点时在较小的分段上减速。如果在开始时基于 $x=\frac{1}{2}at^2$ 进行划分，直到其到达所需要的速度 $v=at$ 时为止，到接近 $B$ 时减速，如图 5-6 所示。

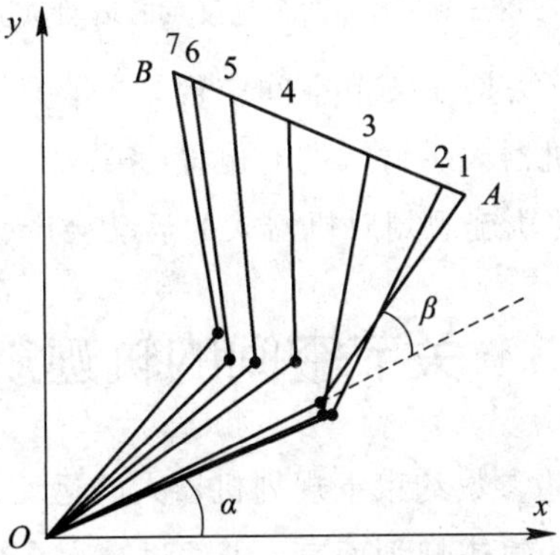


图 5-6　具有加减速段的轨迹规划

(5) 第 5 种轨迹规划方法：　当机器人实现从 $A$ 到 $B$ 再到 $C$ 的运动时。一种情况是从 $A$ 到 $B$ 先加速再匀速，接近 $B$ 时减速并到达 $B$ 时停止；从 $B$ 到 $C$ 先加速再匀速，接近 $C$ 时减速并到达 $C$ 时停止。此规划的问题是一停一走的不平稳运动包含了不必要的停止运动，时间效率低下，如图 5－7 所示。另一种情况是将 $B$ 点两边的运动平滑过渡，先接近 $B$ 点，再沿平滑过渡的路径重新加速，最后到达并停止在 $C$ 点。采用平滑过渡导致机器人经过的可能不是原来的 $B$ 点，但路径更加平稳，降低了机器人的应力水平，减少了能量消耗，如图5－8所示。应力水平（又称应力比）指实际所受应力与破坏强度的比值，即作用在试件上的最大荷载应力与材料的极限承载能力的比值。当然，也可以在 $B$ 点前后各增加过渡点 $D$ 和 $E$，使得 $B$ 点落在 $DE$ 连线上，如图 5－9 所示。

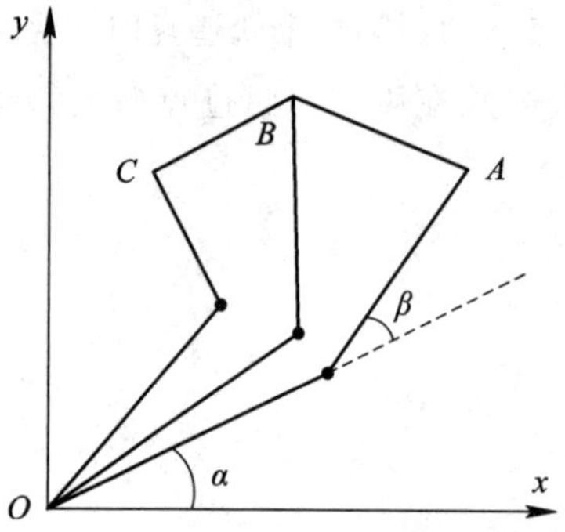


图 5－7　平滑过渡的轨迹规划

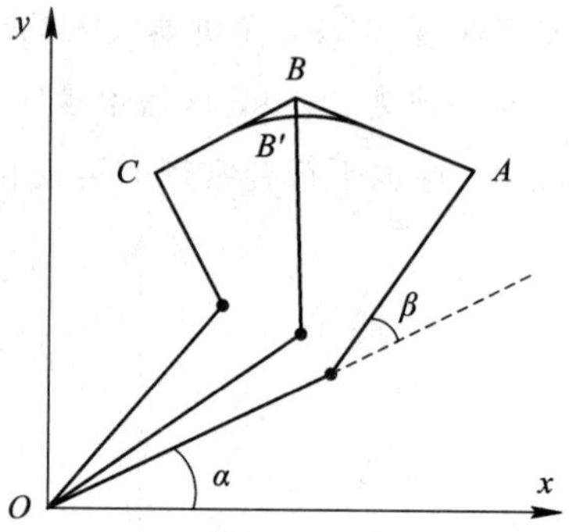


图 5－8　过渡点两遍平滑的轨迹规划

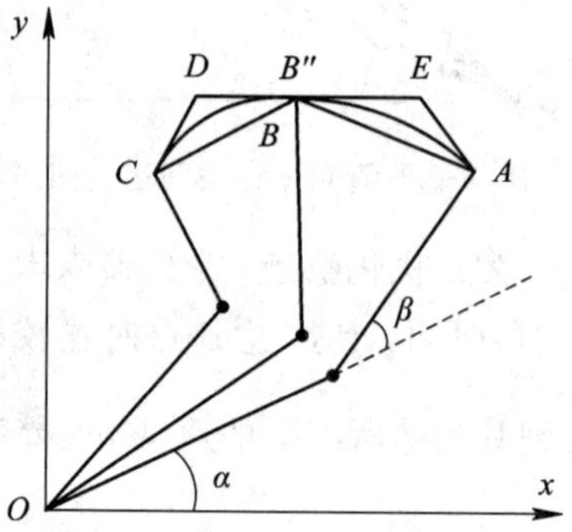


图 5－9　增加两个过渡点的运动轨迹

第 1、2、4 种轨迹规划方法是在关节空间中规划的，只关注关节值，所需的计算只是运动终点的关节量，而忽略机器人手臂末端的位置。第 3、5 种轨迹规划是基于直角坐标空间进行计算的。总之，不同的轨迹规划对机器人的运动会产生不同的影响。

## 5.3　关节空间的轨迹规划

轨迹规划通常是指在某些参数约束下规划机器人的运动。下面讨论以关节量为给定点的轨迹规划。针对相对简单的轨迹规划而言，可通过高次多项式来描述两个路段之间每点的位置、速度和加速度，控制器通过路径信息求解逆运动学方程得到关节量，从而驱动机器人做相应的运动。

假设机器人某个关节在开始时刻 $t_i$ 的角度为 $\theta_i$，期望在时刻 $t_j$ 运动到新的角度 $\theta_j$。下面介绍轨迹规划的方法。

**1. 三次多项式轨迹规划**

三次多项式轨迹规划是指通过三次多项式建立初始和末端边界条件的函数。

已知运动段的起点和终点位置(即 2 个边界位置条件)，以及运动开始和结束时刻的速度(即 2 个边界速度条件)，利用这 4 个边界条件，建立三次多项式方程，从而求解出方程中的未知系数，获得三次多项式方程。

已知条件初始和结束时刻的速度为 0，角度为 $\theta_i$ 和 $\theta_j$。

假设三次多项式方程为

$$\theta(t)=c_0+c_1t+c_2t^2+c_3t^3 \tag{5-1}$$

根据已知初始条件和末端条件，有

$$\theta(t_i)=\theta_i,\quad \theta(t_j)=\theta_j$$

$$\dot{\theta}(t_i)=0,\quad \dot{\theta}(t_j)=0$$

对式(5-1)求导可得

$$\dot{\theta}(t)=c_1+2c_2t+3c_3t^2 \tag{5-2}$$

将已知条件代入式(5-1)和式(5-2)可得

$$\theta(t_i)=c_0=\theta_i,\quad \theta(t_f)=c_0+c_1t_f+c_2t_f^2+c_3t_f^3$$

$$\dot{\theta}(t_i)=c_1=0,\quad \dot{\theta}(t_f)=c_1+2c_2t_f+3c_3t_f^2=0$$

将上述四个方程表示成矩阵形式为

$$\begin{bmatrix}\theta_i\\ \dot{\theta}_i\\ \theta_f\\ \dot{\theta}_f\end{bmatrix}=\begin{bmatrix}1&0&0&0\\0&1&0&0\\1&t_f&t_f^2&t_f^3\\0&1&2t_f&3t_f^2\end{bmatrix}\begin{bmatrix}c_0\\c_1\\c_2\\c_3\end{bmatrix}$$

通过方程或矩阵获得位置与时间的函数关系，可计算出任意时刻的关节位置，从而使机器人控制器作出响应，进而驱动关节到达所需的位置。对每个关节利用同样步骤分别进行轨迹规划，即能够实现各个关节的同步驱动。如果要求机器人依次通过两个以上的点，那么每段末端求解出的边界速度和位置可用来作为下一段的初始条件，再使用三次多项式规划。因此，三次多项式能用于产生驱动每个关节的运动轨迹。

**例 5-1**　要求六自由度链式机器人的第一关节在 5 s 内从初始角30°运动到75°，用三次多项式规划计算在 1 s、2 s、3 s、4 s 时关节的角度。

**解**　将已知的边界条件代入式(5-1)和式(5-2)，可得

$$\begin{cases}\theta(t_i)=c_0=\theta_i=30\\ \theta(t_f)=c_0+c_1t_f+c_2t_f^2+c_3t_f^3=c_0+c_1(5)+c_2(5^2)+c_3(5^3)\\ \dot{\theta}(t_i)=c_1=0\\ \dot{\theta}(t_f)=c_1+2c_2t_f+3c_3t_f^2=c_1+2c_2(5)+3c_3(5^2)=0\end{cases}\rightarrow\begin{cases}c_0=30\\c_1=0\\c_2=5.4\\c_3=-0.72\end{cases} \tag{5-3}$$

对式(5-3)联合求解得到位置、速度和加速度的三次多项式方程为

$$\begin{cases} \theta(t_f)=30+5.4t^2-0.72t^3 \\ \dot{\theta}(t)=10.8t_f-2.16t^2 \\ \ddot{\theta}(t)=10.8-4.32t \end{cases} \tag{5-4}$$

将时间分别代入式(5-4)，可得

$$\theta(1)=34.68°,\quad \theta(2)=45.84°,\quad \theta(3)=59.16°,\quad \theta(4)=70.32°$$

**例 5-2** 要求六自由度机器人的第一关节在 5 s 内从初始角30°运动到75°，要求在其后的 3 s 内关节角到达105°，画出该运动的位置、速度和加速度曲线。

**解** 在例 5-1 的基础上，将第一个运动末端的关节位置和速度作为第二个运动段的初始条件，可得

$$\left.\begin{cases} \theta(t)=c_0+c_1t+c_2t^2+c_3t^3 \\ \dot{\theta}(t)=c_1+2c_2t+3c_3t^2 \\ \ddot{\theta}(t)=2c_2+6c_3t \end{cases}\right\} \tag{5-5}$$

其中，$t_i=0$ 时，$\theta_i=75$，$\dot{\theta}_i=0$；$t_i=3$ 时，$\theta_f=105$，$\dot{\theta}_f=0$。

因此，联合式(5-5)求解可得

$$c_0=75,\ c_1=0,\ c_2=10,\ c_3=-2.222$$

由此可得位置、速度和加速度的多项式方程为

$$\begin{cases} \theta(t_f)=75+10t^2-2.222t^3 \\ \dot{\theta}(t)=20t_f-6.666t^2 \\ \ddot{\theta}(t)=20-13.332t \end{cases}$$

三次多项式轨迹规划的位置和速度都是连续的，但加速度并不连续，这脱离了机器人本身的性能的要求。速度曲线是连续的，但速度曲线在中间点的斜率由负变正，这会导致加速度的突变，但由于机器人自身的能力有限，可能根本无法产生这样的加速度，因此为保证机器人加速度不超过自身能力，在计算到达目标所需时间时，必须考虑加速度限制。

当$\dot{\theta}_i=0$ 和$\dot{\theta}_f=0$ 时，最大加速度为

$$|\ddot{\theta}|=\left|\frac{6(\theta_f-\theta_i)}{(t_f-t_i)^2}\right| \tag{5-6}$$

从而可计算出机器人到达目标点所需要的时间。

**2. 五次多项式轨迹规划**

五次多项式轨迹规划是利用五次多项式函数求解满足初始和末端的边界条件与已知条件相匹配的轨迹规划。

已知运动段的起点和终点的位置和速度(即 4 个边界条件)以及起点和终点的加速度

(即 2 个边界条件)，其方程可表示为

$$\begin{cases}\theta(t)=c_0+c_1t+c_2t^2+c_3t^3+c_4t^4+c_5t^5\\ \dot{\theta}(t)=c_1+2c_2t+3c_3t^2+4c_4t^3+5c_5t^4\\ \ddot{\theta}(t)=2c_2+6c_3t+12c_4t^2+20c_5t^3\end{cases}\tag{5-7}$$

可通过位置、速度和加速度 6 个边界条件计算出五次多项式的系数来实现轨迹规划。

**例 5-3**　设六自由度链式机器人的第一关节在 5 s 内从初始角30°运动到75°，且已知初始加速度和末端减速度均为 $5°/s^2$，要求利用五次多项式求出关节角度与时间的函数关系。

**解**　将已知值 $\theta_i=30$，$\dot{\theta}_i=0°/s$，$\ddot{\theta}_i=5°/s$，$\theta_i=75$，$\dot{\theta}_i=0°/s$，$\ddot{\theta}_i=-5°/s$ 代入式(5-7)可得

$$c_0=30,\ c_1=0,\ c_2=2.5,\ c_3=1.6,\ c_4=-0.58,\ c_5=0.0464$$

得到运动方程为

$$\begin{cases}\theta(t)=30+2.5t^2+1.6t^3-0.58t^4+0.0464t^5\\ \dot{\theta}(t)=5t+4.8t^2-2.32t^3+0.232t^4\\ \ddot{\theta}(t)=5+9.6t-6.96t^2+0.928t^3\end{cases}$$

从而可获得机器人关节的位置、速度和加速度的关系，且其最大加速度为$8.7°/s^2$。

**3. 抛物线过渡的线性段轨迹规划**

如果让机器人关节以恒定速度在起点位置和终点位置之间运动，轨迹方程相当于一次多项式，其速度为常数，加速度为零，这意味着在运动段的起点和终点的加速度必须无穷大，才能在边界瞬间产生所需的速度。因此，如果是线性运动段，在起点处和终点处可以用抛物线来过渡，如图 5-10 所示。

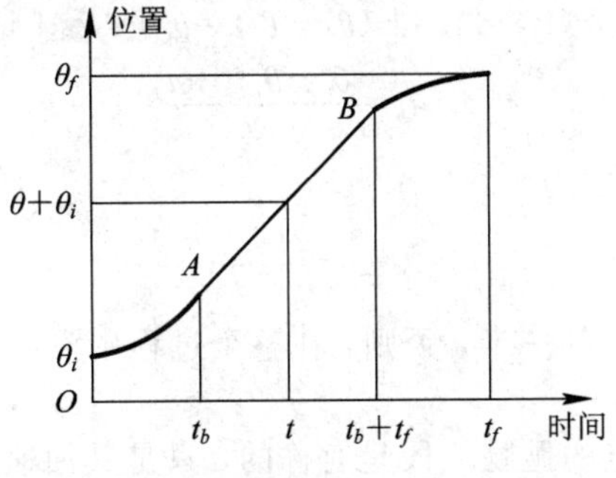


图 5-10　抛物线过渡的线性段规划

假设在 $t_i=0$ 时，起点位置为 $\theta_i$；在 $t_i=t_f$ 时，终点位置为 $\theta_f$；抛物线和直线部分的过渡段在时间段 $t_b$ 和 $t_f-t_b$ 之间是对称的，由此可得

$$\begin{cases}\theta(t)=c_0+c_1t+\dfrac{1}{2}c_2t^2\\ \dot{\theta}(t)=c_1+c_2t\\ \ddot{\theta}(t)=c_2\end{cases}\tag{5-8}$$

可见，抛物线运动段的加速度是一个常数，在公共点 $A$ 和 $B$ 产生连续的速度。将边界条件

代入抛物线段的方程式(5-8)可得

$$\begin{cases}\theta(t=0)=\theta_i=c_0\\ \dot{\theta}(t=0)=0=c_1\\ \ddot{\theta}(t)=c_2 \rightarrow \begin{cases}c_0=\theta_i\\ c_1=0\\ c_2=\ddot{\theta}\end{cases}\end{cases}$$

因此，抛物线段的方程为

$$\begin{cases}\theta(t)=\theta_i+\dfrac{1}{2}c_2t^2\\ \dot{\theta}(t)=c_2t\\ \ddot{\theta}(t)=c_2\end{cases}$$

对于直线段，速度保持为常值，可以根据驱动器的物理性能来加以选择。

将零初始速度、线性段已知的常值速度 $w$ 及零末端速度代入式(5-8)，可得到 $A$、$B$ 点及终点的关节位置和速度为

$$\begin{cases}\theta_A=\theta_i+\dfrac{1}{2}c_2t_b^2\\ \dot{\theta}_A=c_2\boldsymbol{t}_b=w\\ \theta_B=\theta_A+(w(t_f-t_b)-t_b)=\theta_A+w(t_f-2t_b)\\ \dot{\theta}_B=\dot{\theta}_A=w\\ \theta_f=\theta_B+(\theta_A-\theta_i)\end{cases} \tag{5-9}$$

通过式(5-9)得出过渡时间 $t_b$ 的计算过程为

$$c_2=\frac{w}{t_b}$$

$$\theta_f=\theta_A+w(t_f-2t_b)+(\theta_A-\theta_i)=\theta_i+c_2t_b^2+w(t_f-2t_b)$$

$$t_b=\frac{\theta_i-\theta_f+wt_f}{w} \tag{5-10}$$

由式(5-10)计算出最大速度为

$$w=\frac{2(\theta_i-\theta_f)}{t_f} \tag{5-11}$$

可见，$t_b$ 不能大于总时间 $t_f$ 的一半，否则，在整个过程中没有直线运动段而只有抛物线加速段和抛物线减速段。

终点的抛物线段和起点的抛物线段是对称的，只是其加速度为负，可表示为

$$\theta(t)=\theta_f-\frac{1}{2}c_2\ (t_f-t)^2$$

其中，$c_2=\dfrac{w}{t_b}$，有

$$\begin{cases}\theta(t)=\theta_f-\dfrac{1}{2}\dfrac{w}{t_b}(t_f-t)^2\\ \dot{\theta}(t)=\dfrac{w}{t_b}(t_f-t)\\ \ddot{\theta}(t)=-\dfrac{w}{t_b}\end{cases}$$

**例 5-4**　假设六自由度链式机器人的关节以速度10°/s 在 5 s 内从初始角度 $\theta_i=30°$运动到目的角度 $\theta_f=70°$，求所需过渡时间，并用 MATLAB 软件绘制关节位置、速度和加速度曲线。

**解**　通过式(5-10)可得

$$t_b=\frac{\theta_i-\theta_f+wt_f}{w}=\frac{30-70+10\times5}{10}=1\ \text{s}$$

因 $\theta=\theta_i$ 到 $\theta=\theta_A$ 段为抛物线，则对应函数为

$$\begin{cases}\theta=30+5t^2\\ \dot{\theta}(t)=10t\\ \ddot{\theta}(t)=10\end{cases}$$

因 $\theta=\theta_A$ 到 $\theta=\theta_B$ 段为直线，则对应函数为

$$\begin{cases}\theta=\theta_A+10\ (t-1)^2\\ \dot{\theta}(t)=10\\ \ddot{\theta}(t)=0\end{cases}$$

因 $\theta=\theta_B$ 到 $\theta=\theta_f$ 段为抛物线，则对应函数为

$$\begin{cases}\theta=70-5\ (5-t)^2\\ \dot{\theta}(t)=10(5-t)\\ \ddot{\theta}(t)=-10\end{cases}$$

轨迹规划的位置、速度和加速度的关系如图 5-11 所示。

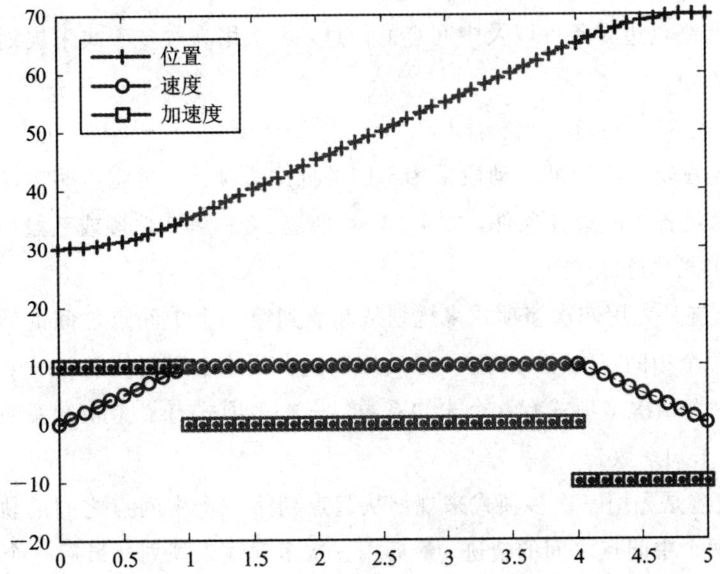


图 5-11　轨迹规划的位置、速度和加速度的关系

与之相应的轨迹规划的 MATLAB 代码为：

```
t=[0:0.1:1];
thet0=30+5*t.^2;
thet1=10*t;
thet2=10;
plot(t, thet0, 'b+--', t, thet1, 'bo--', t, thet2, 'bs--', 'LineWidth', 2)
hold on
t1=[1:0.1:4];
thet01=35+10*(t1-1);
thet11=10;
thet21=0;
plot(t1, thet01, 'r+--', t1, thet11, 'ro--', t1, thet21, 'rs--', 'LineWidth', 2)
hold on
t11=[4:0.1:5];
thet011=70-5*(5-t11).^2;
thet111=10*(5-t11);
thet211=-10;
plot(t11, thet011, 'b+--', t11, thet111, 'bo--', t11, thet211, 'bs--', 'LineWidth', 2)
legend('位置', '速度', '加速度')
```

**4. 高次多项式轨迹规划**

除了指定起点和终点外，当指定其他中间点时，可以通过匹配两个运动段上每一点的位置、速度和加速度来规划一条连续的轨迹。

利用起点和终点边界条件以及中间点的信息，可采用高次多项式来规划轨迹并使其通过所有的指定点：

$$\theta(t)=c_0+c_1t+c_2t^2+c_3t^3+\cdots+c_{n-1}t^{n-1}+c_nt^n \tag{5-12}$$

因此，可先在轨迹不同的运动段采用不同的低次多项式，再将这些运动段平滑过渡到连在一起，以满足各点的边界条件，如 4-3-4 轨迹、3-5-3 轨迹或五段三次多项式轨迹等代替七次多项式轨迹。

4-3-4 轨迹是先用四次多项式来规划从起点到第一个中间点之间的轨迹，再用三次多项式来规划两个中间点之间的轨迹，最后用四次多项式来规划从最后一个中间点到终点之间的规划。一个四次多项式有 5 个未知系数，三次多项式有 4 个未知系数，此轨迹总共需要求解 14 个未知系数。

3-5-3 轨迹是先用三次多项式来规划从起点到第一个中间点之间的轨迹，再用五次多项式来规划两个中间点之间的轨迹，最后用三次多项式来规划从最后一个中间点到终点之间的规划。一个三次多项式有 4 个未知系数，一个五次多项式有 6 个未知系数，此轨迹总共需要求解 14 个未知系数。

以 4-3-4 轨迹为例，未知系数的形式为

$$\theta(t)_1=a_0+a_1t+a_2t^2+a_3t^3+a_4t^4 \tag{5-13}$$

$$\theta(t)_2=b_0+b_1t+b_2t^2+b_3t^3 \tag{5-14}$$

$$\theta(t)_3=c_0+c_1t+c_2t^2+c_3t^3+c_4t^4 \tag{5-15}$$

利用 14 个边界和过渡条件，求解所有未知系数，并得到最终规划轨迹，具体求解流程如下：

(1) 已知初始位置 $\theta_1$；

(2) 给定初始速度；

(3) 给定初始加速度；

(4) 已知第一个中间点位置 $\theta_2$，是第一运动段四次多项式轨迹的末端位置；

(5) 第一个中间点的位置必须和三次多项式轨迹的初始位置相同，以确定运动的连续性；

(6) 中间点的速度保持连续；

(7) 中间点的加速度保持连续；

(8) 已知第二个中间点的位置 $\theta_n$，它与三次多项式轨迹的末端位置相同；

(9) 第二中间点的位置必须和下一条四次多项式轨迹的初始位置相同；

(10) 下一个中间点的速度保持连续；

(11) 下一个中间点的加速度保持连续；

(12) 已知终点位置 $\theta_f$；

(13) 给定终点速度；

(14) 给定终点加速度。

将整个运动的标准化全局时间变量表示为 $t$，将第 $j$ 个运动段的本地时间变量表示为 $\tau_j$；每一运动段的初始时间 $\tau_{ji}$ 为 0，给定每一运动段的终端本地时间表示为 $\tau_{jf}$；所有运动段均起始于本地时间 $\tau_{ji}=0$，结束于给定的本地时间 $\tau_{jf}=0$。

因此，4-3-4 多项式运动轨迹和它的导数如下：

在本地时间 $\tau_1=0$ 处，已知初始值位置为 $\theta_1$，可得 $\dot{\theta}_1=a_0$；

在本地时间 $\tau_1=0$ 处，以给定第一运动段的初始速度，可得 $\dot{\theta}_1=a_1$；

在本地时间 $\tau_1=0$ 处，以给定第一运动段的初始加速度，可得 $\ddot{\theta}_1=2a_2$。

根据第一个中间点的位置 $\theta_2$ 与第一运动段在本地时间 $\tau_{1f}$ 时的末端位置相同，有

$$\theta_2=a_0+a_1(\tau_{1f})+a_2(\tau_{1f})^2+a_3(\tau_{1f})^3+a_4(\tau_{1f})^4$$

根据第一个中间点的位置 $\theta_2$ 与三次多项式轨迹在本地时间 $\tau_2=0$ 时的初始位置相同，有

$$\theta_2=b_0$$

在中间点的速度保持连续，有

$$a_1+2a_2(\tau_{1f})+3a_3(\tau_{1f})^2+4a_4(\tau_{1f})^3=b_1$$

在中间点的加速度保持连续，有

$$2a_2+6a_3(\tau_{1f})+12a_4(\tau_{1f})^2=2b_1$$

已知第二个中间点的位置 $\theta_3$ 与第二运动段三次多项式轨迹在本地时间 $\tau_{2f}$时的末端位置相同，有

$$\theta_3=b_0+b_1(\tau_{2f})+b_2(\tau_{2f})^2+b_3(\tau_{2f})^3$$

第二个中间点的位置 $\theta_3$ 必须与下一段四次多项式轨迹在本地时间 $\tau_3$ 时的初始位置相同，有

$$\theta_3=c_0$$

在中间点的速度保持连续，有

$$b_1+2b_2(\tau_{2f})+3b_3(\tau_{2f})^2=c_1$$

在中间点的加速度保持连续，有

$$2b_2+6b_3(\tau_{2f})=2c_2$$

已知最后运动段在本地时间 $\tau_{3f}$的位置 $\theta_f$，有

$$\theta_4=c_0+c_1(\tau_{3f})+c_2(\tau_{3f})^2+c_3(\tau_{3f})^3+c_4(\tau_{3f})^4$$

已知最后运动段在本地时间 $\tau_{3f}$的速度，有

$$\dot{\theta}_4=c_1+2c_2(\tau_{3f})+3c_3(\tau_{3f})^2+4c_4(\tau_{3f})^3$$

已知最后运动段在本地时间 $\tau_{3f}$的加速度，有

$$\ddot{\theta}_4=2c_2+6c_3(\tau_{3f})+12c_4(\tau_{3f})^2$$

上式利用矩阵形式表示如下：

$$\begin{bmatrix}\theta_1\\ \dot{\theta}_1\\ \ddot{\theta}_1\\ \theta_2\\ \theta_2\\ 0\\ 0\\ \theta_3\\ \theta_3\\ 0\\ 0\\ \theta_4\\ \dot{\theta}_4\\ \ddot{\theta}_4\end{bmatrix}=\begin{bmatrix}1 &&&&&&&&&&&&& \\ & 1 &&&&&&&&&&&& \\ && 2 &&&&&&&&&&& \\ 1 & \tau^{1f} & \tau_{1f}^2 & \tau_{1f}^3 & \tau_{1f}^4 &&&&&&&&& \\ &&&& 0 & 1 &&&&&&&& \\ & 1 & 2\tau^{1f} & 3\tau_{1f}^2 & 4\tau_{1f}^3 & 0 & -1 &&&&&&& \\ && 2 & 6\tau^{1f} & 12\tau_{1f}^2 & 0 & 0 & -2 &&&&&& \\ &&&&&& 1 & \tau_{2f}^2 & \tau_{2f}^3 &&&&& \\ &&&&&&& 0 & 0 & 1 &&&& \\ &&&&&& 1 & 2\tau_{2f} & 3\tau_{2f}^2 & 0 & -1 &&& \\ &&&&&&& 2 & 6\tau_{2f} & 0 & 0 & -2 && \\ &&&&&&&&& 1 & \tau_{3f} & \tau_{3f}^2 & \tau_{3f}^3 & \tau_{3f}^4 \\ &&&&&&&&&& 1 & 2\tau_{3f} & 3\tau_{3f}^3 & 4\tau_{3f}^3 \\ &&&&&&&&&&& 2 & 6\tau_{3f} & 12\tau_{3f}^3\end{bmatrix}\times\begin{bmatrix}a_0\\ a_1\\ a_2\\ a_3\\ a_4\\ b_0\\ b_1\\ b_2\\ b_3\\ c_0\\ c_1\\ c_2\\ c_3\\ c_4\end{bmatrix}$$

或简化表示为

$$\boldsymbol{\theta}=\boldsymbol{M}\times\boldsymbol{C} \tag{5-16}$$

$$\boldsymbol{C}=\boldsymbol{M}^{-1}\times\boldsymbol{\theta} \tag{5-17}$$

通过式(5-16)计算$\boldsymbol{M}^{-1}$可以求出所有的未知系数，于是就求得了三个运动段的运动方程，从而可控制机器人使其经过所有给定的位置。

**例 5-5**　假设机器人采用 4-3-4 轨迹，从起点经过两个中间点到终点。设已知机器人的一个关节在三个运动段的位置、速度和运动时间，确定其轨迹方程，并用 MATLAB 软件绘制出该关节的位置、速度和加速度曲线。

$\theta_1=30°$时，$\dot{\theta}_1=0$，$\ddot{\theta}_1=0$，$\tau_{1i}=0$，$\tau_{1f}=2$；

$\theta_1=50°$时，$\tau_{2i}=0$，$\tau_{2f}=4$；

$\theta_1=90°$时，$\tau_{3i}=0$，$\tau_{3f}=2$；

$\theta_1=70°$时，$\dot{\theta}_4=0$，$\ddot{\theta}_4=0$。

**解**　将数据代入式(5-16)，解得三个运动段的未知系数为

$$a_0=30,\ a_1=0,\ a_2=0,\ a_3=4.881,\ a_4=-1.191$$

$$b_0=50,\ b_1=20.477,\ b_2=0.714,\ b_3=-0.833$$

$$c_0=90,\ c_1=-13.81,\ c_2=-9.286,\ c_3=9.643,\ c_4=-2.024$$

得到三个运动段的方程为

$$\theta(t)_1=30+4.881t^3-1.191t^4,\quad 0<t\leqslant 2$$

$$\theta(t)_2=50+20.477t+0.714t^2-0.833t^3,\quad 0<t\leqslant 4$$

$$\theta(t)_3=90-13.81t-9.286t^2+9.643t^3-2.024t^4,\quad 0<t\leqslant 2$$

通过 MATLAB 绘制该关节的位置、速度和加速度曲线，如图 5-12 所示。

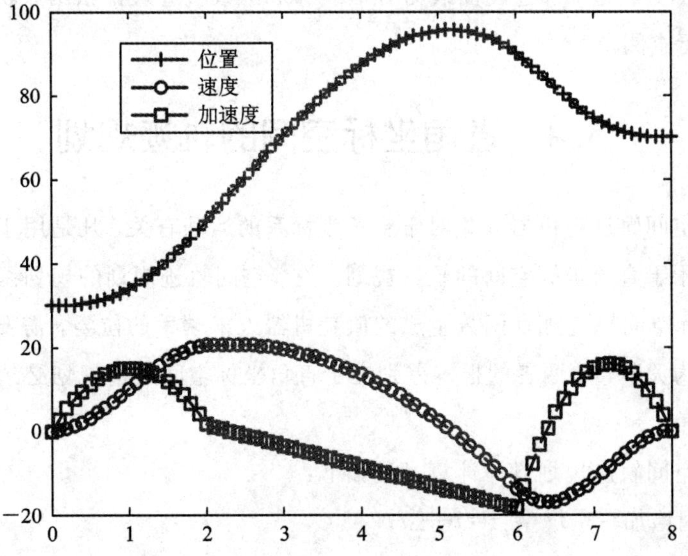


图 5-12　轨迹规划的位置、速度和加速度曲线

与之相应的轨迹规划的MATLAB代码为：

```
t=[0:0.1:2];
thet0=30+4.881*t.^3-1.191*t.^4;
thet1=3*4.881*t.^2-4*1.191*t.^3;
thet2=2*3*4.881*t-3*4*1.191*t.^2;
plot(t, thet0, 'b+--', t, thet1, 'bo--', t, thet2, 'bs--', 'LineWidth', 2)
hold on
t1=[0:0.1:4];
thet01=50+20.477.*t1+0.714*t1.^2-0.833*t1.^3;
thet11=20.477+2*0.714*t1-3*0.833*t1.^2;
thet21=2*0.714-2*3*0.833*t1;
plot(t1+2, thet01, 'r+--', t1+2, thet11, 'ro--', t1+2, thet21, 'rs--', 'LineWidth', 2)
hold on
t11=[0:0.1:2];
thet011=90-13.81*(t11)-9.286*t11.^2+9.643*t11.^3-2.024*t11.^4;
thet111=-13.81-2*9.286*t11+3*9.643*t11.^2-4*2.024*t11.^3;
thet211=-2*9.286+2*3*9.643*t11-3*4*2.024*t11.^2;
plot(t11+6, thet011, 'b+--', t11+6, thet111, 'bo--', t11+6, thet211, 'bs--', 'LineWidth', 2)
legend('位置', '速度', '加速度')
```

本节描述了三次多项式轨迹规则、五次多项式轨迹规划、抛物线过渡的线性段规划、高次多项式轨迹规则。除此之外，还有其他多项式或其他函数可用于轨迹规则，如棒棒(bang-bang)函数轨迹、加速度曲线为方形或梯形函数轨迹及正弦函数轨迹等轨迹规划方法，读者可自行查阅。

## 5.4 直角坐标空间的轨迹规划

直角坐标空间轨迹与机器人相对于直角坐标系的运动有关。凡是用于关节空间轨迹规划的方法都可用于直角坐标空间的轨迹规划。关节空间轨迹规划的规划函数生成的值是关节值。直角坐标空间轨迹规划函数生成的值是机器人末端手的位姿，需要通过求解逆运动方程才能转化为关节量。两者的根本差别在于直角坐标空间轨迹规划必须反复求解运动方程来计算关节角。

直角坐标空间轨迹规划具体计算过程如下：

(1) 对时间增加一个增量：$t=t+\Delta t$；

(2) 利用所选择的轨迹函数计算手的位姿；

(3) 利用机器人逆运动方程计算手位姿的关节量；

(4) 将关节信息传递给控制器；

(5) 返回到循环的开始。

为实现一条直线轨迹，必须计算起点和终点位姿之间的变换。首先将该变换划分为许多段，起点构型 $\boldsymbol{T}_i$、终点构型 $\boldsymbol{T}_f$ 与它们之间的总变换 $\boldsymbol{R}$ 的关系为

$$\boldsymbol{T}_f=\boldsymbol{T}_i\boldsymbol{R}$$

将上式左乘逆矩阵可得

$$\boldsymbol{R}=\boldsymbol{T}_i^{-1}\boldsymbol{T}_f \tag{5-18}$$

再将总变换 $\boldsymbol{R}$ 转化为许多的小段变换，常用的方法有微分法和分解法。

**1. 微分法**

微分法是利用大量的微分运动在起点和终点之间产生平滑的线性变换。机器人末端手坐标系在每个新段的位姿与微分运动、雅克比矩阵及关节速度间存在如下关系：

(1) $\boldsymbol{D}=J\boldsymbol{D}_\theta$，即

$$\begin{bmatrix} \mathrm{d}x \\ \mathrm{d}y \\ \mathrm{d}z \\ \delta x \\ \delta y \\ \delta z \end{bmatrix}=[\text{雅克比矩阵}]\begin{bmatrix} \mathrm{d}\theta_1 \\ \mathrm{d}\theta_2 \\ \mathrm{d}\theta_3 \\ \mathrm{d}\theta_4 \\ \mathrm{d}\theta_5 \\ \mathrm{d}\theta_6 \end{bmatrix} \tag{5-19}$$

(2) $\mathrm{d}\boldsymbol{T}=\boldsymbol{\Delta}\cdot\boldsymbol{T}$。

坐标系的微分变换是微分平移和以任意次序进行微分旋转的合成。如果用 $\boldsymbol{T}$ 表示原始坐标系，$\mathrm{d}\boldsymbol{T}$ 表示由微分变换所引起的坐标系 $\boldsymbol{T}$ 的变换量，则有

$$\boldsymbol{T}+\mathrm{d}\boldsymbol{T}=[\mathrm{Trans}(\mathrm{d}x,\ \mathrm{d}y,\ \mathrm{d}z)\mathrm{Rot}(q,\ \mathrm{d}\theta)]\boldsymbol{T}$$

$$\mathrm{d}\boldsymbol{T}=[\mathrm{Trans}(\mathrm{d}x,\ \mathrm{d}y,\ \mathrm{d}z)\mathrm{Rot}(q,\ \mathrm{d}\theta)-\boldsymbol{I}]\boldsymbol{T}$$

$$\mathrm{d}\boldsymbol{T}=\boldsymbol{\Delta}\boldsymbol{T} \tag{5-20}$$

其中，$\boldsymbol{\Delta}=[\mathrm{Trans}(\mathrm{d}x,\ \mathrm{d}y,\ \mathrm{d}z)\mathrm{Rot}(q,\ \mathrm{d}\theta)-\boldsymbol{I}]$，称为微分算子。

(3) $\boldsymbol{T}_{\mathrm{new}}=\mathrm{d}\boldsymbol{T}+\boldsymbol{T}_{\mathrm{old}}$。

其中，$\mathrm{d}\boldsymbol{T}$ 表示由于微分运动所引起的坐标系的变化，可表示为

$$\mathrm{d}\boldsymbol{T}=\begin{bmatrix} \mathrm{d}n_x & \mathrm{d}o_x & \mathrm{d}a_x & \mathrm{d}p_x \\ \mathrm{d}n_y & \mathrm{d}o_y & \mathrm{d}a_y & \mathrm{d}p_y \\ \mathrm{d}n_z & \mathrm{d}o_z & \mathrm{d}a_z & \mathrm{d}p_z \\ 0 & 0 & 0 & 1 \end{bmatrix}$$

微分法需要大量的计算，且当雅克比矩阵的逆存在时才有效。

**2. 分解法**

分解法是将起点和终点之间的变换 $\boldsymbol{R}$ 进行分解。第一种分解法是将其分解为一个平移和两个旋转，平移是将坐标原点从起点移动到终点，两个旋转分别是将末端手坐标系与期望姿态对准、手坐标系绕其自身轴旋转到最终的姿态。第二种分解法是将其分解为一个平移和一个绕 $q$ 轴的旋转，平移是将坐标原点从起点移动到终点，旋转是将手坐标系与最终的期望姿态对准。

## 习　题

1. 描述机器人运动轨迹规划的方法。
2. 描述三次多项式和五次多项式轨迹方法。

# 第 6 章　机器人的驱动系统及传感系统

机器人的运动能力和感知能力是反映机器人智能程度的重要指标，前者扩大了机器人的工作空间，后者拓展了机器人与外界环境的交互能力。运动能力是让机器人精准地“运动”起来，感知能力是让机器人聪明地“交互”起来。利用具有运动特性的材料或装置驱使和控制机器人精准地“运动”的系统称为机器人的驱动系统。利用具有感知特性的材料或装置实现机器人自身或与外界环境交互的系统称为机器人的感知系统。驱动机器人运动的类型有电机驱动、液压驱动、气动驱动、新型驱动等。机器人的感知系统是利用传感器感知信息的系统。本章将对相关内容分别进行阐述和分析。

## 6.1　电 机 驱 动

电机是第二次工业革命的重大发明，是工业机器人及工业应用中最常用的驱动方式。带电的导线在磁场中切割磁力线时会产生动力。如果持续改变磁场或电流方向，则可使导线绕旋转中心连续旋转。为了使磁场或电流方向持续改变，直流电机采用了换向器和电刷或滑环的方式来改变电流方向，无刷电流电机则采用电子换向的方式来改变电流方向。

电机的输出力矩(功率)是磁场强度、绕组中的电流及线圈导体长度的函数，各厂家为适应不同需求生产了不同类型的电机。下面根据电机特性，对常用电机进行比较和分析。

**1. 永磁电机和电磁电机**

永磁电机的永磁体一直存在恒定强度的磁场，不需要靠电流维持，因此，其发热较少，但缺点是永磁体可能会因损伤而失磁导致无法工作。

电磁电机是带软铁芯和磁圈的电机，依靠电流产生磁场，可以通过调节电流来改变磁场强度，缺点是产生热量较多。

**2. 直流电机和交流电机**

此处从速度和散热两个角度来分析直流电机和交流电机的区别。电机的散热是影响电机性能的主要因素，热量主要来源于电流流过绕组的电阻产生的热量、铁耗(包括涡流损耗和磁滞损耗)的热量、摩擦损耗的热量、电刷损耗的热量、短路电流损耗的热量等。

直流电机是通过改变直流电机线圈绕组中的电流来控制电机转子的速度的。当电流增加(或减小)时，在转子上负载相同的情况下，转子速度也随之增加(或减小)。

直流电机是由静止不动的定子部分和运行转动的转子部分组成的。定子由机座、主磁极、换向极、端盖、轴承和电刷装置等组成，它的主要作用是产生磁场。转子是直流电机进行能量转换的枢纽，由转轴、电枢铁芯、电枢绕组、换向器和风扇等组成，它的主要作用是产生电磁转矩和感应电动势。直流电机的主要热量来源于电流流过时转子上产生的热量，通常借助空气的绝缘特性，通过气隙、永久磁体、电机机体向周围环境散热。

交流电机的速度是供电的交流电源频率的函数。交流电源频率是不变的，因此交流电机的速度一般不变。交流电机也由定子和转子组成，其转子是永久磁体，定子上缠绕着绕组，因此，主要热来源是定子中产生的热量，交流电机通过机体直接传导到空气中来散热。由于交流电机在热传送中没有气隙存在，总的热传导系数比较高，因此交流电机可以承受相当大的电流而正常工作。

**3. 有刷电机和无刷电机**

有刷电机是依靠电刷和换向器来实现换向的，电刷的磨损程度决定着电刷的寿命，因此需要不断维护。无刷电机是采用电子开关器件代替传统的接触式换向器和电刷来换向的电机，具有可靠性高、无换向火花、机械噪声低等优点。

**4. 伺服电机和步进电机**

为了增加电机力矩而保持期望的速度，则必须给转子、定子或同时给两者增加电压（或电流），电机的转速和反电动势不变而力矩增加。伺服电机是通过改变电机的电压或电流来维持转速/力矩平衡的一种电机。伺服电机需要反馈装置为控制器发送电机的角度和速度信号，如编码器、旋转变压器电位器和转速计等传感器。

伺服电机内部的转子是永磁铁，驱动器控制的U、V、W三相电形成电磁场，转子在磁场作用下转动，电机自带的编码器给驱动器反馈信号，驱动器根据反馈值与目标值进行比较，从而调整转子转动的角度。

伺服电机有交流伺服电机和直流伺服电机两种。

交流伺服电机的定子在铁芯中放置了空间互成90°的两相绕组，一组为两端施加恒定激磁电压的激磁绕组，另一组为两端施加控制电压的控制绕组。当定子绕组加上电压后，伺服电动机就会转动起来。当任意一个绕组上所加的电压反相时，旋转磁场的方向就发生改变，电机的方向也随之发生改变。伺服电机中无电刷和换向器，工作可靠、维护和保养要求低，并且其惯量小易于提高系统速度。

直流伺服电机指直流有刷伺服电机，其具有电机体积小、重量轻、响应快、速度高、惯量小、转动平滑、易于实现智能化的特点，但其制造困难、制造成本高、维护不方便（换碳刷）、产生电磁干扰等不足限制了其使用范围。

步进电机的转子上有软磁体或永磁体，定子上有绕组，具有散热好、寿命长的优势。步进电机工作时每次转动固定的角度，需要微处理器、驱动器或控制器电路才能驱动，但不需要反馈信号。当电机不转时产生的力矩最大，该力矩称为定位力矩。步进电机很少用于工业机器人驱动中，但在非工业机器人和机器人配套装置中应用广泛。

步进电机的工作原理为当给定子线圈通电时，永磁转子将旋转至与定子磁场一致的方向，切断当前定子线圈中的电流对下一组线圈通电，转子将再次转到和新磁场方向一致的方向。每次旋转的角度等于步距角，在[0，180]之间，通过不断接通或关断使转子连续旋转(如图 6-1 所示)。

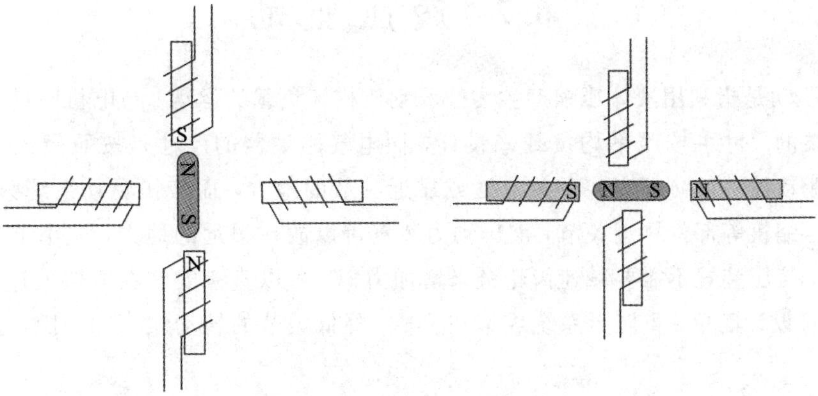


图 6-1　步进电机的工作原理

为了增加步进电机的精度，需要在转子和定子上加工数量不同的齿，如转子上 50 个齿，定子上 40 个齿，这将产生 1.8°的步距角，即每转步进 200 步，计算如下：

$$\frac{360^\circ}{40}-\frac{360^\circ}{50}=9^\circ-7.2^\circ=1.8^\circ$$

为了减小步距，可以不断增加齿的级数，但是受物理极限的限制，步进电机的精度不会太高。

下面对常见的步进电机和伺服电机的参数进行比较，可为选型做参考。

(1) 矩频特性。步进电机的输出力矩随转速的升高而下降，在较高转速时会急剧下降，其 工作转速一般在每分钟几十转到几百转。交流伺服电机转速一般为 2000 r/min 或 3000 r/min。

(2) 控制精度。步进电机的步距角有 1.8°、0.9°、0.72°、0.36°、0.18°、0.09°、0.072°、0.036°等。交流伺服电机的控制精度由电机轴后端的旋转编码器决定，以松下全数字式交流伺服电机为例，2500 线编码器的电机，驱动器内部采用了四倍频技术，其脉冲当量为 360°/10 000=0.036°。对于带 17 位编码器的电机而言，驱动器每接收 217 个脉冲，电机转一圈，即其脉冲当量为360°/131 072=0.002 746 6°，是步距角为1.8°的步进电机的脉冲当量的 1/655。

(3) 过载能力。步进电机一般不具有过载能力，为了克服惯性力矩，往往需要选取较大转矩的电机，而机器在正常工作期间则不需要如此大的转矩，这就会导致出现力矩浪费的现象。交流伺服电机具有较强的速度过载和转矩过载能力，其最大转矩为额定转矩的三倍，可用于克服惯性负载在启动瞬间的惯性力矩。

(4) 运行控制。步进电机的控制为开环控制，启动频率过高或负载过大易出现丢步或堵转的现象，停止时转速过高易出现过冲的现象。为保证其控制精度，应处理好升/降速问题。交流伺服驱动系统为闭环控制，驱动器可直接对电机编码器反馈信号进行采样，内部构成位置环和速度环，一般不会出现步进电机的丢步或过冲的现象，控制性能更可靠。

(5) 电机速度响应。步进电机从静止加速到工作转速(约几百转每分钟)需要 200～400 ms。伺服电机比步进电机的速度响应要快得多，如交流伺服电机从静止加速到其额定转速(3000 r/min)仅需几毫秒，因此可用于要求快速启停的控制场合。

## 6.2 液压驱动

液压驱动是指利用液体压缩产生力来驱动机构和负载的运动。与电机驱动器的区别在于，液压泵的尺寸可按照平均负载来设计，而电气驱动器的尺寸是按照最大负载来设计的。电气驱动器一般必须安装在关节处或靠近关节的地方，而液压驱动系统只有驱动器、控制阀、压缩机等部件靠近关节，液压动力装置可以放在很远的地方，减小了机器人的质量和惯量。液压装置不需要减速齿轮链来增加力矩，可以直接安装在机器人连杆上，安装的部件少且设计简单，可降低系统成本和重量，降低关节的转动惯量和间隙，提供系统的可靠性。

压强的常用单位是 psi(Pounds per square inch)，如工作压强为 1000 psi，即指液压缸在每平方英寸的面积上产生 1000 磅的力。

液压系统的压强范围为 50～5000 psi，气缸压强的范围是 100～120 psi。液压系统工作压强越高，功率越大，但维护困难，一旦发生泄漏则十分危险。

液压驱动系统中的液压动力装置称为液压缸。液压缸是通过做直线往复运动或旋转运动将液压能量转变为机械能量的液压执行元件，包括直线液压缸和旋转液压缸两类。

**1. 直线液压缸**

直线液压缸输出的力为

$$F=p\times A \quad (\mathrm{lb})$$

式中，$A$ 代表活塞的有效面积，$p$ 为工作压强。

**2. 旋转液压缸**

旋转液压缸输出的力矩为

$$T=\int_{r_1}^{r_2} pr\,\mathrm{d}A=\int_{r_1}^{r_2} prt\,\mathrm{d}r=\frac{1}{2}pt(r_2^2-r_1^2)$$

式中，$p$ 是液体压强，$t$ 是旋转液压缸的厚度或宽度，$r_1$ 和 $r_2$ 是旋转液压缸的内径和外径，$\mathrm{d}A$ 是液压缸的元面积。

对于液压缸的位移和速度控制，可通过控制流入液压缸的液体容量来控制总位移，可控制液体流入速度来控制活塞速度，其控制模型可表示如下：

在液压驱动系统中液体的流量 $\mathrm{d}V$ 为

$$\mathrm{d}V=\frac{\pi d^2}{4}\mathrm{d}x$$

液体容量 $Q$ 为

$$Q=\frac{\mathrm{d}V}{\mathrm{d}t}=\frac{\pi d^2}{4}\frac{\mathrm{d}x}{\mathrm{d}t}=\frac{\pi d^2}{4}\dot{x}$$

因此，期望位移 $\mathrm{d}x$ 为

$$\mathrm{d}x=\frac{4\mathrm{d}V}{\pi d^2}$$

期望的活塞速度 $\dot{x}$ 为

$$\dot{x}=\frac{4Q}{\pi d^2}$$

式中，$d$ 表示旋转液压缸的直径。

## 6.3　气动驱动

气动驱动是指利用压缩空气作为动力源驱动直线或旋转气缸来实现运动。与液压驱动相比，气动驱动的功率重量比要低很多。在气动驱动系统中，压缩空气和驱动器是分离的，系统的惯性负载低，而且有干净、节能、便于安装、结构简单、类型多样化等优势，但控制气缸的精确位置很难。

气缸只能对该关节赋予一定的初值，即只能全程伸开或全程收缩，但不能控制它在两个极限之间的位置，两个关节只能在它的运动极限内定位，因此，定义气缸为 1/2 自由度。

气动驱动系统主要包括真空吸盘(或抓取末端)、真空发生器、电磁阀、气缸等部分。真空吸盘原理和气动抓取原理分别如图 6-2 和图 6-3 所示。真空发生器用于产生负压，电磁阀用于控制气体状态。

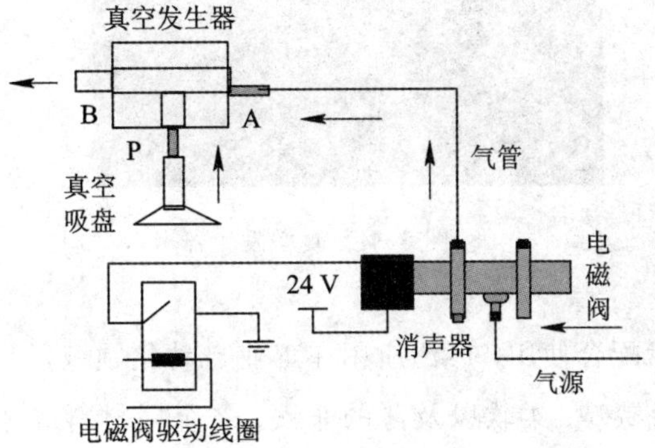


图 6-2　真空吸盘原理

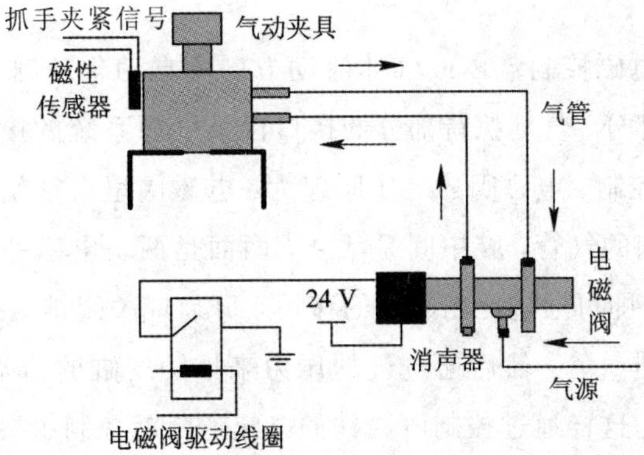


图 6-3　气动抓取原理

**1. 真空发生器**

真空发生器是指利用正压气源产生负压的真空元器件，它的外形如图 6-4 所示。真空发生器的工作原理为:利用喷管高速喷射压缩空气，在喷管出口形成射流，产生卷吸流动。根据流速与压强的关系(伯努利效应)，当某处流速增大时，该处的压强就相应减小，当压强减少到低于周围压强时，周围的流体被吸而向该处流入，即产生卷吸作用。在卷吸作用下，喷管出口周围的空气不断地被吸走，使吸附腔内的压力降至大气压以下，形成一定的真空度。

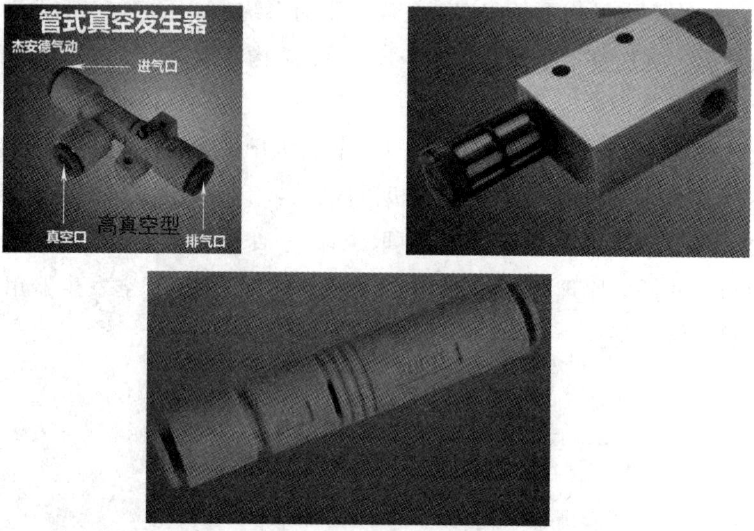


图 6-4　真空发生器

真空发生器与吸盘配合使用，广泛应用在工业自动化领域，常用于各种物料的吸附和搬运，尤其适合于吸附易碎、柔软以及薄的非铁、非金属材料或球形物体，在所需抽气量小、真空度要求不高、间歇工作的场合有着广泛的应用。

**2. 电磁阀**

电磁阀是指利用电磁控制流体或气体流动方向的自动化基础元件，其外形如图 6-5 所示，也是电气控制部分、气动执行部分的接口以及气源系统的接口元件，需要配合不同的电路来实现预期的控制。电磁阀的工作原理为：电磁阀里有密闭的腔，在不同位置开有通孔，每个孔连接不同的气管，腔中间是活塞，两面是两块电磁铁，当一面磁铁线圈通电时，阀体就会被吸引，即可通过控制阀体的移动来开启或关闭排气孔，而进气孔是常开的，气体就会进入不同的排气管，然后通过气的压力来推动气缸的活塞，活塞又带动活塞杆，活塞杆带动机械装置。这样通过控制电磁铁的电流通断就控制了机械运动。常用的电磁阀有单向阀、安全阀、方向控制阀和速度调节阀等。

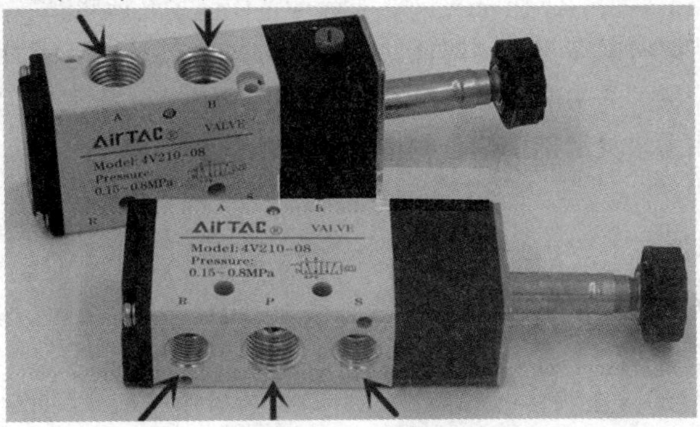

图 6-5　电磁阀

电磁阀接口型号是以英制管螺纹的大小来定义的，常见电磁阀接口参数如表 6-1 所示。

**表 6-1　常见电磁阀接口参数**

| 接口型号 | 参数 | | | |
|---|---|---|---|---|
| | 尺寸/in | 外径/mm | 内径/mm | 螺距/mm |
| G1/8 | 1/8 | 9.729 | 8.567 | 0.907 |
| G1/4 | 1/4 | 13.458 | 11.446 | 1.337 |
| G3/8 | 3/8 | 16.663 | 14.951 | 1.337 |
| G1/2 | 1/2 | 20.956 | 18.632 | 1.814 |

**注：** 1 英寸(in)等于 2.54 厘米。

电磁阀的类型有以下几种：

(1) 二位二通：二位指通电开，断电关；二通指一个进气孔，一个出气孔，用于真空发生器。

(2) 二位三通：二位指通电开，断电关；三通指一个进气孔，一个出气孔，一个排气孔(用于连接消声器)，用于控制单作用的气缸。

(3) 二位五通：二位指通电开，断电关；五通指一个进气孔，两个出气孔(一个常开孔，一个常闭孔，通电切换，断电复位)，两个排气口(用于连接消声器)，用于控制双作用的气缸。

电磁阀选型应该依次遵循安全性、可靠性、适用性、经济性四大原则。具体选型方法如下：

(1) 接口方式。按照现场管道内径尺寸或流量要求来确定通径尺寸。通常尺寸内径大于 50 mm 时要选择法兰接口，小于 50 mm 时则可根据用户需要自由选择。

(2) 电气特性。根据电压规格应尽量优先选用 AC 220 V 和 DC 24 V，且便于电气控制的电磁阀。

(3) 工作时间。根据持续工作时间长短来选择常闭、常开或可持续通电的电磁阀。若需要长时间开启，且持续时间多于关闭时间，则选用常开型；如果开启的时间短，则选常闭型。另外，若需用于安全保护的工况，如炉、窑火焰监测，则不能选常开的，应选可长期通电型。

总之，根据应用需求灵活选择适合的电磁阀是电气控制液压/气压系统稳定可靠运行的基础。

**3. 气动配套部件**

气动系统需要各种与之相配套的部件，包括接头、消声器、节流阀、吸盘、吸盘支架等。

1) 接头

接头以自锁式气动接头为主，自锁式气动接头是指用于固定气管的快插接头，其规格用气管的外径来表示，单位为 mm。常用的外径范围是 4～16 mm。接头包含直插、直角、隔板直通、三插叉 T 型三通、Y 型三通变径、十字型四通气管、五通等类型，如图 6-6 所示。接头的标识常用“接头型号＋气管外径”来区分，如 PM12 代表隔板直通接头，气管外径为 12 mm。

图 6-6　自锁式气动接头

2) 消声器

由于气动驱动系统的电磁阀排气时声音很大，会影响设备操作员的长时间作业，因此引入了消声器部件，如图 6-7 所示。电磁阀消声器不仅可以有效减少噪声，还可以防止环境中的灰尘等细小颗粒进入电磁阀造成电磁阀阀芯阻塞，从而降低电磁阀的使用寿命。

电磁阀消声器的标识形式通常为“型号标识＋螺丝尺寸”，例如 SL-01(1 分)、SL-02(2 分)、SL-03(3 分)、SL-04(4 分)、SL-06(6 分)等。

图 6-7　消声器

3）节流阀

节流阀是通过改变节流截面或节流长度以调节流体/气体流量的阀门，通常用管内径和螺纹来定义，如某厂家制造的节流阀的型号为 SL6－03，表示节流阀接头插管内径为 6 mm，螺纹尺寸为 3 分(1 分等于 3.715 mm)。常见节流阀外形如图 6－8 所示。

图 6－8　节流阀

4）吸盘

吸盘是气动驱动的主要部件，其外形如图 6－9 所示，用于吸附各种目标。根据吸附样式的不同，吸盘可分为平形、带肋平形、风琴形和深形吸盘。平形吸盘用于吸附工件表面平整且不易变形的表面目标；带肋平形吸盘用于吸附工件表面易于变形的目标；风琴形吸盘用于吸附工件表面没有安装缓冲空间或表面倾斜的目标；深形吸盘用于吸附工件表面是曲面的目标。

图 6－9　吸盘

吸盘的材质包括丁腈橡胶、硅橡胶、导电硅橡胶、聚氨酯、氯丁橡胶、HNBR 和丁腈-聚氯乙烯共混胶等多种。应根据不同材料设计出不同波纹的吸盘，以满足不同的工业需求。

5）吸盘支架

吸盘支架是用于支撑吸盘的钢制结构，其外形如图 6－10 所示。为了选用合适的支架，需要标识吸盘支架的参数。如某厂家生产的吸盘支架型号为 ZPT 10 U N J－B5－A10，其中，ZPT 代表接管的方向，10 表示吸盘直径为 10 mm，U 代表平形吸盘，N 代表吸盘材质为硅橡胶或丁腈橡胶，J 代表可回转型的缓冲结构，10 代表缓冲行程为 10 mm，B5 代表真空口螺旋尺寸为 M5×0.8 的内螺纹，A10 代表安装链接的螺纹为 M10×1 的外螺纹。又比如某厂家生产的吸盘支架的标识为 M10－L100－11，其中，M10 代表内螺纹尺寸为 M10×1.0，L100 代表总长度为 100 mm，11 表示安装头直径为 11 mm。

图 6-10 吸盘支架

**4. 气缸**

气缸是利用气动驱动机械运动的一种末端执行器，是将压缩气体的压力转换成机械能的气动执行元件，由缸筒、端盖、活塞、活塞杆和密封杆等组成，广泛应用于工业自动化、机器人运动、过程控制等领域。气缸的运动包括往复直线运动和往复摆动两类。

气缸执行元件的动作是通过电磁阀控制进气/出气的方向来达到控制的目标，通过气缸的移动驱使物料到达相应位置，通过切换交换进/出气的方向来改变气缸的伸出/缩回运动，并利用气缸两侧的磁性开关检测气缸是否运动到机械极限位置。气缸的工作原理如图 6-11所示。

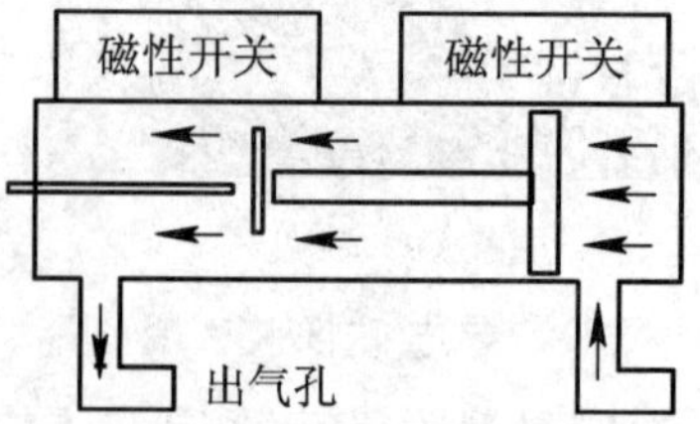


图 6-11 气缸的工作原理

气缸种类非常多，包括手指气缸、导杆气缸、旋转气缸、无杆气缸、迷你气缸等。

1）手指气缸

手指气缸是指利用压缩空气作为动力，进行夹取或抓取工件的执行装置，其外形如图 6-12 所示。通常可分为 Y 型夹指和平型夹指；根据手指数量可分为二爪、三爪和四爪手指气缸。通常其型号标识为“气缸类型-气缸内径”，如某气缸型号为 MHS4-20D，即表示为四爪手指气缸，气缸内径为 20 mm。

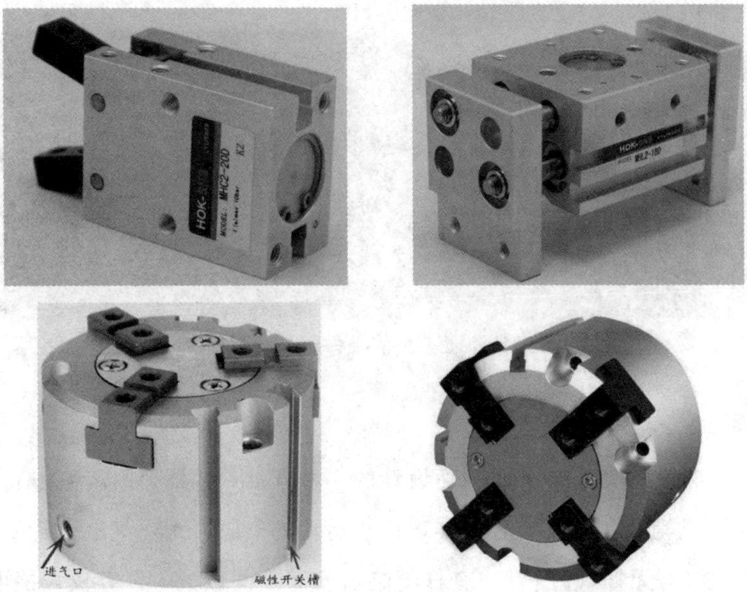

图 6 - 12　手指气缸

2）导杆气缸

导杆气缸是活塞杆与气缸为一体的机械结构，包括双杠导杆气缸和三轴三杆带导杆气缸等，其外形如图 6 - 13 所示。该类气缸由缸内径和行程两个参数表示。例如某厂家气缸型号为 TN10 - 200，表示缸内径为 10 mm，行程为 200 mm；又例如某厂家气缸型号为 MGPM16 - 10，表示缸径为 16 mm 和行程为 10 mm。

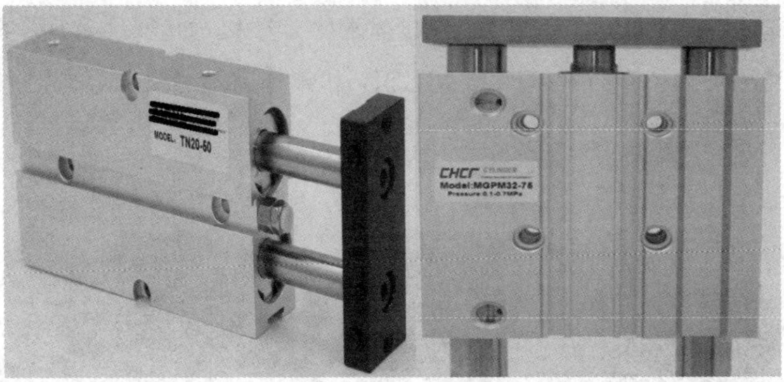


图 6 - 13　导杆气缸

3）旋转气缸

旋转气缸是进排气导管和导气头固定而气缸本体可以相对转动的一种气缸，是引导活塞在其中进行直线往复运动的圆筒形金属部件，由导气头、缸体、活塞及活塞杆组成，其外形如图 6 - 14 所示。当旋转气缸工作时，外力带动缸体、缸盖及导气头回转，而活塞及活塞杆只能做往复的直线运动。导气头体外接管路，固定不动。该类气缸由缸内径和角度两个参数标识，如某厂家型号 MSQB10A 表示缸径为 16 mm 和角度为 10°。

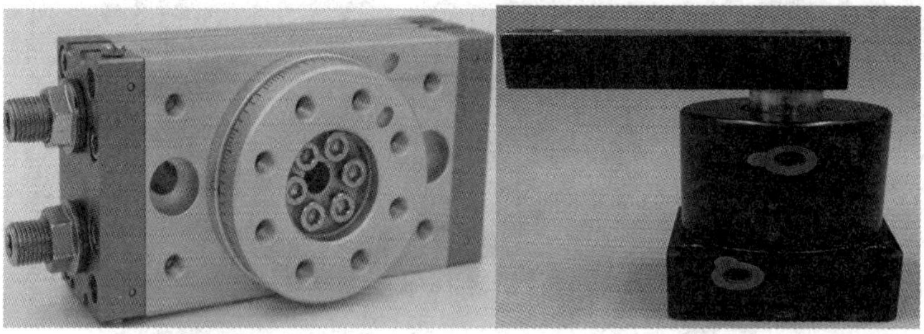

图 6-14 旋转气缸

4）无杆气缸

无杆气缸是为设备集成节省空间而设计的一种气缸，它是利用活塞以直接或间接的方式连接外界执行机构，使其跟随活塞实现往复运动的气缸。无杆气缸分为磁性无杆气缸与机械式无杆气缸。与无杆气缸相比，有杆气缸占安装空间较大，且有较大挠度（挠度是指在受力或非均匀温度变化时，杆件轴线在垂直于轴线方向的线位移或板壳中面在垂直于中面方向的线位移），影响气缸位置精度及稳定性。无杆气缸没有伸出活塞杆，其位置输出主要是以滑台的形式，因此也称为受限滑台气缸，在行程较长时经常使用，其外形如图 6-15 所示。无杆气缸的行程最长可达 6 m 以上，气缸寿命可达 8000 km 以上，标准气缸速度为 0.2～4 m/s，低速气缸速度为 0.005～0.2 m/s，高速气缸速度可达 30 m/s，标准控制定位精度高达±3 mm，伺服气动控制定位精度为±0.1 mm，温度适应范围为－10 ℃～80 ℃。无杆气缸优越的特性使得其广泛用于高精度需求的工艺中，如丝印、移印、喷涂、飞刀、送料等。无杆气缸由缸径和行程两个参数标识，如某厂家型号 STMS25－75 表示缸径为 25 mm和行程 75 mm。

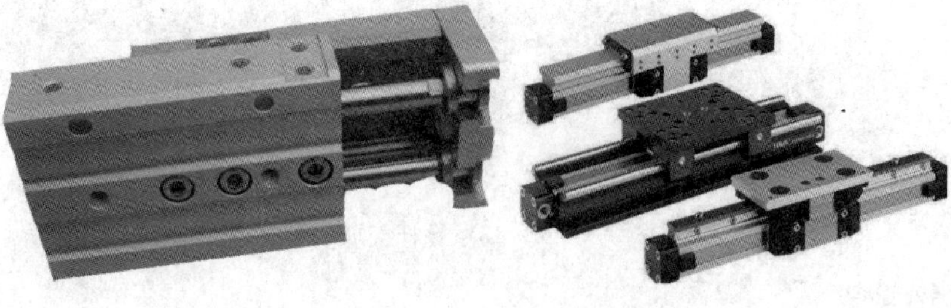

图 6-15 无杆气缸（受限滑台气缸）

5）迷你气缸

迷你气缸结构尺寸紧凑，可节省安装空间，满足高频率的工业应用，其外形如图 6-16 所示。其型号由为气缸内径和行程两个参数标识，如某厂家型号 MAL32×500，表示气缸内径为 32 mm，行程为 500 mm。

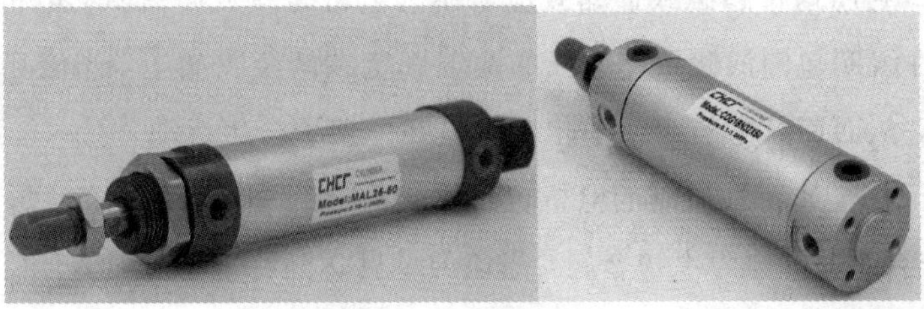

图 6－16　迷你气缸

总之，应根据工作要求和条件，正确选择气缸类型。如果要求气缸到达行程终端无冲击现象和撞击噪声，则应选择缓冲气缸；如果要求重量轻，则应选轻型缸；如果要求安装空间窄且行程短，则可选薄型缸；如果有横向负载，则可选带导杆气缸；如果要求制动精度高，则应选锁紧气缸；如果不允许活塞杆旋转，则可选具有杆不回转功能气缸；如果是用于高温环境下，则选用耐热气缸；如果在有腐蚀环境下，则需选用耐腐蚀气缸；如果在有灰尘等恶劣环境下，则需要活塞杆伸出端安装防尘罩；如果要求无污染，需要选用无给油或无油润滑气缸等。

一般情况下，应采用固定式气缸。当需要随工作机构连续回转时，应选用回转气缸；当要求活塞杆除直线运动外，还需做圆弧摆动时，则选用轴销式气缸；有特殊要求时，应选择相应的特殊气缸。

当选择气缸的输出力时，通常根据负载力的大小来确定气缸输出力的推力和拉力，但也要考虑速度对负载率的影响，因此，应尽量使气缸输出力稍有余量。若缸径过小，则输出力不够；若缸径过大，则设备笨重，成本提高，增加耗气量，浪费能源。因此，要在缸径大小和输出力之间找到折中方案。

当选择气缸行程时，在考虑使用场合和机构的行程情况下，一般不选满行程，以防止活塞和缸盖相碰。比如用于夹紧机构时，应按计算所需的行程增加 10～20 mm 的余量。

活塞的运动速度主要取决于气缸输入压缩空气流量、气缸进排气口大小及导管内径的大小。气缸运动速度一般为 50～800 mm/s。对高速运动气缸，应选择大内径的进气管道；当负载有变化时，为了得到缓慢而平稳的运动速度，可选用带节流装置的气缸，则较易实现速度控制；如果要求行程末端运动平稳，为了避免冲击，应选用带缓冲装置的气缸。

## 6.4　新型驱动

新型驱动是利用新型材料而设计的具有电机性能的装置，如磁致伸缩驱动器电机、形状记忆金属和电活性聚合物。

将稀土超磁材料放置在磁铁附件上，这种材料就会发生微小的形变，这种现象称为超磁致伸缩效应。利用这种超磁致伸缩效应研制的电机为磁致伸缩驱动电机。为了使驱动器工作，需将磁性线圈包围的磁致伸缩棒的两端固定在两个支架上，当磁场改变时，会导致棒收缩或伸展，从而使其中一个架子相对于另一个架子产生运动。

利用形状记忆金属特性研制的电机也是比较前沿的一种新型电机。形状记忆金属是一种特殊的钛-镍合金，也称为生物金属，当该类金属达到特定温度时，合金的晶格结构从马氏体状态变化到奥氏体状态，其长度会缩短4%。据研究发现，通过改变合金成分可人为设计合金的特定温度。但该类金属的变形仅发生在一个很小的温度范围内，除了开关情况外，很难精确控制变形和位移，但该类金属应用于末端执行器的驱动中时，不仅能够减少电机、气动驱动器等机构，而且可以可做到简单和小巧。

## 6.5 传感器

传感器是能感受外界信息，并将其按照一定规律转化成可用信号的装置，它由敏感元件和转化元件组成。传感器感受到被测量的信息时，将这些信息按一定规律变换成电信号或其他所需形式的信息输出，以满足信息的传输、处理、存储、显示、记录和控制等要求，是控制系统中实现自动化、系统化、智能化的重要装置。

传感器可分为光电式传感器、电容式传感器、磁性传感器、光纤传感器以及视觉传感器等，下面分别进行介绍。

### 1. 光电式传感器

光电式传感器是利用光强度变化转换成电信号变化的原理来检测物体有无的装置。当被检测物体经过时，光电开关发射器发射足够亮的光线反射到接收器，则光电开关就产生开关信号，其工作原理如图6-17所示。光电传感器由三根连线(棕色、蓝色、黑色)，分别接正极、负极和输出信号，如图6-18所示。当传感器接近遮挡物时，输出低电平，反之输出高电平。

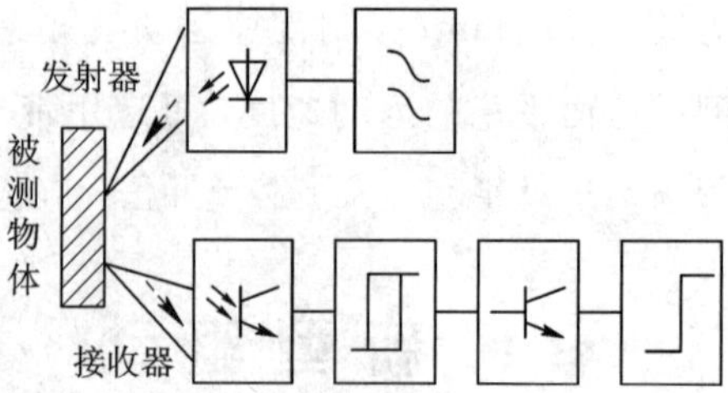


图6-17　光电式传感器的工作原理

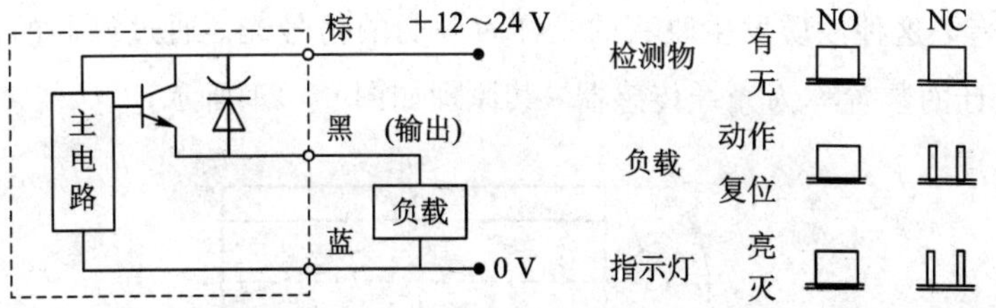


图 6－18　光电式传感器检测电路图

**2. 电容式传感器**

电容式传感器是一种具有开关量输出的位置传感器，其测量头通常是构成电容器的一个极板，而另一极板是物体的本身。当物体移向接近开关时，物体和接近开关的介电常数发生变化，使得和测量头相邻的电路状态随之发生变化，由此控制开关的接通和开关，其工作原理如图 6－19 所示。这种接近开关的检测目标并不限于金属导体，也可以是各种导电或不导电的液体、利用固体绝缘的液体或粉状物体，检测距离为 1～8 mm。

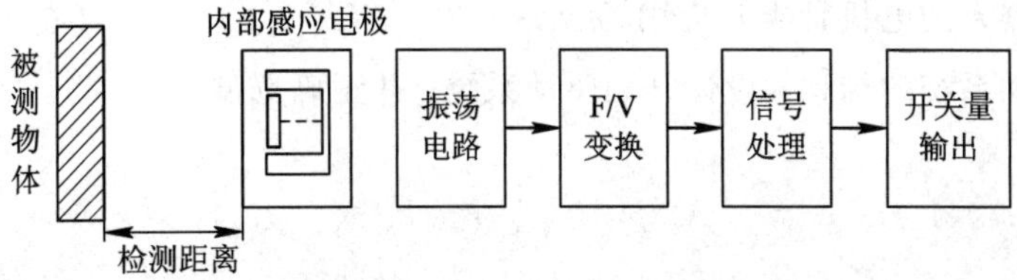


图 6－19　电容式传感器的工作原理

**3. 磁性传感器**

磁性材料在感受到外界的热、光、压力、放射线后，其磁特性会改变。利用这种磁性材料的特性设计成的传感元件称为磁性传感器。当被检测目标接近磁性传感器时，磁性传感器中的舌簧片闭合并将信号放大后输出开关信号，其工作原理电路如图 6－20 所示。磁性传感器可用作气动、液动、气缸和活塞泵等位置的限位开关。

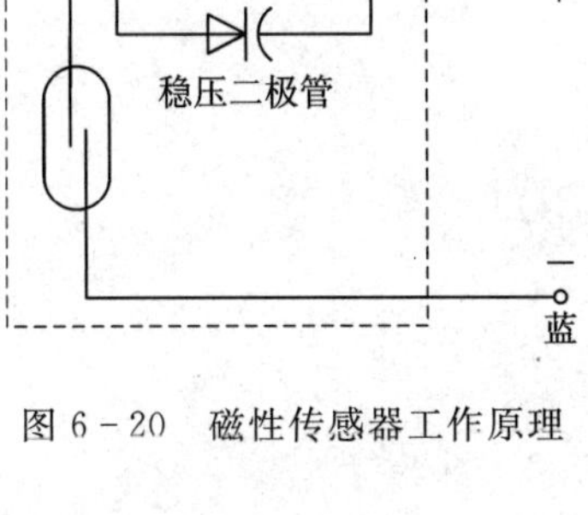

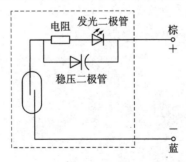

图 6－20　磁性传感器工作原理

**4. 光纤传感器**

将光线送入调制器，经调制的光相互作用会改变光线性质，如光的强度、波长、频率、相位、偏正态等，这种性质发生改变的光称为调制的信号光。通过调制的信号光获得被测目标的参数设计的装置称为光纤传感器，其原理如图 6－21 所示。

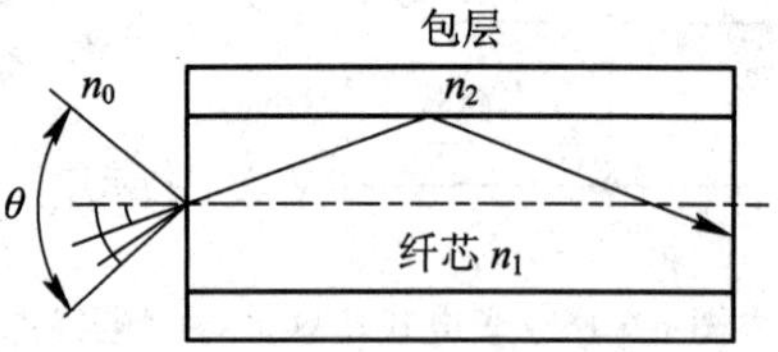


图 6－21　光纤传感器工作原理

**5. 视觉传感器**

视觉传感器是利用光学原理获取目标信息的二维或三维传感器，在检测、测量和定位等方面应用极其广泛，此处不作描述，感兴趣的读者可自行查阅相关资料。

## 习　题

1. 描述机器人的电机种类及应用场合。
2. 描述气动系统的结构，设计气动驱动系统，并正确选型。

# 第 7 章　工业机器人程序语言

因机器人的控制器厂商不同，工业机器人语言也有所不同。本章以奥地利 KEBA、日本三菱、瑞士 ABB 公司开发的工业机器人为例，介绍了三种不同的编程语言，通过本章的学习，可以拓展工业机器人语言视野，提升程序设计能力。

## 7.1　KEBA 机器人程序语言

KEBA 控制器是奥地利 KEBA 公司开发的一种工业机器人控制器，其语言采用动作级语言进行编写，其指令集包括运动(Homing)、设置(Settings)、系统功能(Time measurement、Mathematical Function、Bitwise Operations)、总系统(Flow Control)、输入输出模块(I/O Modules)、功能块(Technology Options，Trigger、Workspace Monitoring、Tracking、Palletizing、Palletizing Advanced)等，如图 7-1 所示，指令集的范畴和宏名如表 7-1 所示。

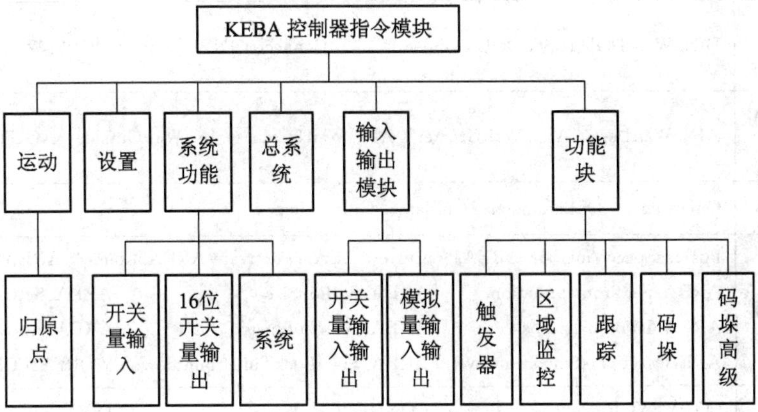


图 7-1　KEBA 控制器指令集

KEBA 控制器编程语言的变量类型有基础类型和基本类型，基础类型包括数值型、浮点型、字符型等。基本类型包括位置(Positions)、动力学及重叠优化(Dynamics and Overlaps)、坐标系统和工具(Reference Systems and Tool)、系统及技术(System and Technology)、输入输出模块(I/O-Modules)等，如图 7-2 所示。

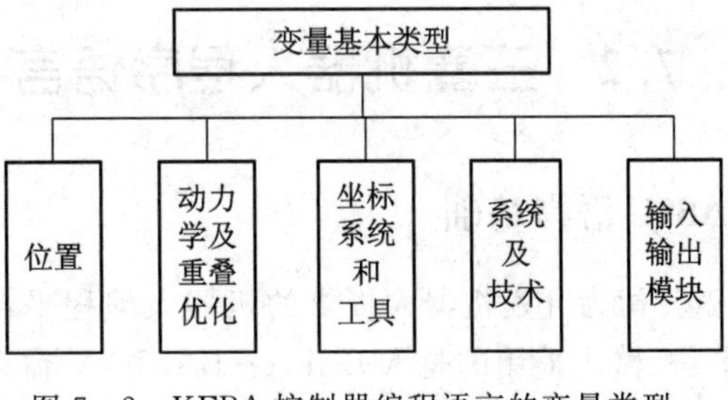


图 7-2　KEBA 控制器编程语言的变量类型

**表 7-1 KEBA 控制器指令集的范畴和宏名**

| 范畴 | | 宏 |
|---|---|---|
| 运动 | | PTP Lin Circ PTPRel LinRel MoveRobotAxis<br>StopRobot PTPSearch LinSearch WaitIsFinished WaitJustInTime |
| | 归原点 | RefRobotAxis RefRobotAxisAsync WaitRefFinished |
| 设置 | | Dyn DynOvr Ovl Ramp RefSys ExtemalTCP Tool OriMode Workpiece |
| 系统功能 | | …=…(赋值) //…(注释) WaitTime Stop Info Warning Error Random |
| | 开关量输入 | CLOCK. Reset CLOCK. Start CLOCK. Stop CLOCK. Read<br>CLOCK. ToString TIMER. Start TIMER. Stop SysTime SysTimeToSring |
| | 16 位开关量输出 | SIN COS TAN COT ASIN ACOS ATAN ATAN2 ACOT LN EXP ABS SQRT |
| | 系统 | SHR SHL ROR ROL SetBit ResetBit CheckBit STR |
| 总系统 | | CALL... WATT... SYNC. Sync IF...THEN...END_IF ELSIF...THEN ELSE<br>WHILE...DO...END__WHILE LOOP...DO...END_LOOP<br>RUN... KILL... RETURN LABEL... GOTO... IF...GOTO... |
| 输入输出模块 | 开关量输入输出 | DIN. Wait DOUT. Set DOUT. Pulse DOUT. Connect DINW. WaitBit DINW. Wait DOUTW. Set |
| | 模拟量输入输出 | AIN. WaitLess AIN. WaitGreater AIN. WaitInside AIN. WaitOutside AOUT. Set |
| 功能块 | 触发器 | OnDistance OnParameter OnPlane OnPositioin |
| | 区域监控 | PosHasSpaceViolation AREA. Activate AREA. Deactivate AREA. Connect AREA. Disconnect<br>AREA. SetTransformation AREA. SetBoxSize AREA. SetCylinderSize<br>AREA. IsPosInArea AREA. WaitRobInside AREA. AllowEnter<br>AREA. ActivateSmoonthMove AREA. StartLockTimeCountdown WORKPIECE. GuardEnable |
| | 跟踪 | CONVEYOR. Done CONVEYOR. Wait CONVEYOR. WaitExt<br>CONVEYOR. WaitReachable CONVEYOR. End CONVEYOR. Begin |
| | 码垛 | PALLLET. TOPut PALLET. FromPut PALLET. ToGet PALLET. FromGett<br>PALLET. Reset PALLET. GetNextTargetPos PALLET. GetPrevTargetPos |
| | 码垛高级 | PACK. Get. Job PACK. JobFinished PACK. Reset PACK. Reachability |

## 7.2 三菱机器人程序语言

### 7.2.1 MELFA-BASIC 语言基础

RT ToolBox 是三菱公司为开发机器人提供的机器人编程平台，可通过编写程序实现工业机器人的运动控制。机器人采用的是 MELFA-BASIC V 命令语句，这是机器人最常用的编程语言。

**1. 程序语句**

程序的名称由英文大写字母和数字组成，最多为 12 个字符，控制器的面板最多显示 4 个字符，指令不区分大小写。

程序的命令语句的形式如下：

步号 命令语句 数据 附随语句

其中

(1) 步号：数值类型，最大可使用 32 767。

(2) 命令语句：包括机器人动作控制、托盘运算、程序控制、外部信号等，如表 7-2所示。

**表 7-2　命令语句**

| 序号 | 项目 | 内容 | 相关命令 |
|---|---|---|---|
| 1 | 机器人动作控制 | 关节插补动作 | Mov |
| 2 | | 动作插补动作 | Mvs |
| 3 | | 圆弧插补动作 | Mvr, Mvr2, Mvc |
| 4 | | 最佳加减速动作 | Oadl |
| 5 | | 机器人手控制 | Hopen, Hclose |
| 6 | 托盘运算 | 托盘位置检测 | DefPlt, Plt |
| 7 | 程序控制 | 无/条件分支 | GoTo If Then Else |
| 8 | | 循环 | For Next |
| 9 | | 中断 | Def Act, Act |
| 10 | | 子程序 | GoSub, CallP |
| 11 | | 定时器 | Dly |
| 12 | | 停止 | End, Hlt |
| 13 | 外部信号 | 输入输出信号 | M_In, M_Out |

**2. 数据类型**

数据类型有常量和变量两种。常量是程序设计中固定不变的量，变量则是程序向计算机内存申请的一个存放固定数据类型的空间。

1) 常量

常量包括数值常量、字符串常量、位置常量、关节常量和角度常量等 5 种。

数值常量包括十进制数、十六进制数和二进制数。

位置常量由包括附加轴在内的 8 轴的位置数据及表示姿态的结构标志所构成，其表示如下：

PPT10=(X, Y, Z, A, B, C, L1, L2) (FL1, FL2)

例如：

PPT10＝(−247.62，＋572.25，＋380.00，−179.87，＋2.02，−90.22，＋0.00，＋0.00)(7，0)

| X轴 Y轴 Z轴 | A轴 B轴 C轴 | L1 L2 | FL1 | FL2 |
|---|---|---|---|---|
| 机器人末端的坐标值（mm） | 机器人的姿态（°） | 附加轴 | 姿态标志 | 多旋转数据 |

式中，X、Y、Z是机器人控制点在直角坐标系中的坐标，单位是mm； A、B、C是以机器人控制点为基准的机器人本体绕X、Y、Z轴旋转的角度； L1和L2为附加轴（伺服轴）的定位位置。由于机器人结构的特殊性，即使是同一位置也可能出现不同的形位，因此，采用FL1和FL2作为姿态标志。FL1表示控制点与特征轴线之间的相对关系，上下左右高低用一组二进制位表示。其中，7表示为&B B7 B6 B5 B4 B3 B2 B1 B0。B0位表示高低，即NONFLIP(1)和FLIP(0)；B1位表示上下，即ABOVE(1)和BELOW(0)； B3位表示左右，即RIGHT(1)和LEFT(0)。例如，常见的六轴机器人的左右判定中，以J1轴旋转中心线为基准，判断第J5轴法兰中心点P位于该中心的左右关系。如果在左边，则FL1的B2＝0；如果在右边，则B2＝1（如图7－3所示）。又如，常见的六轴机器人的上下判定中，以J2轴旋转中心和J3轴旋转中心的连接线为基准，判断第J5轴中心点P位于该中心连接线的上下关系。如果在下面，则FL1的B1＝0； 如果在上面，则B2＝1（如图7－4所示）。再如，在常见的六轴机器人的高低判定中，以J6轴法兰面方位判断，以J4轴旋转中心和J5轴旋转中心的连接线为基准，判断第J6轴的法兰面位于该中心连接线的上下关系。如果在上边，则FL1的B0＝0；如果在下边，则B0＝1（如图7－5所示）。FL2表示各关节轴的旋转角度值，利用一组16位二进制表示，FL2＝&H 0 0 0 0 0 0 0 0，从高位到低位分别表示第1，2，…，7，8轴。常见的六轴机器人的旋转角度和数值之间的关系如表7－3所示。

**表7－3　旋转度数与结构标志FL2的关系**

| … | −900°～−540° | −540°～−180° | −180°～0°～180° | 180°～540° | 540°～900° | … |
|---|---|---|---|---|---|---|
| … | −2 | −1 | 0 | 1 | 2 | … |

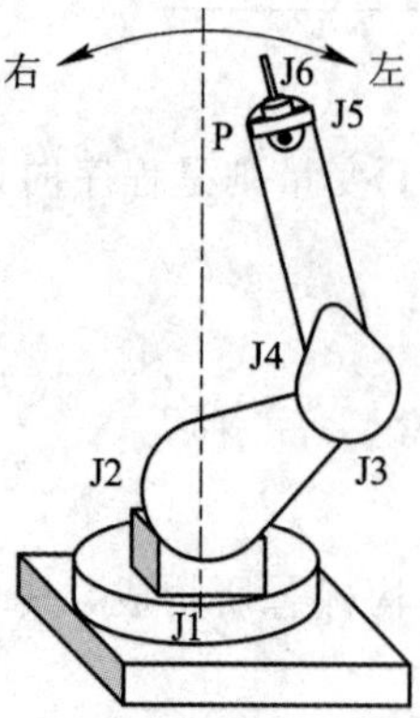

图7－3　结构表示的左右判定

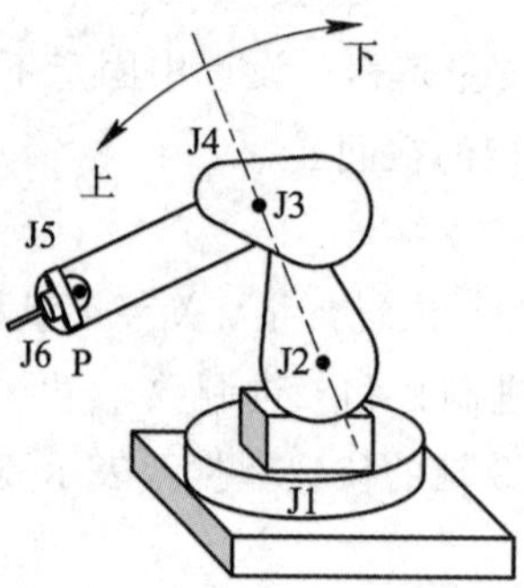

图7－4　结构表示的上下判定

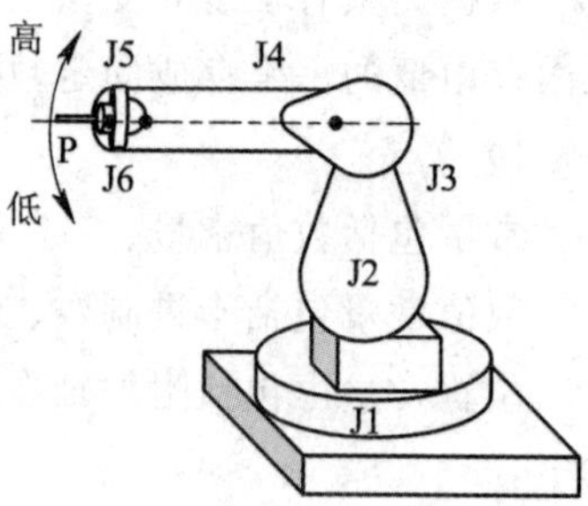

图7－5　结构表示的高低判定

以第 6 轴为例，当旋转角度为－180°～180°时，FL2＝H00000000； 当旋转角度为180°～540°时，FL2＝H00100000； 当旋转角度为540°～900°时，FL2＝H00200000； 当旋转角度为 － 180° ～ 540° 时， FL2 ＝ H00F00000； 当 旋 转 角 度 为 － 540° ～ 900° 时，FL2＝H00E00000。

2）变量

变量是在内存空间中开辟的一个存放特定数据类型的空间，用 16 个以内的英文/数字表示。

根据所在的域的不同，变量可分为局部变量和全局变量。局部变量仅在程序内有效，如 M1、P1； 全局变量在整个项目中有效，如 M_1、P_1。

根据存放数据类型的不同，变量可分为数值变量、字符串变量、位置变量和关节型变量等。

数值变量以 M 开头，数值附加在其后，如 M1、M10。数值变量分为整数(－32 768～32 767)、单精度实数(－3.402 823e＋38～3.402 823e＋38)、双精度实数(－1.797 631 348 62e＋308～1.797 631 348 6e＋308)。

位置变量以 P 开头，后面可接数字、英文字符及成分数据，如 P1、P_02、PCV、P1.Z。

关节变量用角度表示机器人各轴，以 J 开头，后面可接数字，如 J1、J5、J_08。

字符串变量表示字符信息，以 C 开头，如 C1、C10、C_00。

3）附随语句

附随语句是只对移动命令进行的附随处理命令，如 Mov P1 wth M_Out(17)＝0。

4）特殊定义的字符

特殊定义字符有下划线(_)、星号(＊)、逗号(，)及撇号(′)等。

下划线(_)用于标注全局变量，即全程序中都可使用的变量。当变量的第 2 个字母位置用下划线表示时，这种类型变量为全局变量，如 P_100。

星号(＊)用于表示程序分支处的标签，必须出现在第 1 位，如＊Zhuaqu。

撇号(′)用于注释程序，如 123 Mov P1　′移动到 P1 点。

逗号(，)用于分隔参数或变量中的数据，如 P1＝(－59.54，＋455.69，＋414.52，－179.09，－2.49，－86.68)。

## 7.2.2　常用控制命令

### 1. 插补命令

插补命令用于使能机器人移动，全部轴同时启动，同时停止。

1）Mov 指令

Mov 指令是通过关节插补实现移动的，可作为接近插补命令、离开插补命令或赋值指令，举例如下：

```
Mov P1+P100
```

该指令的含义是位置点 P1 的坐标值是在原基础上加上位置点 P100 的坐标值。

```
Mov P1-P50
```

该指令的含义是位置点 P1 的坐标值是在原基础上减去位置点 P50 的坐标值。

Mov P1，－50

该指令的含义是位置点 P1 的坐标值是在原基础上减去 50 的坐标值。

又比如某工业机器人抓手首先移动到 P1 点，再移动到 P2 上方 50 mm 处，之后移动到 P2 点处；其次，移动到 P3 后方 100 mm 处，再移动到 P3 处，轨迹如图 7－6 所示。利用 Mov 指令可实现，示例程序如下：

```
MOV P1
MOV P2，－50
MOV P2
MOV P3，－100
MOV P3
END
```

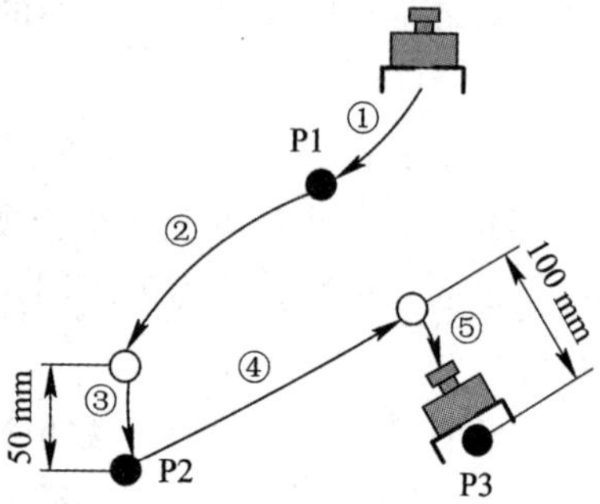


图 7－6　关节插补动作指令样例

2）Mvs 指令

Mvs 指令通过直线插补移动到目标位置。如果预先规定了抓手朝口运动的路线，则用直交指令 Mvs，否则，用 Mov 指令。

比如某工业机器人抓手先移动到 P1 点，再移动到 P2 上方 50 mm 处，并移动到 P2 点处；再移动到 P3 后方 100 mm 处，最后移动到 P3 处，如图 7－7 所示，示例程序如下：

```
Mvs P1
Mvs P2，－50
Mvs P2
Mvs P3，－100
Mvs P3
END
```

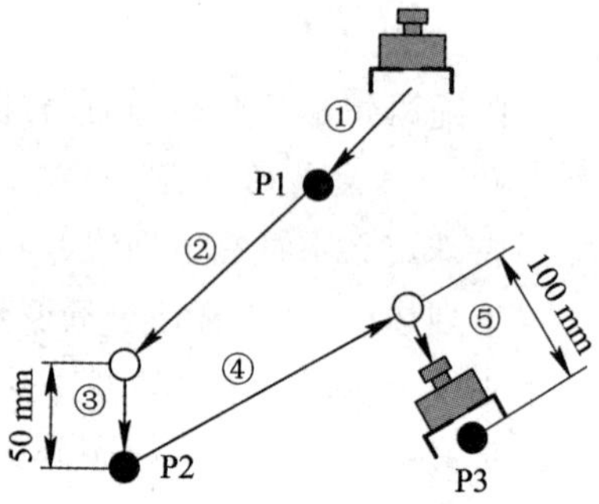


图 7－7　直线插补动作指令样例

3）Mvr 指令

Mvr 指令通过圆弧插补动作进行移动，直到到达目标位置。

4）Cnt 指令

当机器人抓手通过示教点时，可采用减速停止或不减速停止插补动作命令来到达示教点。与此相关的指令有 Cntl 和 Cnto，分别代表加减速有效和加减速无效。

**2. 速度控制命令**

速度控制命令用于对运行中的机器人进行动作速度控制。

1）Ovdr 指令

Ovdr 指令用于设置加减速度的百分比(％)，数值范围为 1～100。示例指令如下：

Ovdr 50

该指令表示以关节插补、直线插补或圆弧插补进行动作，且最高速度为系统最高速度的 50％。

2）JOvrd 指令

JOvrd 指令用于设置关节运行速度的百分比(%)。示例指令如下：

```
Jovrd 50
```

该指令表示关节插补速度倍率为 50%。

3）Accel 指令

Accel 为加速/减速控制指令，设置移动速度时的加/减速度。示例指令如下：

```
Accel 60，80
```

该指令表示设定加速度为 60%、减速度为 80%的运动。

4）Spd 指令

Spd 指令用于设置机器人末端执行器的运行速度(mm/s)，对 Mvs 和 Mvr 命令有效。示例指令如下：

```
Spd 20
```

该指令表示设置机器人末端执行器基准点速度为 20 mm/s。

**3. 机器人末端执行器命令**

1）Hopen 指令

Hopen 指令用于打开指定机器人的抓手。示例指令如下：

```
Hopen 1
```

该指令表示打开 1 号抓手。

2）Hclose 指令

Hclose 指令用于设定机器人抓手的闭合。示例指令如下：

```
Hclose 1
```

该指令表示关闭 1 号抓手。

3）Tool 指令

Tool 指令用于设置工具坐标系。示例指令如下：

```
Tool(0，0，95，0，0，0)
```

该指令表示设置新的坐标系 Tool。

4）Dly 指令

Dly 指令可设置等待时间，等待后转移到下一行后执行命令，用于希望使得某些动作时间稳定时，再执行其他命令。示例指令如下：

```
Dly 1.0
```

该指令表示设置定时等待时间为 1 秒。

**4. 通信指令**

1）Open 指令

Open 指令用于开启通信口指令，格式为：

```
Open "通信口名或文件名" [For 〈模式〉 As [#]]〈文件号码〉
```

格式中的参数描述如下：

“通信口名或文件名”为指定通信口或文件名称；

〈模式〉为 INPUT、OUTPUT、Append、随机模式(省略默认)等四种模式。

〈文件号码〉为 1 至 8。

示例指令如下：

```
Open “COM1:” As #1
```

该指令的含义是开启通信口 COM1，将 COM1 传入的文件号定义为 1#。

```
Open “temp.txt” For Append As #1
```

该指令的含义是以追加的模式(Append)打开文件名为 temp.txt 的文件，且定义该文件号为 1#。

2) Close 指令

Close 指令用于关闭通信口。示例指令如下：

```
Close #1
```

该指令表示关闭 1# 文件。

3) On Com GoSub 指令

On Com GoSub 指令用于根据外部通信口输入数据，调用子程序，即如果通信端口有插入指令输入，就跳转到指定的子程序。

指令格式为：

```
On Com [(〈文件号〉)] GoSub〈跳转行标记〉
```

格式中的参数描述如下：

〈文件号〉为 OPEN 指令指定的文件号；

〈跳转行标记〉为子程序的标记。

示例指令如下：

```
On Com(2) GoSub *RECV
```

该指令的含义为从外部通信口 COM2 输入的指令调用子程序 *RECV。

4) Com on 指令

Com on 指令允许根据外部通信口输入数据进行“插入处理”。示例指令如下：

```
Com(1) on
```

该指令的含义为开启通信口 COM1。

5) Com off 指令

Com off 指令用于不允许根据外部通信口输入数据进行“插入处理”。示例指令如下：

```
Com(1) off
```

该指令的含义为关闭 COM1 通信口。

6) Com stop 指令

Com stop 指令用于停止根据外部通信口输入数据进行“插入处理”。示例指令如下：

```
Com(1) stop
```

该指令的含义为停止 COM1 通信口工作。

7）Print 指令

Print 指令以 ASCII 码输出数据，CR 是结束码。指令格式为：

Print #〈文件号〉[〈式 1〉〈式 2〉…]

〈文件号〉为 OPEN 指令指定的文件号；

〈式 1〉可以为数值表达式、位置表达式、字符串表达式。

8）Input 指令

Input 指令的功能是接收 ASCII 码数据文件，CR 是结束码。指令格式为：

Input #〈文件号〉[〈输入数据式 1〉〈输入数据式 2〉…]

〈文件号〉为 OPEN 指令指定的文件号；

〈输入数据式 1〉为输入的数据被存放的位置，以变量的形式表示。

示例指令如下：

Input #1, CABS$

该指令的含义是接收 1# 文件传送过来的数据，从文件的开始字符到换行符为止，CABS$ 为接收到的数据。

**5. 程序控制指令**

1）调用指令

CallP 及 FPrm 指令用于调用指定程序并执行。可对调用前的程序中定义的变量进行引用。指令格式为：

CallP 程序名 参数 1，参数 2，参数 3，

FPrm 参数 1，参数 2，参数 3

示例程序如下：

```
CallP "10" M10, P1, P5
FPrm M1, P1, P5
```

2）执行指定标识

GoSub 和 Return 指令用于执行指定标识的副程序，通过副程序中的返回命令 Return 返回主程序。

主程序形式为：

```
GoSub *DATA
```

副程序形式为：

```
*DATA
…
Return
```

3）无条件跳转指令

GoTo 指令用于在程序中进行无条件跳转指定标识的程序中。

示例程序如下：

```
*LOOP
MOV P0
MVS P1
```

```
GoTo *LOOP
END
```

On GoTo 对应于指定的变量值进行相应行的跳转。

4）有条件跳转指令

有条件跳转指令用于根据“条件”执行“程序分支跳转”的指令，是改变程序流向的基本指令。有条件跳转指令包括单行条件语句和多行条件语言。

（1）单行条件语句。指令格式为

IF〈判断条件式〉Then〈流程 1〉Else〈流程 2〉

IF 语句中指定的条件的结果成立，则跳转到 Then，执行〈流程 1〉，否则，跳转到 Else，执行〈流程 2〉。

示例程序如下：

```
If m1=1 And m2=1 And m3=1 Then GoTo *LOOP1 Else GoTo * LOOP2
```

（2）多行条件语句。指令格式为

IF〈判断条件式〉Then

〈流程 1〉

Else

〈流程 2〉

EndIf

示例程序如下：

```
If M_Run(2)=0 Then
XRun 2,“CM1”,1
EndIf
```

5）停止、结束及等待指令

Hlt 指令用于程序的停止。如果执行此指令，程序将停止；只有通过开始信号再启动，才能继续运行。

End 指令用于对程序的最终行进行定义。如果将循环置于 ON，运行将在执行 1 个循环后结束。

Wait 指令用于等待指定的变量成为指定的值为止。指令格式为

Wait 数值变量=数值

示例程序如下：

```
Wait M_In(10)=1;
```

该程序的含义为等待输入量变为 1。

6）码垛控制指令

码垛控制指令用于对使用的托盘设置，Def plt 为定义托盘(Pallet)，plt 用于计算托盘的指定位置。指令格式为：

Def plt 托盘编号，起始点，终点 A，终点 B，对角点，个数

其中，“个数”的含义为托盘放置顺序，即 Z 轴运算(如图 7-8 所示)和同方向运算(如图 7-9所示)。

示例指令如下：

Def plt 1，P1，P2，P3，P4，4，3，1

该指令的含义为定义指定托盘号码为 1，起点为 P1，终点 A 为 P2，终点 B 为 P3，对角点为 P4 的 4 点地方，个数 A 为 4 层、个数 B 为 3 列。

示例指令如下：

P0＝(Plt 1，5)

该指令的含义为托盘号码 1 的第 5 个位置为 P0 位置点。

假设设备上有库架为 3×3 共 9 个仓位，对应的位置点的设置如图 7－10 所示。

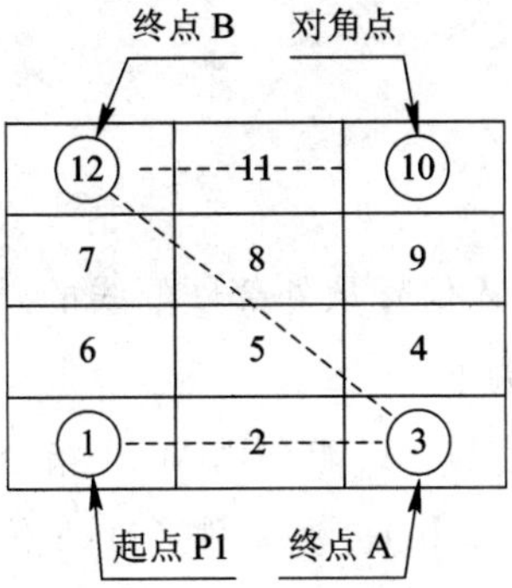


图 7－8　Z 轴运算

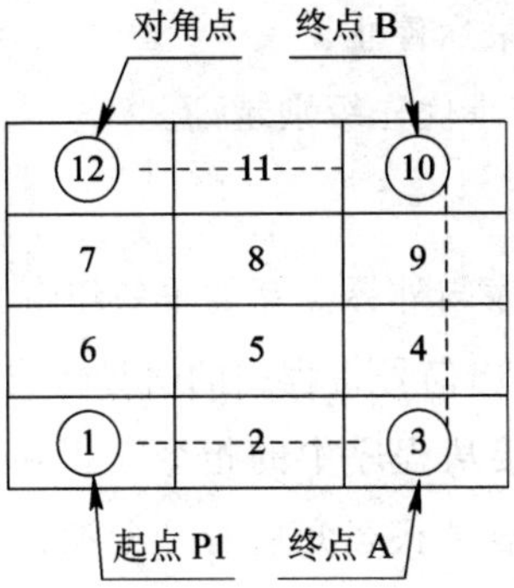


图 7－9　同方向运算

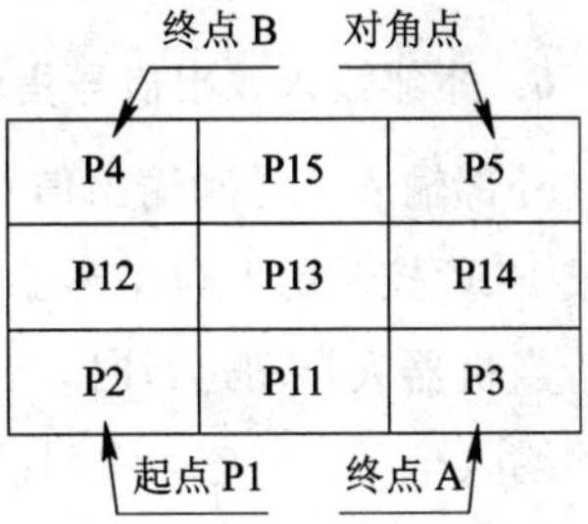


图 7－10　9 仓位库架位置点设置

使用托盘指令可有如下组合：

(1) 如果是 3 层 3 列仓位，库架位置点为：

| | |
|---|---|
| Def plt 1，P2，P3，P4，P5，3，3，1 | 3 层 3 列 |

(2) 如果是 3 层 2 列仓位，库架位置点为：

| | |
|---|---|
| Def plt 1，P2，P3，P4，P5，3，2，1 | 3 层 2 列(左边、右边的 2 列) |
| Def plt 1，P2，P11，P4，P15，3，2，1 | 3 层 2 列 (前 2 列) |
| Def plt 1，P11，P3，P15，P5，3，2，1 | 3 层 2 列 (后 2 列) |

(3) 如果是 2 层 3 列仓位，库架位置点为：

| | |
|---|---|
| Def plt 1，P2，P3，P4，P5，2，3，1 | 2 层 3 列(上边、下边的 2 层) |
| Def plt 1，P2，P3，P12，P14，2，3，1 | 2 层 3 列 (下面 2 层) |
| Def plt 1，P12，P14，P4，P5，2，3，1 | 3 层 3 列 (上面 2 层) |

(4) 如果是 2 层 2 列仓位，库架位置点为：

| | |
|---|---|
| Def plt 1，P2，P3，P4，P5，2，2，1 | 2 层 2 列(左右列，除中间行) |
| Def plt 1，P2，P11，P12，P13，2，2，1 | 2 层 2 列(前两列，除上边行) |
| Def plt 1，P12，P13，P4，P15，2，2，1 | 2 层 2 列(前两列，除下边行) |
| Def plt 1，P2，P11，P4，P15，2，2，1 | 2 层 2 列(前两列，除中间行) |
| Def plt 1，P11，P3，P13，P14，2，2，1 | 2 层 2 列(后两列，除上边行) |
| Def plt 1，P13，P14，P15，P5，2，2，1 | 2 层 2 列(后两列，除下边行) |
| Def plt 1，P11，P3，P15，P5，2，2，1 | 2 层 2 列(后两列，除中间行) |

7）中断控制命令

Def Act 指令用于对程序执行中的中断处理内容进行定义。Def 用于定义中断条件式，Act 用于发生时的动作处理。

指令格式为：

```
Def Act 1, M_In(15)=1 GoSub *EROR, S
Def Act 1, M_In(15)=1 GoSub *EROR, L
```

格式中的参数描述如下：

当类型为 S 时，表示以最短的时间减速停止；

当类型为 L 时，表示在执行结束后停止。

Act 编号的范围为 1 至 8，值越小优先级别越高。

**6. 外部输入输出信号指令**

外部输入信号和输出信号是程序与外界交互的重要纽带。输入信号从外部硬配线的开关或 PLC 控制的 I/O 信号给出，输出信号将程序的信号输出给端子。

当机器人自动运行时，不能直接从程序中的指令获得输入信号，只能利用 Wait 指令检测输入信号的状态，常用的输入信号状态变量有开关型接口(M_In)、数字型接口(8 位的 M_Inb、16 位的 M_Inw)，均用 ON/OFF 表示。

示例程序如下：

```
HOpen 1
Wait M_In(900)=1  '等待抓手松开信号为 1
Dly 0.2
M1=M_Inb(90)
```

输出信号的控制是从机器人的程序直接控制输出信号的 ON/OFF，输出信号的指令格式有开关型输出信号 M_Out()、8 位数字型输出信号 M_Outb()、16 为数字型输出信号 M_Outw()、模拟型输出信号 M_Dout()。当然这些输出信号也可以作为状态信号使用。

示例程序如下：

```
M_Out(13)=1
```

该指令的含义为连接相机的端口 13 号，当其输出拍照信号为 1 时，触发一次拍照。

```
M_Outb(18)=0
```

该指令的含义为从端口地址 18 号起连续 8 位输出低电平信号。

```
M_Outw(10)=0
```

该指令的含义为从端口地址 10 连续 16 位输出低电平信号。

## 7.2.3 常用函数

为了方便地使用程序设计系统，机器人编程语言提供了大量的库函数，包括数值计算函数、机器人计算函数和获取机器人状态变量函数等。

### 1. 数值计算函数

数值函数用于常用的函数计算，是编程语言必备的函数，常见的数值计算函数如表 7-4所示。

**表 7-4　数值计算函数**

| 函数 | 功　能 | 格　式 |
| --- | --- | --- |
| Abs | 求绝对值函数 | 〈数值变量〉＝Abs(〈数式〉) |
| Asc | 求字符串的 ASCII 码值 | 〈数值变量〉＝Asc(〈字符串〉) |
| Sgn | 获取数据的符号(＋ －) | 〈数值变量〉＝Sgn(〈数式〉) |
| Sqr | 求数据的平方根 | 〈数值变量〉＝Sqr(〈数式〉) |
| Rnd | 产生一个伪随机数 | 〈数值变量〉＝Rnd(〈数式〉) |
| Log | 计算以 10 为底的对数 | 〈数值变量〉＝Log(〈数式〉) |
| Exp | 计算以 e 为底的指数函数 | 〈数值变量〉＝Exp(〈数式〉) |
| Max/Min | 计算一组数据中的最大/小值 | 〈数值变量〉＝Max(〈数式 1〉，〈数式 2〉，…〈数式 *n*〉)；<br>〈数值变量〉＝Min(〈数式 1〉，〈数式 2〉，…〈数式 *n*〉) |
| Cint | 将进行数据的四舍五入的取整处理 | 〈数值变量〉＝Cint(〈数据〉) |
| Fix | 计算数据的整数部分 | 〈数值变量〉＝Fix(〈数据〉) |
| Int | 计算数据最大值的整数 | 〈数值变量〉＝Int(〈数据〉) |
| Sin | 计算正弦 | 〈数值变量〉＝Sin(〈数据〉)<br>〈数据〉为角度，单位为弧度 |
| Cos | 计算余弦 | 〈数值变量〉＝Cos(〈数据〉)<br>〈数据〉为角度，单位为弧度 |
| Atn/Atn2 | 计算余切 | 〈数值变量〉＝ Atn (〈数式〉)<br>〈数值变量〉＝ Atn2 (〈数式 1〉，〈数式 2〉) |
| Tan | 计算正切 | 〈数值变量〉＝Tan (〈数据〉)<br>〈数据〉为角度，单位为弧度 |
| Rad | 将角度的度转化为弧度 | 〈数值变量〉＝ Rad (〈数式〉) |
| Deg | 将角度的弧度转化为度 | 〈数值变量〉＝ Deg (〈数式〉 |

### 2. 机器人计算函数

机器人计算函数用于机器人的计算，常用的有 CalArc、Dist、Fram、Inv、JtoP、PosCq、PosMid、PtoJ、Rdfl2、SetJnt、Zone、Zone2 和 Zone3，如表 7-5 所示。

**表 7-5　机器人计算函数**

| 函数名 | 功　能 | 格　式 | 参数含义 |
|---|---|---|---|
| CalArc | 用于计算给定 3 点构成的圆弧的半径、中心角和圆弧长度 | 〈数值变量〉= CalArc(〈位置 1〉,〈位置 2〉,〈位置 3〉,〈数值变量 1〉,〈数值变量 2〉,〈数值变量 3〉,〈位置变量 1〉) | 其中,〈位置 1〉、〈位置 2〉和〈位置 3〉分别为圆弧的起点、通过点和终点;〈数值变量 1〉、〈数值变量 2〉、〈数值变量 3〉和〈位置变量 1〉分别为计算得到的圆弧半径(mm)、中心角、长度(mm)和中心坐标 |
| Dist | 用于求两点之间的距离(mm) | 〈数值变量〉= Dist(〈数值 1〉,〈数值 2〉) | 〈数值 1〉、〈数值 2〉为长度值 |
| Fram | 用于给定 3 个点,构建一个坐标系标准点,通常在建立新的工件坐标系时使用 | 〈数值变量〉= Fram(〈位置变量 1〉,〈位置变量 2〉,〈位置变量 3〉) | 〈位置变量 1〉、〈位置变量 2〉、〈位置变量 3〉分别为新平面上的原点、X 轴上的一点、Y 轴上的一点 |
| Inv | 对数据位置进行求逆,应用于根据当前点建立新的工件坐标系或在视觉中计算偏差量 | 〈数值变量〉=Inv(〈位置变量〉) | 〈位置变量〉为直交型或关节型位置变量 |
| JtoP | 将关节位置数据转换成直角坐标系数据 | 〈数值变量〉= JtoP(〈关节变量〉) | 〈关节变量〉是存储关节值的变量 |
| PosCq | 用于检查给定的位置点是否在允许动作范围区域内 | 〈数值变量〉=PosCq(〈位置变量〉) | 〈位置变量〉为直交型或关节型位置变量。如果计算的点在动作范围内,〈数值变量〉为 1;如果计算的点不在动作范围内,〈数值变量〉为 0 |
| PosMid | 用于求两点间直线插补的中间位置点 | 〈数值变量〉=PosMid(〈位置变量 1〉,〈位置变量 2〉,〈数据 1〉,〈数据 2〉) | 〈位置变量 1〉和〈位置变量 2〉为直线插补点的起点和终点 |
| PtoJ | 用于将直交型位置数据转换为关节型数据 | 〈关节型位置变量〉= PtoJ(〈直交型位置变量〉) | 〈直交型位置变量〉是存储直角位置数据 |
| Rdfl2 | 用于求指定关节轴的“旋转圈数”,即求结构标志 FL2 的数据 | 〈设置变量〉= Rdfl2(〈位置变量〉,〈数据〉) | 〈数据〉为指定关节轴 |

**续表**

| 函数名 | 功　能 | 格　式 | 参数含义 |
|---|---|---|---|
| SetJnt | 用于设置关节型位置变量 | 〈关节型位置变量〉＝SetJnt(〈J1 轴〉,〈J2 轴〉,〈J3 轴〉,〈J4 轴〉,〈J4 轴〉,〈J5 轴〉,〈J6 轴〉,〈J8 轴〉) | SetPos 用于设置直交型位置变量数值。格式为:〈位置变量〉＝SetPos(〈X 轴〉,〈Y 轴〉,〈Z 轴〉,〈A 轴〉,〈B 轴〉,〈C 轴〉,〈L1 轴〉,〈L2 轴〉)。〈X 轴〉、〈Y 轴〉、〈Z 轴〉单位为 mm;〈A 轴〉、〈B 轴〉、〈C 轴〉为弧度 |
| Zone | 用于检查点是否进入指定的正方体区域 | 〈数值变量〉＝Zone(〈位置 1〉,〈位置 2〉,〈位置 3〉) | 〈位置 1〉为检测点;〈位置 2〉、〈位置 3〉为构成指定区域的空间对角点。<br>如果〈数值变量〉为 1,则该点进入指定的区域;<br>如果〈数值变量〉为 0,则该点没有进入指定的区域 |
| Zone2 | 用于检查点是否进入指定的圆筒形区域 | 〈数值变量〉＝Zone(〈位置 1〉,〈位置 2〉,〈位置 3〉,〈数式 1〉) | 〈位置 1〉为检测点;〈位置 2〉、〈位置 3〉为构成指定区域的空间对角点,均为直交型位置点;〈数式 1〉为圆筒形的两端半球。<br>如果〈数值变量〉为 1,则该点进入指定的区域;<br>如果〈数值变量〉为 0,则该点没有进入指定的区域 |
| Zone3 | 用于检查点是否进入指定的长方体区域 | 〈数值变量〉＝Zone(〈位置 1〉,〈位置 2〉,〈位置 3〉,〈位置 4〉,〈数式 W〉,〈数式 H〉,〈数式 L〉) | 〈位置 1〉为检测点;〈位置 2〉、〈位置 3〉为构成指定区域的空间对角点;〈位置 4〉为构成指定区域的空间点;〈数式 W〉和〈数式 H〉为指定区域宽度和高度;〈数式 L〉为以〈位置 2〉、〈位置 3〉为基准的指定区域长。<br>如果〈数值变量〉为 1,则该点进入指定的区域;如果〈数值变量〉为 0,则该点没有进入指定的区域 |

### 3. 获取机器人状态变量函数

机器人的工作状态数据是机器人工作是否正常的重要观测数据,可以利用变量函数获取系统的工作状态。常见的获取机器人状态变量函数如表 7－6 所示。

**表 7－6　获取机器人状态变量函数**

| 函数名 | 功　能 | 格　式 |
|---|---|---|
| C _Time | 获取以时、分、秒方式表示的当前时间 | 〈字符串变量〉=C_Time |
| J_Curr | 获取各关节轴的旋转角度表示的当前位置数据，是编写程序时常用的重要数据 | 〈关节型变量〉= J_Curr(〈机器人编号〉) |
| J_ColMxl | 获取碰撞检测中“推测转矩”与“实际转矩”之差的最大值，用于反映实际出现的最大转矩，以便采取对应保护措施 | 〈关节型变量〉=J_ColMxl (〈机器人编号〉) |
| J_Ecurr | 获取各轴编码器发出的脉冲数 | 〈关节型变量〉= J_Ecurr (〈机器人编号〉) |
| J_AmpFbc | 以编码器实际反馈脉冲表示的关节轴当前位置/关节轴的当前电流值 | 〈关节型变量〉=J_AmpFbc (〈机器人编号〉) |
| J_Origin | 获取原点的关节轴数据，用于回原点 | 〈关节型变量〉= J_Origin (〈机器人编号〉) |
| M_Acl | 获取当前的加速时间比率/当前减速时间比率/加速时间比率初始值/减速时间比率初始值/当前位置的加减速状态 | 〈数值变量〉= M_ Acl (〈数式〉) |
| M_BsNo | 获取当前所用的世界坐标系的编号 | 〈数值变量〉= M_BsNo (〈机器人号码〉) |
| M_BTime | 获得电池可工作时间 | 〈数值变量〉= M_BTime |
| M_CmpDst | 获取在伺服柔性控制状态下指令值与实际值的差 | 〈数值变量〉= M_CmpDst (〈机器人编号〉) |
| M_CmpLmt | 获取在伺服柔性控制状态下指令值是否超出限制 | M_CmpLmt (〈机器人号码〉)=1 |
| M_ColSts | 设置碰撞检测结果 | M_ColSts (〈机器人编号〉)=1/0 |
| M_Err | 获取报警信息及报警登记 | 〈数值变量〉= M_Err |
| M_Fbd | 获取指令位置与反馈位置之差 | 〈数值变量〉= M_Fbd (〈机器人编号〉) |
| M_In | 获取输入信号状态 | 〈数值变量〉= M_In(〈数式〉) |
| M_In32 | 获取外部 32 位输入数据的信号状态 | 〈数值变量〉= M_In32 (〈数式〉) |
| M_JOvrd | 获取当前速度倍率的状态变量 | 〈数值变量〉= M_JOvrd (〈数式〉) |
| M_Line | 获取当前执行的程序行号 | 〈数值变量〉= M_Line (〈数式〉) |
| M_LdFact | 获取各轴的负载率 | 〈数值变量〉= M_LdFac (〈数式〉) |

**续表**

| 函数名 | 功　能 | 格　式 |
| --- | --- | --- |
| M_Out | 获取输出信号的状态 | M_Out (〈数式〉)=〈数值〉 |
| M_Out32 | 用于向外部输出或读取 32bit 的数据 | M_Out32(〈数式〉)=〈数值〉 |
| M_RDst | 获取在插补过程中距离目标位置的剩余距离 | 〈数值变量〉= M_RDst (〈数式〉) |
| M_Run | 获取任务区内程序的执行状态 | 〈数值变量〉= M_Run (〈数式〉) |
| M_Spd | 获取插补速度 | 〈数值变量〉= M_Spd(〈数式〉) |
| M_Timer | 计算出机器人的动作时间的计时器，单位为 ms | 〈数值变量〉= M_Timer (〈数式〉) |
| M_Tool | 设定或读取 TOOL 坐标系的编号 | 〈数值变量〉= M_Tool (〈机器人编号〉) |
| M_Wait | 表示任务区内的程序执行状态 | 〈位置变量〉=M_Wait (〈机器人编号〉) |
| M_Xdev | 在多 CPU 工作时读取 PLC 输入信号数据 | 〈数值变量〉= M_Xdev (〈PLC 输入信号地址〉) |
| M_Ydev | 在多 CPU 工作时读取或设置 PLC 输出信号数据 | 〈数值变量〉= M_Ydev (〈PLC 输出信号地址〉) |
| P_Base | 获取当前基本坐标系偏置值 | 〈位置变量〉=P_Base (〈机器人编号〉) |
| P_CavDir | 获取机器人发生干涉碰撞时的位置数据 | 〈位置变量〉=P_CavDir(〈机器人编号〉) |
| P_Curr | 获取当前位置 | 〈位置变量〉=P_Curr (〈机器人编号〉) |
| P_Fbc | 获取以伺服反馈脉冲表示的当前位置 | 〈位置变量〉=P_Fbc (〈机器人编号〉) |
| P_Safe | 获取由参数 JSAFE 设置的“待避点位置” | 〈位置变量〉=P_Safe (〈机器人编号〉) |
| P_Tool | 获取坐标系数据 | 〈位置变量〉= P_Tool (〈机器人编号〉) |
| P_WkCord | 读取当前工件坐标系的数据 | 〈位置变量〉= P_WkCord(〈工件坐标系编号〉) |
| P_Zero | 获取零点(0，0，0，0，0，0，0，0)(0，0) | 〈位置变量〉=P_Zero |

### 7.2.4　程序设计

RT ToolBox 是一个用于工业机器人程序设计的应用型软件，采用 Window 界面设计风格，包括菜单、工作区、程序编辑区、变量赋值区及状态显示栏等模块，如图 7 - 11 所示。程序设计的基本流程包括新建工程、程序编写、程序上传和程序调试。

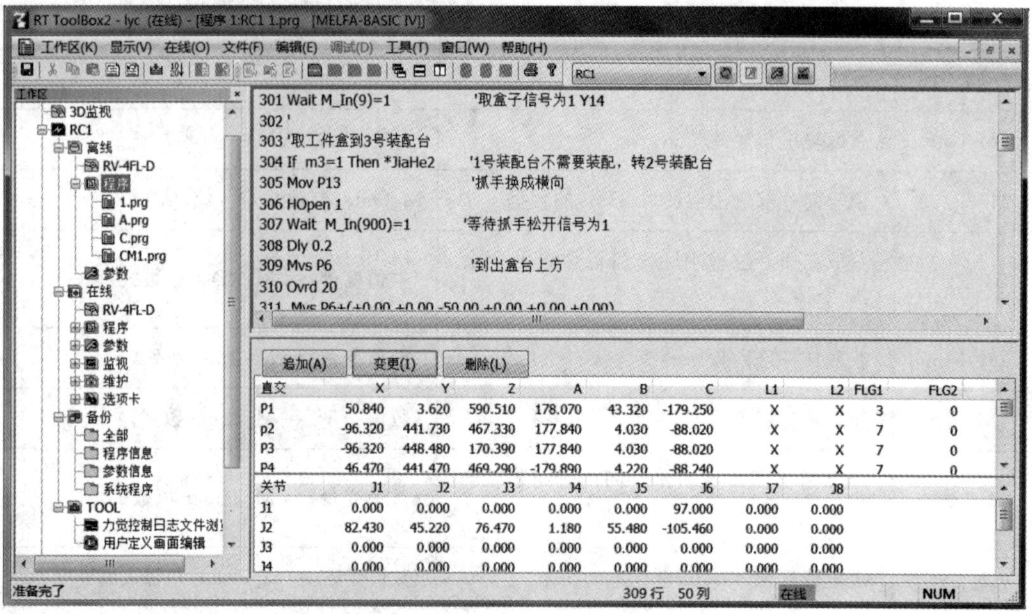


图 7-11　RT ToolBox 程序界面

## 1. 新建工程

单击菜单栏“工作区”下的“新建”，在“工作区所在处”点击“参照”选择工程存储路径，且在“工作区名”后输入新建工程的名称，完成后单击“确定”按钮即可。

## 2. 程序编写

根据工艺需求，需要编写相应的程序。具体操作为打开“工作区”工程 RC1 下的“离线”，用鼠标右键单击“程序”的“新建”，命名机器人程序为 Robot。

编写程序主要在程序编辑区完成，可采用两种方法：一种是在程序编辑器中直接编写程序；另一种是在菜单栏的“工具”中选择“指令模板”，即通过“分类”和“指令”选择需要的指令，点击“插入模板”即可完成指令编写，如图 7-12 所示。

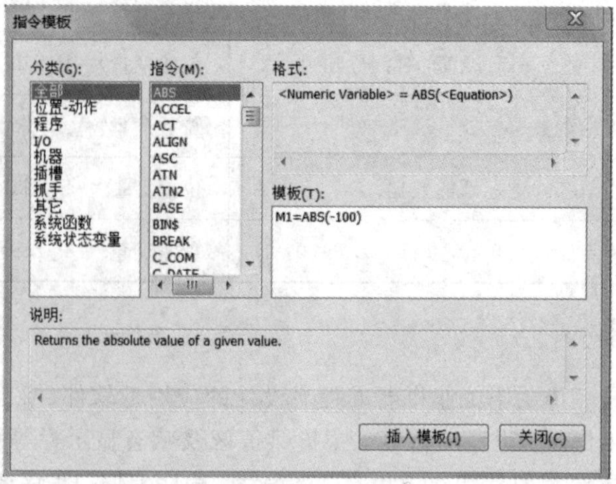


图 7-12　指令模板

机器人运动的位置点是工业机器人运动的重要数据。增加位置点的方法为：通过“追加”命令增加新位置点，对“位置数据的编辑”的值进行设置，“变量名”的名字必须与程序中相应的名字相同，类型选择“直交型”，X、Y、Z、A、B、C 的数值可手动给出，也可通过示教方式给出，如图 7－13 所示。

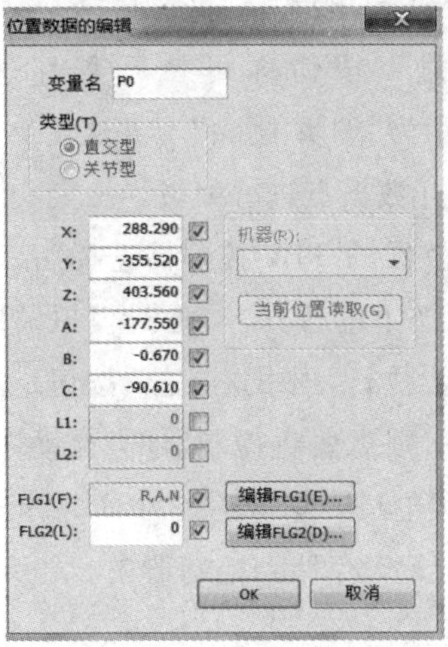


图 7－13　位置点的设置

**3. 程序上传**

只有将编写的程序上传到机器人控制器中，机器人才能运行。上传的具体步骤为：将 RT ToolBox 设置成“在线”，在“在线”的“程序”中执行“程序管理”→“传送源”→“工程”，选中上传的工程文件；在“传送目标”中选择“机器人”，点击“复制”按钮，即将工程内所选择的程序复制到机器人控制器中；利用“移动”按钮，将传送源中的程序剪切到传送目标中；利用“名字的变更”按钮可改变程序的名字。程序管理界面如图 7－14 所示。

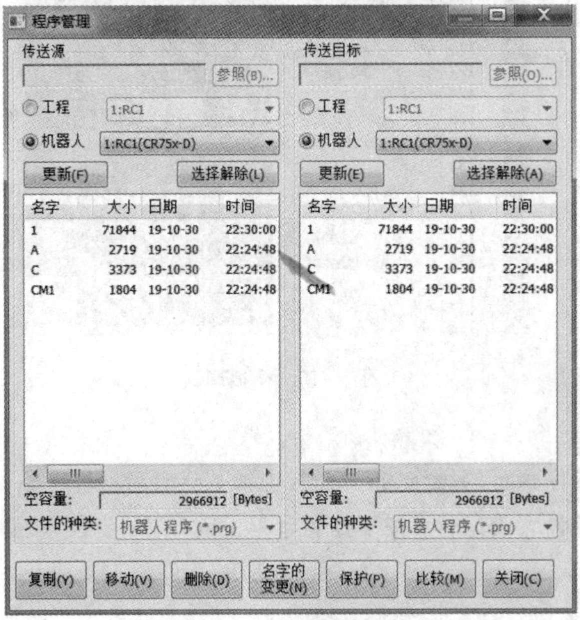


图 7－14　程序管理

**4. 程序调试**

程序调试是程序设计的重要环节，包括手动调试和模拟调试两种。

手动调试时，需要将控制器选择“自动”，PLC选择“STOP”，并打开示教器的TB按钮。打开程序后，如果显示为“编辑 删除”，可通过“FUNCTION”设置切换显示为“前进 跳转”，接下来不断按“前进”按钮即可执行程序；如果需要“跳转”，可通过“FUNCTION”来设置切换显示为“编辑 删除”，并通过上下键来跳转；如果需要对位置点调整，可通过“JOG”按钮来打开数据点进行编辑。

模拟调试时，需要关闭示教器的TB，控制器选择“自动”，PLC选择“STOP”，打开“在线”→“程序”下的“调试状态下的打开”，通过模拟调试界面(如图7-15所示)，点击“伺服ON/OFF”，并单击“单步执行”中的“前进”按钮，进行逐步调试。

如果需要调整关键点参数，则需要将控制器的“自动”模式切换为“手动”模式，再点击示教器的“TB”按钮启动伺服电机，并切换到“JOG”模式。手动调整好后，双击相应的位置关键点，将读取的“当前位置”存储到控制器中。之后，通过点击模拟调试界面的“伺服”按钮使机器人继续运行。

如果中途遇到问题，可通过“复位程序”按钮重新开始新一轮的“单步执行”。

在调试中，如果遇到PLC的操作，必须跳过去。

如果出现运行错误，则应关闭机器人伺服，根据报警信息查阅故障类型。可通过模拟器的“复位”“报警”按钮清除报警，并根据报警信息修改程序，单击“伺服ON/OFF”按键后重新执行程序。

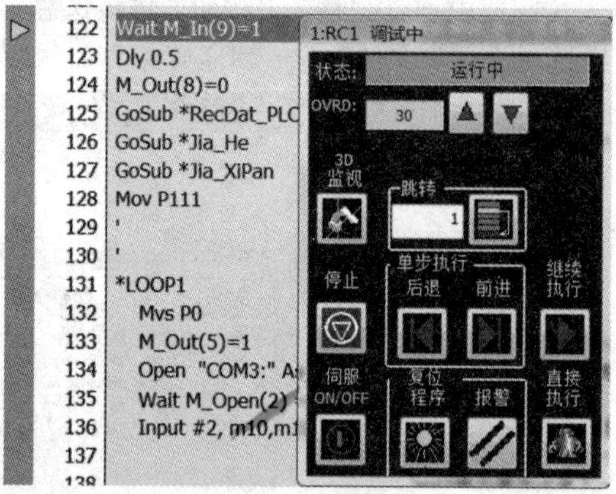


图7-15　模拟调试

**5. 系统运行**

系统运行需要顺序执行的操作为：开总控电源、开电扇系统电源、开控制器电源、控制器打入自动挡、PLC设置为运行、按下控制台复位键(3秒)、按下“运行”键，完成后系统即可开始运行。

**6. 备份**

备份是将机器人控制器内的相关信息备份到计算机中，包括程序信息、参数信息、系统程序等，如图 7－16 所示。具体操作方法为执行“在线”→“维护”→“备份”，进入数据备份界面，选择“全部”，即把机器人控制器的全部信息备份到了计算机中。

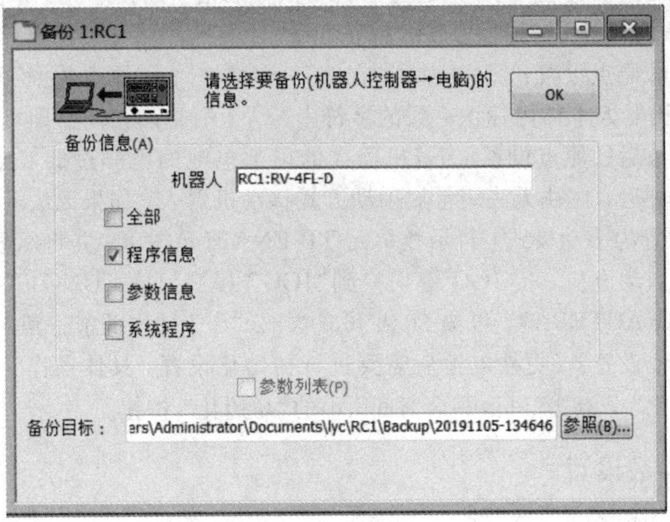


图 7－16　备份

## 7.2.5　硬件参数设置

为了确保程序的正常运行，需要设置工业机器人的硬件参数。常用的硬件参数设置包括机器人的名字及语言设置、机器人的序列号设置、机器人的通信设置、输入输出信号分配、插槽设置、机器人原点设置、更换电池设置等。

(1) 机器人的名字及语言设置：如设置机种名为 RV－3SD，机器人语言为“MELFA－BASIC V”。

(2) 机器人的序列号设置：执行“在线”→“参数”→“参数一览”后，在参数名中输入“RBSERIAL”，点击“读出”，在“参数的编辑”窗口中将目标机器人的序列号(机器人的序列号在机器人本体标签上)输入文本框中。

(3) 机器人的通信设置：将计算机与工业机器人的控制器互连，选择控制器为“CRnD－7XX/CR75X－D”。在离线状态下，在 RC1 上右击“工程编辑”，设置网络连接为“TCP/IP”，在“详细设定”中填写控制器的 IP 地址为“192.168.1.20”，设置计算机的 IP 地址为“192.168.1.10”。

当然，也可以通过选择 USB 来互连，从而完成通信设置，此时要确保计算机与工业机器人的控制器的 USB 互连。

(4) 网络设置：在工作区的“参数”的“Ethernet”下设置。

设置智能相机的通信参数(OPT11)：IP 地址为“192.168.1.2”，端口号为“10001”，协议为“2”，服务器设定为“0”，结束编码为“0”，点击“确定”即可。

设置 PLC 的通信参数(OPT12)：IP 地址为“192.168.1.9”，端口为“10002”，服务器设定为“1”，结束编码为“0”，点击“确定”即可。最后，点击“写入”。

(5) 专用输入输出信号分配设置：执行“在线”→“参数”→“专用输入输出信号分配”→“通用”，设置输入输出信号。

(6) 插槽表设置： 示教器可以同时编辑多个程序，但控制器执行哪个程序是由插槽表来决定的。机器人默认按插槽 1，插槽 2，插槽 3，…依次执行。一般情况下，主程序只有一个，所以只用设置插槽 1，机器人运行后自动执行插槽 1 的程序。插槽表的具体操作为依次选择“RC1”→“参数”→“插槽表”→“修正”→“写入”。

(7) 机器人的原点设置： 依次执行“在线”→“维护”→“原点数据”→“原点数据输入方式”，输入与机器人本体内标识一致的字符串，写入后重启控制器即可。

(8) 更换电池后的原点设置： 若机器人的内部电池的电压过低，会造成原点数据丢失。原点数据丢失后，往往无法用常规手动方式移动机器人。如果无法手动回到原点位置，则可将控制器设置为手动模式，将示教单元 TB ENABLE 按下，并将示教单元的有效开关按住，打开伺服启动电机，按 JOG 键切换到“JOG”模式，按 FUNCTION 键并同时按住 RESET 和 CHARACTER 键，再按 J1 到 J6 的“＋”“－”使得关节三角对准。

(9) 更换电池设置： 更换电池后需要进行初始化设置，具体操作为：执行“在线”→“维护”→“初始化”，点击“电池剩余时间”中的“初始化”按钮。

## 7.2.6 其他参数设置

为确保程序正常运行，还需要设置一些其他参数，主要包括动作参数、程序参数、信号参数、通信参数、现场网络参数等。

**1. 动作参数**

动作参数包括动作范围、JOG、抓手(多重抓手 TOOL、多重抓手 BASE、电动抓手表、电动抓手示教、电动抓手)、重量和大小、TOOL、用户定义领域、自由平面限制、退避点、附加轴、冲突检测、暖机运行、动作参数、力觉控制、干涉回避等。可根据“工作区”下的“动作参数”查看或设置各项参数。以“动作范围”为例，执行“离线”→“参数”→“动作参数”→“动作范围”设置机器人各轴的关节动作范围，如图 7－17 所示。

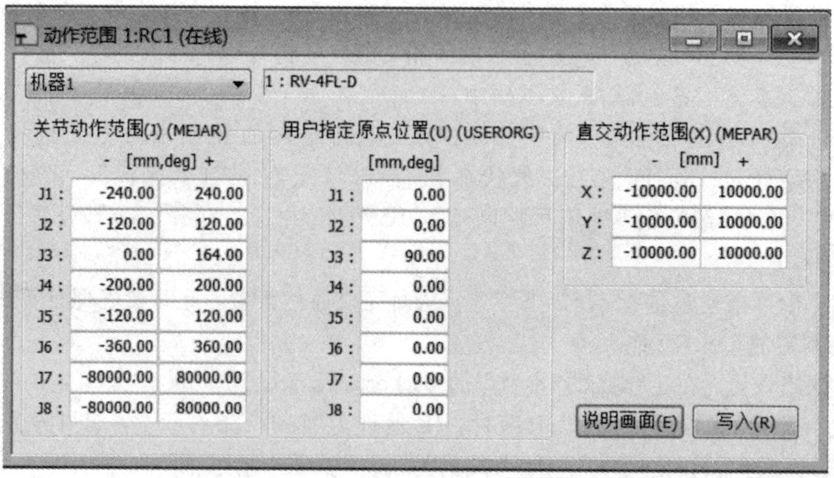


图 7－17　动作范围

**2. 程序参数**

程序参数是保障程序正常运行的基础参数，包括插槽表、机器人语言、程序参数、用户报警等。以“插槽表”为例，操作过程依次为“离线”→“参数”→“程序参数”→“插槽表”，在“插槽表”设置框中点击“修正”按钮，选中程序文件，并设置相应的参数，如图 7－18 所示。

图 7－18　插槽表

**3. 信号参数**

信号参数用于设置专用输入输出信号，包括输入输出信号复位模式、专用输入输出信号分配(包括通用、数据、JOG、抓手、伺服 ON/OFF、机器锁定)。以专用输入输出信号分配为例，操作过程依次为“离线”→“参数”→“信号参数”→“专用输入输出信号分配”→“通用 1”，打开专用输入输出信号设置框设置相关的输入输出信号，如图 7－19 所示。

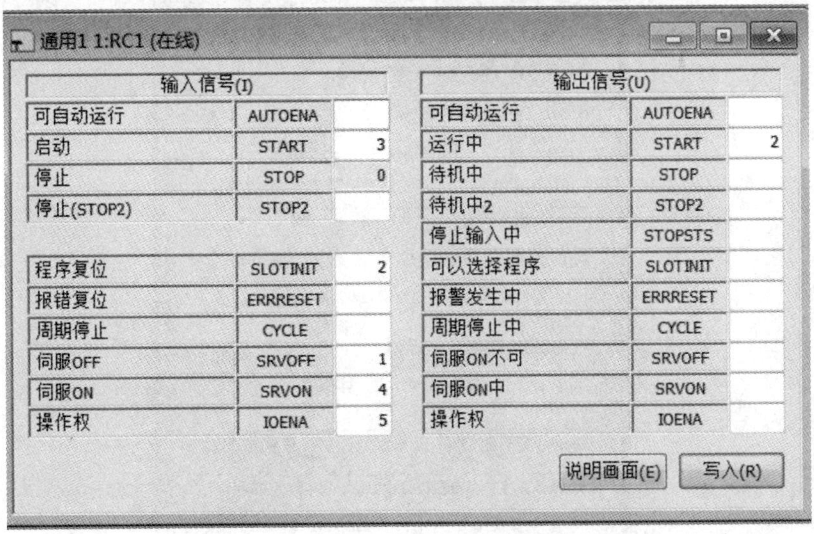


图 7－19　输入输出信号分配

### 4. 通信参数

通信参数是网络通信的基础参数，包括 RS-232 和 Ethernet 设定。以以太网参数设置为例，操作过程为依次执行“离线”→“参数”→“通信参数”→“Ethernet 设定”，在以太网通信参数设置框中设置相关通信参数，如图 7-20 所示。

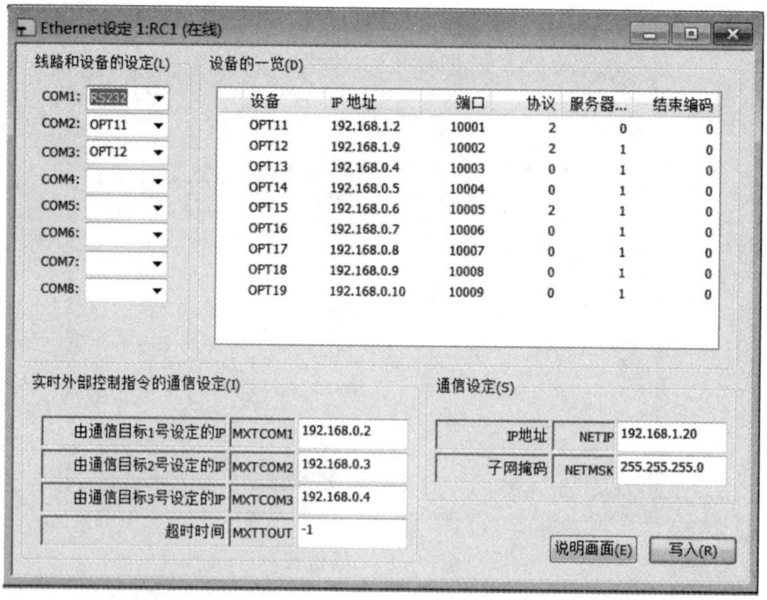


图 7-20　Ethernet 设置

### 5. 现场网络参数

现场网络参数是各类总线通信的参数，包括 CC-Link 参数设定（如图 7-21 所示）、PROFIBUS 设定、PROFINET、DeviceNet 和 Ethernet/IP。

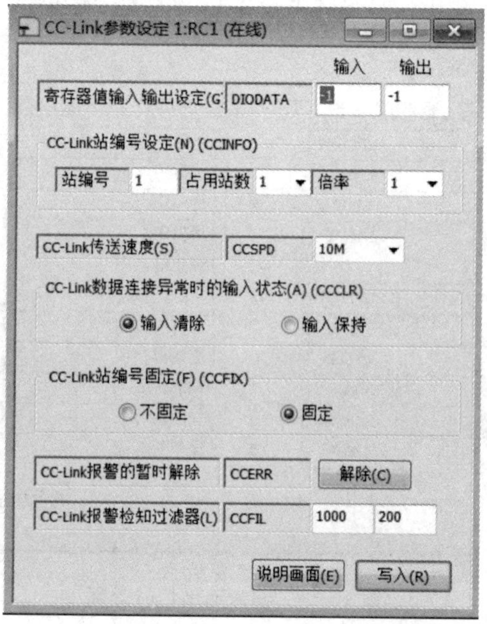


图 7-21　现场网络总线（CC-Link）设定

### 7.2.7　工作状态监视

机器人的工作参数反映了机器人的工作状态。通过监视机器人的工作状态可以保障机器人的正常运行。常用的工作状态监视有动作监视、信号监视、运行监视、伺服监视和报警及故障状态监视。

**1. 动作监视**

动作监视主要包括任务区监视、程序监视、动作状态监视和报警内容监视。

任务区监视用于监视任务区的工作状态。如果监视到任务区的程序正在运行，就不能写入新的程序。具体操作为“监视”→“动作监视”→“插槽状态”→“插槽状态监视框”。

程序监视用于监视程序的运行情况。具体操作为“监视”→“动作监视”→“程序监视”→“程序监视框”。

动作状态监视用于监视机器人末端在直角坐标系中的当前位置，关节坐标系中的当前位置，抓手 ON/OFF 状态，TCP 速度及伺服 ON/OFF 状态。具体操作为“监视”→“动作监视”→“动作状态”→“动作状态框”。动作状态监视界面如图 7 - 22 所示。

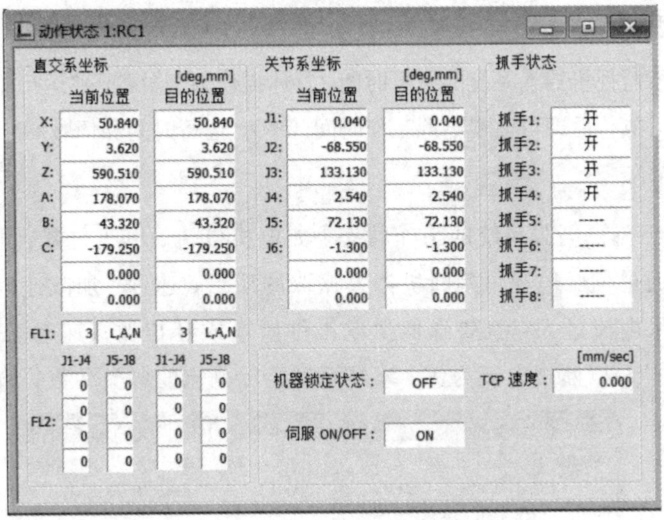


图 7 - 22　动作状态监视

报警内容监视主要用于监视报警代码、报警信息及报警时间等。具体操作为“监视”→“动作监视”→“报警”。

**2. 信号监视**

信号监视用于监视信号状态，包括通用信号的监视、已经命名的输入/输出信号监视、停止信号/急停信号监视。

通用信号的监视用于监视输入/输出信号的状态。具体操作为“监视”→“信号监视”→“通用信号”→“通用信号框”，执行后即可设置或查看模拟输入信号、设置监视信号的范围和强制输出信号 ON/OFF 状态。

已经命名的输入/输出信号监视用于监视已经命名的输入/输出信号的 ON/OFF 状态。具体操作为“监视”→“信号监视”→“带名字的信号”→“带名字的信号框”，执行后可设置或查看已经命名的输入/输出信号的 ON/OFF 状态，如图 7－23 所示。

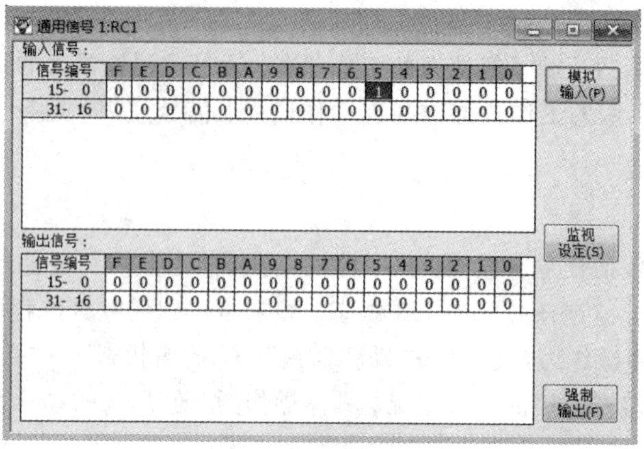


图 7－23　信号监视

停止信号/急停信号监视用于监视停止信号及急停信号的 ON/OFF 状态。具体操作为执行“监视”→“信号监视”→“停止信号”→“停止信号框”。

**3. 运行监视**

运行监视用于监视机器人系统的运行时间。具体操作为“监视”→“运行监视”→“运行时间”→“运行时间框”，执行后即可监视电源工作时间(ON)、运行时间和伺服 ON 时间等信息。

**4. 伺服监视**

伺服监视用于监视伺服系统的工作状态，如电机电流、电机位置、电机速度、电机负载率及电源等。通过伺服监视可判断机器人抓取的质量、速度、加减速时间等因素是否达到规范要求。如果电流过大，就要降低抓取工件质量或延长加减速时间。具体操作为“维护”→“伺服监视”。以监视电流为例，该界面可显示电流的各类参数，如图 7－24 所示。

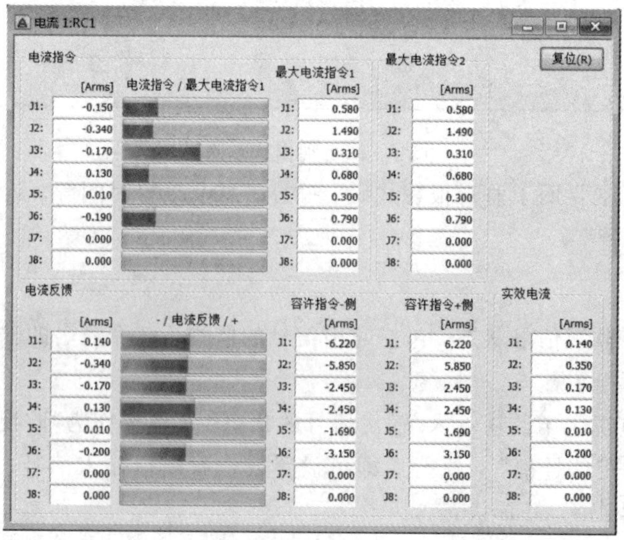


图 7－24　电流监视

**5. 报警及故障状态监视**

系统在运行过程中根据运行状态会自动发出报警或故障的提示。

报警格式为“报警种类 报警编号 *”。其中，报警种类包括严重报警(H)、轻度故障(L)和警告(C)三种级别。处理严重报警时需要关闭伺服系统，轻度故障需要停止动作，警告可继续运行。报警编号由 4 位数值组成，如 0001。* 表示严重故障，需要断电重启。

根据故障代码，可查看官方提供的故障报警提示及故障排除方法。

## 7.3　ABB 机器人程序语言

ABB 机器人编程采用的是高级程序设计语言(RAPID 语言)，该语言由 ABB 公司和 S4 公司一起研制开发，其设计风格非常类似于 VB 语言，而其提供的编程方式类似于组态软件 MCGS。RAPID 语言包含了一系列控制机器人的指令、预定义的指令(Instruments)和函数(Functions)等，同时，还允许用户根据个性需求自定义指令函数。一个完整的程序是由程序指令和用户数据构成的。用户数据又分为工具数据、数值数据和位置数据等。程序指令包括控制指令、变量指令、运动设定指令、运动控制指令、输入/输出信号处理指令、通信功能指令、中断程序指令、系统指令和数学运算指令等。

**1. 程序控制指令**

程序控制指令用于程序的调用、程序内的逻辑控制和停止程序执行，如表 7-7 所示。

**表 7-7　程 序 控 制**

| 功能 | 指　令 | 说　　明 |
|---|---|---|
| 程序的调用 | ProcCall | 调用例行程序 |
| | CallByVar | 通过带变量的例行程序名称调用例行程序 |
| | RETURN | 返回原例行程序 |
| 程序内的逻辑控制 | Compact IF | 如果条件满足，就执行下一条指令 |
| | IF | 当满足不同的条件时，执行对应的程序 |
| | FOR | 根据指定的次数，重复执行对应的程序 |
| | WHILE | 如果条件满足，重复执行对应的程序 |
| | TEST | 对一个变量进行判断，从而执行不同的程序 |
| | GOTO | 跳转到例行程序内标签的位置 |
| | Lable | 跳转标签 |
| 停止程序执行 | Stop | 停止程序执行 |
| | EXIT | 停止程序执行并禁止在停止处再开始 |
| | Break | 临时停止程序的执行，用于手动调试 |
| | SystemStopAction | 停止程序执行与机器人运动 |
| | ExitCycle | 中止当前程序的运行并将程序指针 PP 复位到主程序的第一条指令。如果选择了程序连续运行模式，程序将从主程序的第一句重新执行 |

**2. 变量指令**

变量指令包括赋值指令、等待指令、程序注释、程序模块加载、变量功能、转换功能，如表 7-8 所示。

**表 7-8 变量指令**

| 功能 | 指 令 | 说 明 |
|---|---|---|
| 赋值指令 | := | 对程序数据进行赋值 |
| 等待指令 | WaitTime | 等待一个指定的时间，程序再往下执行 |
| | WaitUntil | 等待一个条件满足后，程序继续往下执行 |
| | WaitDI | 等待一个输入信号状态为设定值 |
| | WaitDO | 等待一个输出信号状态为设定值 |
| 程序注释 | Comment | 对程序进行注释 |
| 程序模块加载 | Load | 从机器人硬盘加载一个程序模块到运行内存 |
| | UnLoad | 从运行内存中卸载一个程序模块 |
| | Start Load | 在程序执行的过程中，加载一个程序模块到运行内存中 |
| | Wait Load | 当 Start Load 使用后，使用此指令将程序模块连接到任务中使用 |
| | CancelLoad | 取消加载程序模块 |
| | CheckProgRef | 检查程序引用 |
| | Save | 保存程序模块 |
| | EraseModule | 从运行内存删除程序模块 |
| 变量功能 | TryInt | 判断数据是否是有效的整数 |
| | OpMode | 读取当前机器人的操作模式 |
| | RunMode | 读取当前机器人程序的运行模式 |
| | NonMotionMode | 读取程序任务当前是否无运动的执行模式 |
| | Dim | 获取一个数组的维数 |
| | Present | 读取带参数例行程序的可选参数值 |
| | IsPers | 判断一个参数是不是可变量 |
| | IsVar | 判断一个参数是不是变量 |
| 转换功能 | StrToByte | 将字符串转换为指定格式的字节数据 |
| | ByteToStr | 将字节数据转换为字符串 |

**3. 运动设定指令**

运动设定指令用于工具中心接触点(Tool Center Point，TCP)最大速度函数、确定速度、确定加速度、确定轴配置管理、确定净负荷、确定奇异点附近的行为、移植程序、软伺服功能、机器人参数调整功能和空间监控管理等，如表 7-9 所示。

**表 7-9　运动设定指令**

| 功　能 | 指　令 | 说　明 |
|---|---|---|
| TCP 最大速度函数 | MaxRobSpeed | 返回所用的机械臂类型的工具中心接触点的最大速度 |
| 确定速度 | VelSet | 设定最大的速度与倍率 |
| | SpeedRefresh | 更新当前运动的速度倍率 |
| | SpeedLimAxis | 设置轴的速度限值。随后，通过系统输入信号加以应用 |
| | SpeedLimCheckPoint | 设置检查点的速度限值。随后，通过系统输入信号加以应用 |
| 确定加速度 | AccSet | 定义机器人的加速度 |
| | WorldAccLim | 设定大地坐标中工具与载荷的加速度 |
| | PathAccLim | 设定运动路径中 TCP 的加速度 |
| 确定轴配置管理 | ConfJ | 关节运动的轴配置控制 |
| | ConfL | 线性运动的轴配置控制 |
| 确定净负荷 | GripLoad | 机械手的净负荷 |
| 确定奇异点附近的行为 | singArea | 设定机器人运动时，在奇异点的插补方式 |
| 移植程序 | PDispOn | 激活位置偏置 |
| | PDispSet | 激活指定数值的位置偏置 |
| | PDispOff | 关闭位置偏置 |
| | EOffsOn | 激活外轴偏置 |
| | EOffsSet | 激活指定数值的外轴偏置 |
| | EOffsOff | 关闭外轴位置偏置 |
| | DefDFrame | 通过三个位置数据计算出位置的偏置 |
| | DefFrame | 通过六个位置数据计算出位置的偏置 |
| | ORobT | 从一个位置数据删除位置偏置 |
| | DefAccFrame | 从原始位置和替换位置定义一个框架 |
| 软伺服功能 | SoftAct | 激活一个或多个轴的软伺服功能 |
| | SoftDeact | 关闭软伺服功能 |

**续表**

| 功说能　明 | 指　令 | |
|---|---|---|
| 机器人参数调整功能 | TuneServo | 伺服调整 |
| | TuneReset | 伺服调整复位 |
| | PathResol | 几何路径精度调整 |
| | CirPathMode | 在圆弧插补运动时，工具姿态的变换方式 |
| 空间监控管理 | WZBoxDef | 定义一个方形的监控空间 |
| | WZCylDef | 定义一个圆柱形的监控空间 |
| | WZSphDef | 定义一个球形的监控空间 |
| | WZHomeJointDef | 定义一个关节轴坐标的监控空间 |
| | WZLimJointDef | 定义一个限定为不可进入的关节轴坐标监控空间 |
| | WZLimSup | 激活一个监控空间并限定为不可进入 |
| | WZDOSet | 激活一个监控空间并与一个输出信号关联 |
| | WZEnable | 激活一个临时的监控空间 |
| | WZFree | 关闭一个临时的监控空间 |

### 4. 运动控制指令

运动控制指令用于机器人的运动和控制，包括机器人运动控制、搜索功能、指定位置触发信号与中断功能、出现错误或中断时的运动控制、外轴控制、独立轴控制、路径修正功能、路径记录功能、输送链跟踪功能、传感器同步功能、有效载荷与碰撞检测、关于位置的功能等，如表 7-10 所示。

**表 7-10　运动控制**

| 功能 | 指　令 | 说　　明 |
|---|---|---|
| 机器人运动控制 | MoveC | TCP 圆弧运动 |
| | MoveJ | 关节运动 |
| | MoveL | TCP 线性运动 |
| | MoveAbsJ | 轴绝对角度位置运动 |
| | MoveExtJ | 外部直线轴和旋转轴运动 |
| | MoveCDO | TCP 圆弧运动的同时触发一个输出信号 |
| | MoveJDO | 关节运动的同时触发一个输出信号 |
| | MoveLDO | TCP 线性运动的同时触发一个输出信号 |
| | MoveCSync | TCP 圆弧运动的同时执行一个例行程序 |
| | MoveJSync | 关节运动的同时执行一个例行程序 |
| | MoveLSync | TCP 线性运动的同时执行一个例行程序 |

**续表一**

| 功能 | 指　令 | 说　明 |
| --- | --- | --- |
| 搜索功能 | SearchC | TCP 圆弧搜索运动 |
| | SearchL | TCP 线性搜索运动 |
| | SearchExtJ | 外轴搜索运动 |
| 指定位置触发信号与中断功能 | TriggIO | 定义触发条件在一个指定的位置触发输出信号 |
| | TriggInt | 定义触发条件在一个指定的位置触发中断程序 |
| | TriggCheckIO | 定义一个指定的位置进行 I/O 状态的检查 |
| | TriggEquip | 定义触发条件在一个指定的位置触发输出信号，并对信号响应的延迟进行补偿设定 |
| | TriggRampAO | 定义触发条件在一个指定的位置触发模拟输出信号，并对信号响应的延迟进行补偿设定 |
| | TriggC | 带触发事件的圆弧运动 |
| | TriggJ | 带触发事件的关节运动 |
| | TriggL | 带触发事件的直线运动 |
| | TriggLIOs | 在一个指定的位置触发输出信号的线性运动 |
| | StepBwdPath | 在 RESTART 的事件程序中进行路径的返回 |
| | TriggStopProc | 在系统中创建一个监控处理，用于在 STOP 和 QSTOP 中需要信号复位和程序数据复位的操作 |
| | TriggSpeed | 定义模拟输出信号与实际 TCP 速度之间的配合 |
| 出现错误或中断时的运动控制 | StopMove | 停止机器人运动 |
| | StartMove | 重新启动机器人运动 |
| | StartMoveRetry | 重新启动机器人运动及相关的参数设定 |
| | StopMoveReset | 对停止运动状态复位，但不重新启动机器人运动 |
| | StorePath * | 存储已生成的最近路径 |
| | RestoPath * | 重新生成之前存储的路径 |
| | ClearPath | 在当前的运动路径级别中，清空整个运动路径 |
| | PathLevel | 获取当前路径级别 |
| | SyncMoveSuspend * | 在 StorePath 的路径级别中暂停同步坐标的运动 |
| | SyncMoveResume * | 在 StorePath 的路径级别中返回同步坐标的运动 |

**续表二**

| 功能 | 指　令 | 说　　明 |
| --- | --- | --- |
| 外轴控制 | DeactUnit | 关闭一个外轴单元 |
| | ActUnit | 激活一个外轴单元 |
| | MechUnitLoad | 定义外轴单元的有效载荷 |
| | GetNextMechUnit | 检索外轴单元在机器人系统中的名字 |
| | IsMechUnitActive | 检查一个外轴单元状态是关闭还是激活 |
| | IndAMove | 将一个轴设定为独立轴模式并进行绝对位置方式运动 |
| 独立轴控制 | IndCMove | 将一个轴设定为独立轴模式并进行连续方式运动 |
| | IndDMove | 将一个轴设定为独立轴模式并进行角度方式运动 |
| | IndRMove | 将一个轴设定为独立轴模式并进行相对位置方式运动 |
| | IndReset | 取消独立轴模式 |
| | IndInpos | 检查独立轴是否已到达指定位置 |
| | IndSpeed | 检查独立轴是否已到达指定的速度 |
| | 这些功能需要选项“Independent movement”配合 | |
| 路径修正功能 | CorrCon | 连接一个路径修正生成器 |
| | CorrWrite | 将路径坐标系统中的修正值写到修正生成器 |
| | CorrDiscon | 断开一个已连接的路径修正生成器 |
| | CorrClear | 取消所有已连接的路径修正生成器 |
| | CorrRead | 读取所有已连接的路径修正生成器的总修正值 |
| 路径记录功能 | PathRecStart | 开始记录机器人的路径 |
| | PathRecStop | 停止记录机器人的路径 |
| | PathRecMoveBwd | 机器人根据记录的路径做后退动作 |
| | PathRecMoveFwd | 机器人运动到执行 PathRecMoveBwd 这个指令的位置上 |
| | PathRecValidBwd | 检查是否已激活路径记录和是否有可后退的路径 |
| | PathRecValidFwd | 检查是否有可向前的记录路径 |
| | 这些功能需要选项“Path recovery”和“Path offset or RobotWare－Arc sensor”配合 | |
| 输送链跟踪功能 | WaitWObj | 等待输送链上的工件坐标 |
| | DropWObj | 放弃输送链上的工件坐标 |
| | 这些功能需要选项“Conveyor tracking”配合 | |

续表三

| 功能 | 指　令 | 说　　明 |
| --- | --- | --- |
| 传感器同步功能 | WaitSensor | 将一个在开始窗口的对象与传感器设备关联起来 |
| | SyncToSensor | 开始/停止机器人与传感器设备的运动同步 |
| | DropSensor | 断开当前对象的连接 |
| | 这些功能需要选项“Sensor synchronization”配合 | |
| 有效载荷与碰撞检测 | MotionSup | 激活/关闭运动监控，此功能需要选项“Collision detection”配合 |
| | LoadId | 工具或有效载荷的识别 |
| | ManLoadId | 外轴有效载荷的识别 |
| 关于位置的功能 | Offs | 对机器人位置进行偏移 |
| | RelTool | 对工具的位置和姿态进行偏移 |
| | CalcRobT | 从 jointtarget 计算出 robtarget |
| | CPos | 读取机器人当前的位置坐标 |
| | CRobT | 读取机器人当前的 robtarget |
| | CJointT | 读取机器人当前的关节轴角度 |
| | ReadMotor | 读取轴电动机当前的角度 |
| | CTool | 读取工具坐标当前的数据 |
| | CWObj | 读取工件坐标当前的数据 |
| | MirPos | 镜像一个位置 |
| | CalcJointT | 从 robtarget 计算出 jointtarget |
| | Distance | 计算两个位置的距离 |
| | PFRestart | 检查当路径因电源关闭而中断的时候 |
| | CSpeedOverride | 读取当前使用的速度倍率 |

**5. 输入/输出信号处理指令**

输入/输出信号处理指令包括设定输入/输出信号值、读取输入/输出信号值和 I/O 模块的控制等，如表 7－11 所示。

表 7-11　输入/输出信号指令

| 功能 | 指　令 | 说　　明 |
| --- | --- | --- |
| 设定输入/输出信号值 | InvertDO | 对一个数字输出信号的值置反 |
| | PulseDO | 数字输出信号进行脉冲输出 |
| | Reset | 将数字输出信号置为 0 |
| | Set | 将数字输出信号置为 1 |
| | SetAO | 设定模拟输出信号的值 |
| | SetDO | 设定数字输出信号的值 |
| | SetGO | 设定组输出信号的值 |
| 读取输入/输出信号值 | AOutput | 读取模拟输出信号的当前值 |
| | DOutput | 读取数字输出信号的当前值 |
| | GOutput | 读取组输出信号的当前值 |
| | TestDI | 检查一个数字输入信号已置 1 |
| | ValidIO | 检查 I/O 信号是否有效 |
| I/O 模块的控制 | WaitDI | 等待一个数字输入信号的指定状态 |
| | WaitDO | 等待一个数字输出信号的指定状态 |
| | WaitGI | 等待一个组输入信号的指定值 |
| | WaitGO | 等待一个组输出信号的指定值 |
| | WaitAI | 等待一个模拟输入信号的指定值 |
| | WaitAO | 等待一个模拟输出信号的指定值 |
| | IODisable | 关闭一个 I/O 模块 |
| | IOEnable | 开启一个 I/O 模块 |

**6. 通信指令**

通信功能指令包括示教器上人机界面的功能、串口读写和 Socket 通信等，如表 7-12 所示。

表7-12 通信功能

| 功能 | 指令 | 说明 |
|---|---|---|
| 示教器上人机界面的功能 | TPErase | 清屏 |
| | TPWrite | 在示教器操作界面上写信息 |
| | ErrWrite | 在示教器事件日志中写报警信息并储存 |
| | TPReadFK | 互动的功能键操作 |
| | TPReadNum | 互动的数字键盘操作 |
| | TPShow | 通过RAPID程序打开指定的窗口 |
| 串口读写 | Open | 打开串口 |
| | Write | 对串口进行写文本操作 |
| | Close | 关闭串口 |
| | WriteBin | 写一个二进制数的操作 |
| | WriteAnyBin | 写任意二进制数的操作 |
| | WriteStrBin | 写字符的操作 |
| | Rewind | 设定文件开始的位置 |
| | ClearIOBuff | 清空串口的输入缓冲 |
| | ReadAnyBin | 从串口读取任意的二进制数 |
| | ReadNum | 读取数字量 |
| | ReadStr | 读取字符串 |
| | ReadBin | 从二进制串口读取数据 |
| | ReadStrBin | 从二进制串口读取字符串 |
| Sockets通信 | SocketCreate | 创建新的Socket |
| | SocketConnect | 连接远程计算机 |
| | SocketSend | 发送数据到远程计算机 |
| | SocketReceive | 从远程计算机接收数据 |
| | SocketClose | 关闭Socket |
| | SocketGetStatus | 获取当前Socket状态 |

**7. 中断程序指令**

中断程序指令包括中断设定和中断控制等，如表7-13所示。

表 7-13 中断程序

| 功能 | 指令 | 说明 |
| --- | --- | --- |
| 中断设定 | CONNECT | 连接一个中断符号到中断程序 |
| | ISignalDI | 使用一个数字输入信号触发中断 |
| | ISignalDO | 使用一个数字输出信号触发中断 |
| | ISignalGI | 使用一个组输入信号触发中断 |
| | ISignalGO | 使用一个组输出信号触发中断 |
| | ISignalAI | 使用一个模拟输入信号触发中断 |
| | ISignalAO | 使用一个模拟输出信号触发中断 |
| | ITimer | 计时中断 |
| | TriggInt | 在一个指定的位置触发中断 |
| | IPers | 使用一个可变量触发中断 |
| | IError | 当一个错误发生时触发中断 |
| | IDelete | 取消中断 |
| 中断控制 | ISleep | 关闭一个中断 |
| | IWatch | 激活一个中断 |
| | IDisable | 关闭所有中断 |
| | IEnable | 激活所有中断 |

**8. 系统指令**

系统指令主要用于获取控制系统的时间参数，如表 7-14 所示。

表 7-14 系统指令

| 功能 | 指令 | 说明 |
| --- | --- | --- |
| 获取系统时间参数 | ClkReset | 计时器复位 |
| | ClkStart | 计时器开始计时 |
| | ClkStop | 计时器停止计时 |
| | ClkRead | 读取计时器数值 |
| | CDate | 读取当前日期 |
| | CTime | 读取当前时间 |
| | GetTime | 读取当前时间为数字型数据 |

### 9. 数学运算指令

数学运算指令包括简单运算和算术运算，如表 7－15 所示。

**表 7－15　数学运算**

| 功　能 | 指　令 | 说　　明 |
| --- | --- | --- |
| 简单运算 | Clear | 清空数值 |
| | Add | 加或减操作 |
| | Incr | 加 1 操作 |
| | Decr | 减 1 操作 |
| 算术运算 | Abs | 取绝对值 |
| | Round | 四舍五入 |
| | Trunc | 舍位操作 |
| | Sqrt | 计算二次根 |
| | Exp | 计算指数值 |
| | Pow | 计算指数值 |
| | Acos | 计算圆弧余弦值 |
| | Asin | 计算圆弧正弦值 |
| | ATan | 计算圆弧正切值[－90，90] |
| | ATan2 | 计算圆弧正切值[－180，180] |
| | cos | 计算余弦值 |
| | sin | 计算正弦值 |
| | Tan | 计算正切值 |
| | EulerZYX | 从姿态计算欧拉角 |
| | OrientZYX | 从欧拉角计算姿态 |

### 10. 特殊指令集

在 RobotStudio 对象类中，有一种特殊的指令集——Smart 组件，该指令集应用广泛，功能强大。Smart 组件本质上是一种功能复杂的指令集，能够让工作站内的组件做出更复杂行为，如夹持动作、对象跟随等。Smart 组件包括信号和属性(Signal and Properties)、参数建模(Parametric Primitives)、传感器(Sensor)、动作(Action)、本体和其他等组件，如表 7－16 所示。

**表 7-16 Smart 基本组件**

| 功　能 | 指　令 | 说　　明 |
|---|---|---|
| 信号和属性 | LogicGate | 数字信号的逻辑运算 |
| | LogicExparession | 评估逻辑表达式 |
| | LogicMux | 选择输入信号 |
| | LogicSpirt | 根据输入信号的状态设定和输出脉冲信号 |
| | LogicSRLatch | 设定复位锁定，即固定信号脉冲 |
| | Converter | 属性值与信号值之间转换 |
| | VectorConverter | 转换向量 Vector 和位置坐标值 X/Y/Z 之间的值 |
| | Expression | 验证数学表达式 |
| | Comparer | 设定一个数字信号，输出一个属性的比较结果，结果为真，输出 1，反之，输出 0 |
| | Counter | 增加或减少属性的值 |
| | Repeater | 脉冲输出信号的次数 |
| | Timer | 在仿真时，间隔性地输出脉冲。 |
| | MultiTimer | 仿真期间特定时间发出的脉冲信号 |
| | StopWatch | 仿真计时 |
| 参数建模 | ParametricBox | 创建一个盒形固体 |
| | ParametricCylinder | 创建一个实体圆筒 |
| | ParametricLine | 创建一个线段 |
| | ParametricCircle | 创建一个圆 |
| | LinearExtrusion | 拉伸或线段沿着向量方向 |
| | LinearRepeater | 创建图形组件的拷贝 |
| | MatrixRepeater | 在 3D 空间中创建图形组件的拷贝 |
| 传感器 | CollisionSenso | 对象间的碰撞监控 |
| | LineSensor | 检测是否有任何对象与两点之间的线段相交，如果检测到工件就输出 1，前提是被检测的物体需要勾选“可由传感器检测” |
| | PlaneSensor | 监测对象与平面相交，如果检测到工件则会输出 1，前提是被检测的物体需要勾选“可由传感器检测” |
| | VolumeSensor | 检测是否有任何对象位于某个体积内 |
| | PositionSensor | 在仿真过程中对监控对象位置 |
| | ClosetObject | 查找最接近参考点或其他对象的对象 |

**续表**

| 功　能 | 指　令 | 说　　明 |
|---|---|---|
| 动作 | Attacher | 安装一个对象，需要明确设定父对象，当父对象和子对象安装成功时，则输出 1 |
| | Detracher | 拆除一个已安装的对象，跟安装的组件共同使用，只要明确知道要拆除的对象 |
| | Source | 创建一个图形组件的拷贝 |
| | sink | 删除图形组件 |
| | Show | 在画面中使该对象可见 |
| | Hide | 在画面中使该对象隐藏 |
| 本体 | LinearMover | 移动一个对象到一条线上，按设定方向和速度移动 |
| | LinearMover2 | 在固定时间内移动一个对象到指定位置 |
| | Rotator | 按照指定的速度，使对象绕轴旋转 |
| | Rotator2 | 按照指定的速度，使对象绕着一个轴旋转指定的角度 |
| | PoseMover | 将机器人的关节运动到一个已定义的姿态 |
| | JointMover | 运动机器装置的关节 |
| | Positioner | 设定对象的位置和方向 |
| 其他 | Queue | 如果产生多个拷贝的对象，并且想将产生的对象统一进行移动，就把产生的对象都装进一个队列里面，移动这个队列即可实现统一移动 |
| | Objectcomparer | 设定一个数字信号输出对象的比较结果 |
| | GraphicSwitch | 双击图形在两个部件之间进行转换 |
| | Highlighter | 当信号为 1 时，改变选定对象的颜色 |
| | MoveToViewpoint | 切换到已定义的视角上 |
| | Logger | 在输出窗口显示信息，组件每得到一次信号就会在仿真窗口输出一次信息，可以用作跟踪和提示运行步数。 |
| | SoundPlayer | 播放声音 |
| | Random | 产生一个随机数 |
| | StopSimulation | 一旦有信号到达，就停止仿真 |
| | TraceTCP | 开启/关闭机器人的 TCP 跟踪，用于想在机器人运动过程中间突然需要用到机器人 TCP 跟踪来显示机器人的运动轨迹 |
| | SimulationEvents | 仿真开始和停止时发出的脉冲信号。 |

## 习　　题

1. 描述工业机器人语言的指令系统。
2. 描述机器人程序设计的流程。

# 第8章　工业机器人与工业自动化

## 8.1　工业机器人相关标准与规范

在设计、安装、运营和维护工业机器人时，工程师必须遵守相关技术标准体系和规范，才能更好地运用机器人。常用的相关标准和规范有消防安全法规、配电规范、可编程控制标准以及工业机器人设计和使用规范等。

**1. 消防安全法规**

《中华人民共和国消防法》

《移动式压力容器安全技术监察规程(TSGR 0005—2011)》

《特种设备安全监察条例(国务院令第373号)》

《容积式空气压缩机安全要求 GB 22207—2008》

**2. 配电规范**

《动力机器基础设计规范 GB 50040—96》

《供配电系统设计规范 GB 50052—95》

《低压配电设计规范 GB 50054—2009》

《通用用电设备配电设计规范 GB 50055—93》

《电力工程电缆设计规范 GB 50217—94》

《电力装置的电测量仪表装置设计规范 GBJ 63—90》

**3. 可编程控制标准**

《BS EN 61131－1—2003 可编程控制器第1部分:一般资料》

《BS EN 61131－2—2003 可编程控制器第2部分:设备要求和试验》

《BS EN 61131－3—2003 可编程控制器第3部分:程序设计语言》

《IEC TR 61131－4—2004 可编程序控制器第4部分:用户指南》

《IEC 61131－5—2001 可编程控制器第5部分:通信》

《IEC 61131－6—2012 可编程控制器第6部分:功能安全》

《IEC 61131－7—2000 可编程控制器 第7部分:模糊控制编程》

《IEC TR 61131－8—2003 可编程的控制器 第8部分:程序设计语言的执行和应用指南》

**4. 工业机器人设计和使用规范**

《工业环境用机器人 安全要求 第1部分 机器人 GB 11291.1—2011》

《机械安全 机械电气设备 第1部分 通用技术条件 GB 5226.1—2008》

《工业机器人 验收规则 JB/T 8898－1999》

《工业机器人产品验收实施规范 JB/T 10825—2008》

《工业机器人 性能规范及其试验方法 GB/T 12642—2013》

《工业机器人 性能试验实施规划 GB/T 20868—2007》

《机械安全涉及通则 风险评估 风险减小 GB/T 15706—2012》

《电磁兼容通用标准 工业环境中的抗扰度试验 GB/T 17799.2—2003》

《电磁兼容通用标准 居住 商业和轻工业环境中的发射 GB/T 17799.3—2012》

《电磁兼容通用标准 工业环境中的发射 GB/T 17799.4—2012》

《工业机器人电磁兼容性试验方法和性能评估准则指南 GB/Z 19397— 2003》

《机器人与机器人装备工业机器人的安全要求 第 2 部分 机器人系统与集成 GB 11291.2—2013》

《机械安全集成制造系统 基本要求 GB 16655—2008》

《工业机器人安全实施规范 GB/T 20867—2007》

《机械安全控制系统有关安全部分 第 1 部分 设计通则 GB/T 16855.1—2008》

《机械电气安全 安全相关电气、电子和可编程电子控制系统的功能安全 GB/T 28526—2012》

## 8.2　工业机器人与工业自动化系统

工业机器人是工业自动化系统的一部分，是集机械、电子、控制、传感器、人工智能等于一体的智能自动化装备。

本节以某厂家的智能制造产线为例描述工业机器人与工业自动化的关系。该智能制造产线包括六自由度工业机器人、智能视觉检测系统、可编程控制器(Programmable Logic Controller，PLC)、射频识别技术(Radio Frequency Identification，RFID)数据传输系统、变频器、软件等部分，可实现工件分拣、检测、搬运、装配、存储等功能。

### 8.2.1　六自由度工业机器人

六自由度工业机器人由机器人本体、机器人控制器、示教单元、输入/输出信号转换器、抓取机构及夹具等部分组成。机器人控制器是机器人的大脑，其面板如图 8－1 所示，其部分关键引脚分布如图 8－2 所示。示教单元是集成键盘、鼠标、液晶显示屏、使能按钮、急停按钮、操作键盘等于一体的人机交互单元，可用于参数设置、手动示教、位置编辑、程序编辑等操作。

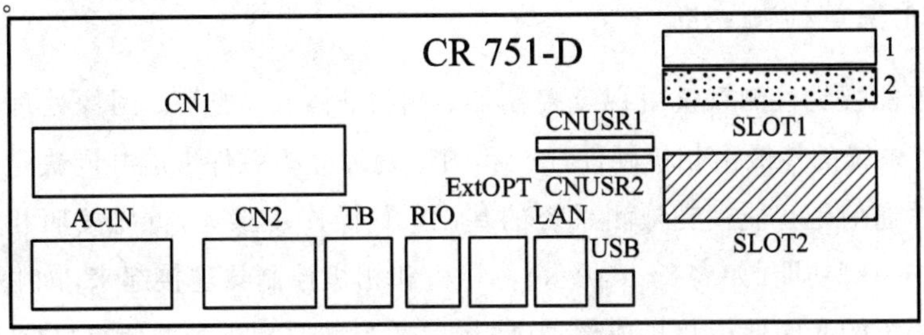


图 8－1　机器人控制器的总线实物图

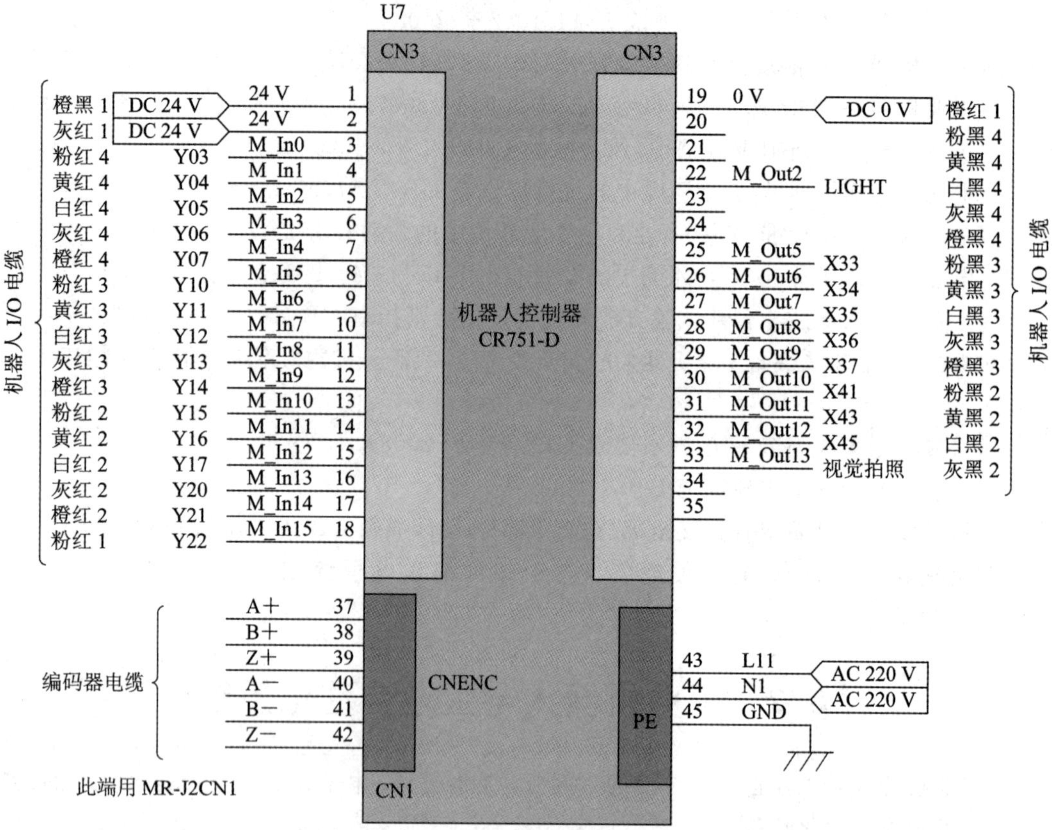


图 8-2 机器人控制器的部分引脚分布图

图 8-1 中，CN1 为电机电源连接线，与机器人本体的 CN1 连接器连接；CN2 为电机信号连接线，连接到机器人本体的 CN2 连接器；ACIN 为 AC 电源输入端子排，连接到控制柜的总电源处；CNUSR1 为机器人专用输入/输出连接用连接器，即模式输出/紧急停止输出，即一部分连接到了控制柜的急停按钮，一部分接入电机编码器；CNUSR2 为机器人专用输入/输出连接用连接器，机器人出错时输出，保留未用；TB 为示教单元连接用连接器，连接到示教单元专用的连接器；RIO 用于扩展并行输入/输出连接，保留未用；ExtOPT 用于连接附加轴，保留未用；LAN 用于连接局域网；USB 为 USB 接口。SLOT1/SLOT2 为插槽，该系统仅使用了第 1 个插槽，插槽 2 保留未用。

## 8.2.2 智能视觉检测系统

一般的智能视觉检测系统由视觉控制器、相机、镜头、光源、图像处理分析算法等组成。智能视觉系统的性能由相机硬件性能和图像处理分析软件性能共同决定。

相机硬件通信是智能视觉检测系统的基础，其操作步骤为：首先按照相机厂商提供的相机控制器的引脚功能(如表 8-1 所示)将相机和相机控制器连接起来，如图 8-3 所示；然后调节工业相机的光圈使得目标成像清晰；最后适当调节相机光源使得目标表面光照均匀。

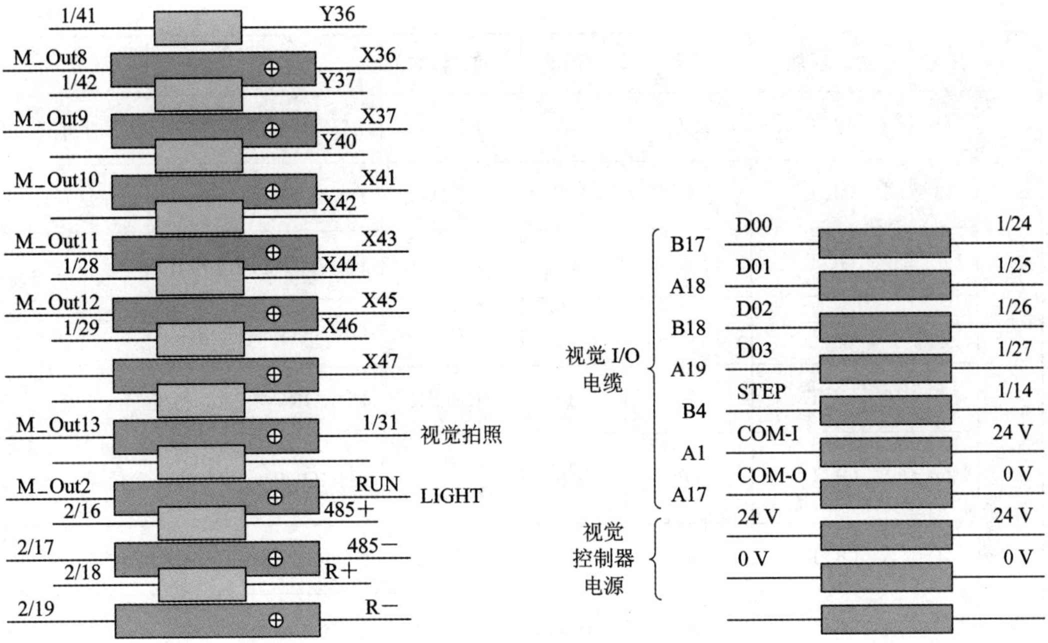


图 8-3　视觉信号线路图

相机控制器用于将相机和外界交互连接起来，其引脚功能如表 8-1 所示。

**表 8-1　相机控制器引脚功能**

| | 序号 | 功　能 | 线色 | 标识 | 信号名 | 备　注 |
|---|---|---|---|---|---|---|
| CN1 | 1 | — | 红 | A1 | COMIN0 | COMIN0～2:输入信号 |
| | 2 | — | 灰 | B1 | COMIN1 | |
| | 3 | — | 灰 | A2 | Vacant— | |
| | 4 | IN | 灰 | B2 | STEP0 | STEP0:测量触发输入(接 1/14) |
| | 5 | IN | 绿 | A3 | Vacant— | DI 0～7:命令输入<br>DO 0～7:数据输出<br>DSA0:数据传输请求<br>GATE0:当配置输出时间时开启 |
| | 6 | IN | 灰 | B3 | Vacant— | |
| | 7 | IN | 灰 | A4 | Vacant— | |
| | 8 | IN | 灰 | B4 | Vacant— | |
| | 9 | IN | 灰 | A5 | Vacant— | |
| | 10 | IN | 绿 | B5 | Vacant— | |
| | 11 | IN | 灰 | A6 | Vacant— | |
| | 12 | IN | 灰 | B6 | Vacant— | |
| | 13 | IN | 灰 | A7 | Vacant— | |
| | 14 | IN | 灰 | B7 | Vacant— | |

**续表**

| | 序号 | 功　　能 | 线色 | 标识 | 信号名 | 备　注 |
|---|---|---|---|---|---|---|
| CN1 | 15 | OUT | 绿 | A8 | RUN0 | RUN0:输出设置开启显示时打开 |
| | 16 | OUT | 灰 | B8 | READY0 | READY0:图像输入被允许是开启 |
| | 17 | OUT | 灰 | A9 | BUSY0 | BUSY0:处理过程开启 |
| | 18 | OUT | 灰 | B9 | OR0 | OR0:总体评价结果 |
| | 19 | OUT | 灰 | A10 | ERROR0 | ERROR0:有错误触发 |
| | 20 | OUT | 绿 | B10 | STGOUT0/<br>SHGOUT0 | SHGOUT0:闪光灯触发信号 |
| | 21 | OUT | 灰 | A11 | STGOUT1 | STGOUT0～3:快门输出信号 |
| | 22 | OUT | 灰 | B11 | STGOUT2 | —— |
| | 23 | OUT | 灰 | A12 | STGOUT3 | |
| | 24 | OUT | 灰 | B12 | Vacant— | —— |
| | 25 | OUT | 绿 | A13 | Vacant— | —— |
| | 26 | OUT | 灰 | B13 | Vacant— | —— |
| | 27 | OUT | 灰 | A14 | Vacant— | —— |
| | 28 | OUT | 灰 | B14 | Vacant— | —— |
| | 29 | OUT | 灰 | A15 | Vacant— | —— |
| | 30 | OUT | 绿 | B15 | Vacant— | —— |
| | 31 | OUT | 灰 | A16 | Vacant— | —— |
| | 32 | OUT | 灰 | B16 | Vacant— | —— |
| | 33 | — | 灰 | A17 | COMOUT0 | COMOUT0～2:输出信号 |
| | 34 | — | 灰 | B17 | COMOUT1 | |

图像处理分析算法由厂家自己开发或由第三方提供。软件通常采用 Windows 风格设计，主要由显示窗口和功能按钮组成，如图 8-4 所示。

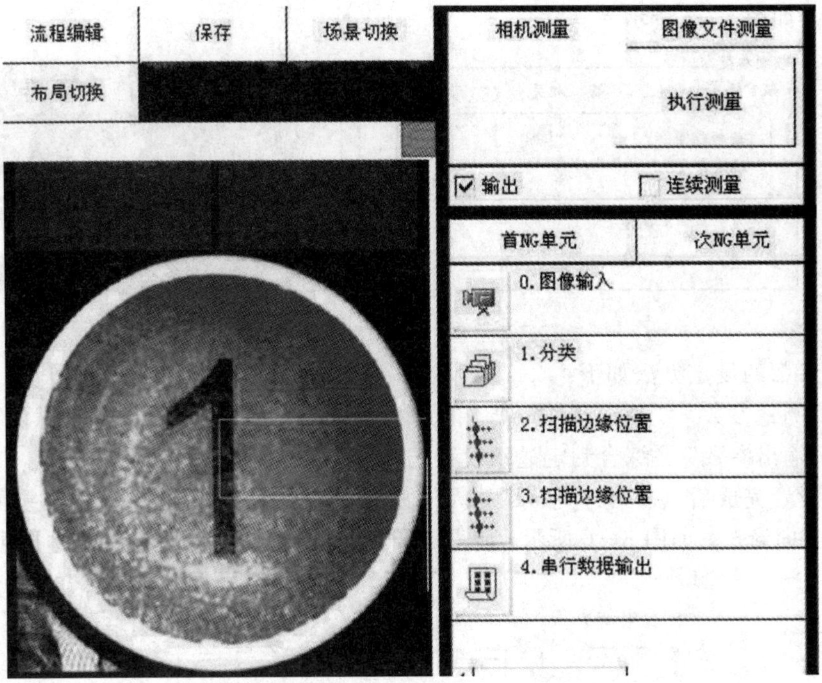


图 8-4　智能视觉系统软件界面

下面以某厂家的智能视觉检测系统为例，说明智能视觉系统的使用方法。

**1. 通信设置**

在“通信模块”中设置如下参数：

串行/以太网设置为“无协议 TCP”；

串行 RS-232 设置为“无协议”；

并行设置为“标准并行 I/O”。

将设置保存，选择“菜单”→“控制器”→“系统重启”，以重启系统。

重启系统后，选择“系统”→“通信”→“Ethernet:无协议 TCP”，设置以太网的属性，确认后保存，点击“适用”按钮即可生效。具体参数如下：

IP 地址：192.168.1.2；

子网掩码：255.255.255.0；

默认网关：10.5.5.5.1；

输入/输出端口：10001。

**2. 算法设置**

算法是智能视觉系统的灵魂，需求不同则算法也不同。模板匹配是目标识别和分类最常用的算法之一。

1）模型登录及测量参数设置

在“分类属性”界面选择要输入图像的位置，点击“登录模型”，拖动左侧圆圈，设置测量区域。在“模型参数”界面中，勾选“旋转”，设置“稳定度”为“高速”，“精度”为“高速”，其他默认，如图 8－5 所示。

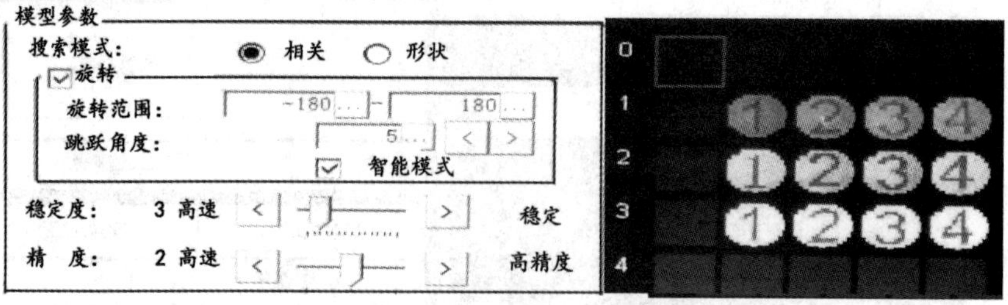


图 8－5 模型参数

测量参数的设定方法如下：

设置“测量参数”：“判定条件”项下的“相似度”设置为 90—100，其他默认；

设置“输出参数”：“综合判定显示设置”为“关”。

参数设置完成后点击“模型登录”按钮，选择“椭圆”图形圈定目标，通过调整“中心坐标 Y”的方向箭头，如图 8－6 所示，使得椭圆正好放置在数字(如 1)的外边即可。

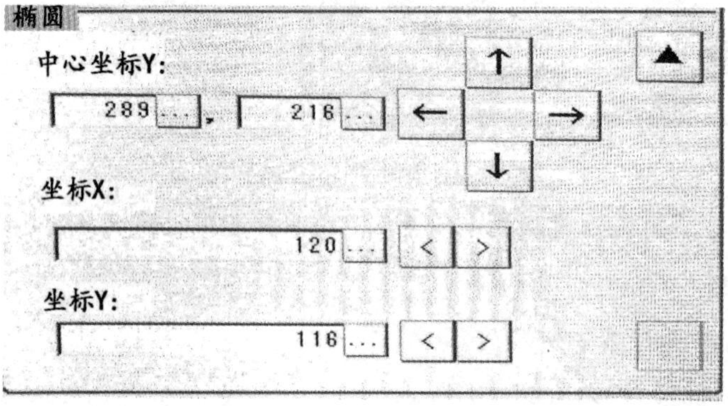


图 8－6 目标范围圈定

2）边缘位置扫描

边缘位置扫描通过测量区域内的颜色变化而测量对象的位置。在“扫描边界位置”界面，拖动矩形框将测量边缘框住。通过“区域设定”的“编辑”按钮设置扫描边缘区域，调整“中心坐标”的方向箭头、“始点”和“终点”的方向箭头、“宽度”，使得矩形框放置在工件目标上方区域。扫描边缘位置的效果如图 8－7 所示。

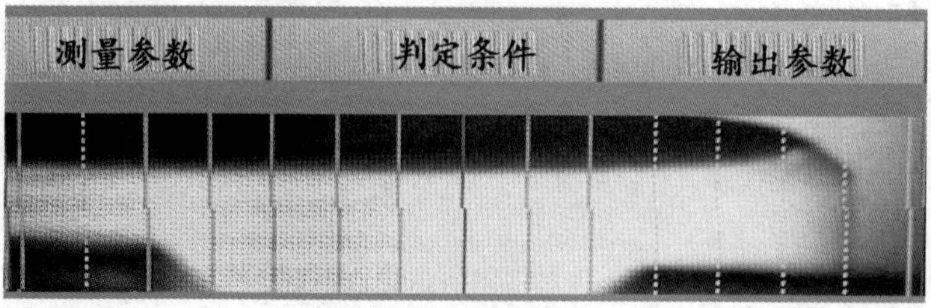


图 8－7 扫描边缘位置

3）串行数据输出

串行数据输出利用指令的方式将数据输出到可编程控制器或 PC 外部设备使用。

在“串行数据输出”界面可编写与外部控制器交互命令，即在“表达式”下输入相应的命令，如图 8 - 8 所示。

| No. | 注释 | 表达式 |
|---|---|---|
| 0 | | ((U3.JG+1)/2*U3.NO) |
| 1 | | (((U3.JG+1)/2*U3.IN)+100) |
| 2 | | ((U3.JG+1)/2*U3.TH) |
| 3 | | ((U3.JG+1)/2*1)*((U5.JG+1)/2*2) |
| 4 | | |
| 5 | | |
| 6 | | |
| 7 | | |

图 8 - 8　串行数据输出界面

4）执行测量

回到系统主界面，点击“保存”按钮生效，点击“执行测量”按钮查看效果。通过“直交”坐标调整示教器的 X、Y、Z 坐标，使得工件完全出现在相机视野内，程序就能实现目标的分类。当工件到达相机视野内时，点击“执行测量”按钮即可显示出测量输出结果。

总之，智能视觉检测系统是工业机器人的必要辅助技术，不仅可以直接利用专门厂商提供的封装好的软件，也可以自主研发软件来实现同样的功能。

## 8.2.3　RFID 数据传输系统

射频识别(RFID)技术用于在阅读器与标签之间进行非接触式的数据通信以达到识别目标的目的。依据标签的供电方式，RFID 可分为三类，即无源 RFID、有源 RFID 和半有源 RFID。无源 RFID 主要工作在较低频段，常见频段有 125 kHz、13.56 MHz 等。有源 RFID 主要工作在 900 MHz、2.45 GHz、5.8 GHz 等较高频段。

下面以西门子 RF260R 为例，描述 RFID 的使用方法。RF260R 是无源 RFID，包括读写器和电子标签，是一种非接触式的自动识别技术，通过射频信号自动识别目标对象并获取相关数据。该类读写器配有 RS232 接口，用于连接到 PC 系统、S7 - 1200 及其他控制器。

在 RF260R 中，RFID 读写器安装在环形输送单元的圆弧处，电子标签定制在工件内部。当工件经过环形输送单元的圆弧处时，RFID 可准确地读取工件内的标签信息(如编号、颜色、高度等)，再通过工业现场总线传输给 PLC，从而实现工件的分拣操作。

**1. RFID 连接**

利用 RS232 串口线(9 针)将计算机与 RFID 接口连接起来，其电气图如图 8 - 9 所示。

232 转 422

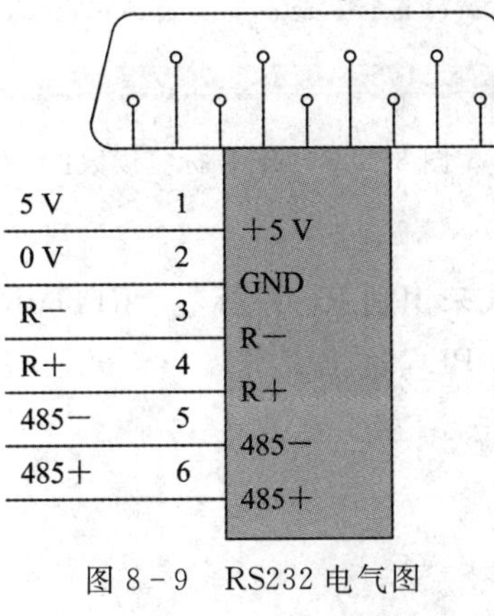


图 8 - 9　RS232 电气图

**2. RFID 标签写/读数据**

通过 RFID 数据读取软件(软件名为 RFID 300/600 读写程序)读取 RFID 射频芯片数据。将一个带有 RFID 的电子标签放置在 RFID 读卡器下，分别点击“打开”“启动”按钮，输入标签数据(如 F99)，完成后点击“写标签”按钮即可实现 RFID 标签写数据，如图 8-10 所示。

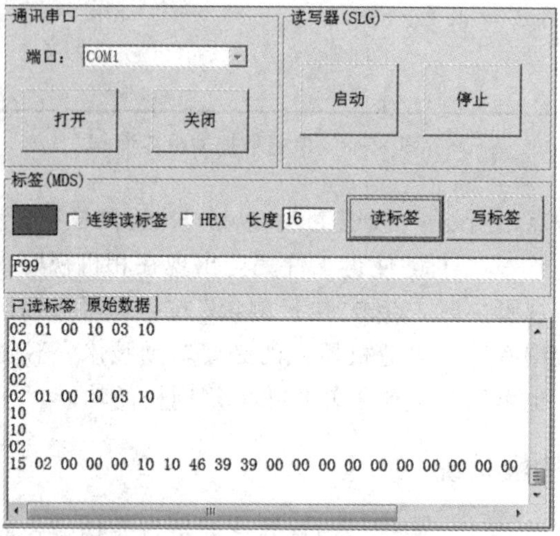


图 8-10 RFID 标签写数据

利用同样的方法，点击“读标签”按钮即可实现 RFID 标签读数据，如图 8-11 所示。

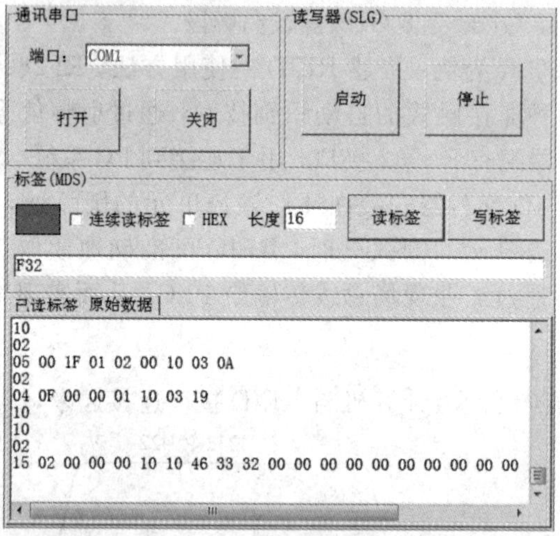


图 8-11 RFID 标签读数据

**3. RFID 数据格式及含义**

RFID 通过不同的数据格式来识别 RFID 标签。RF260R 常见的数据格式及含义如下，其中 IN 为 PLC 输入，OUT 为 PLC 输出。

上电时的数据格式为

IN：ff

IN：fc

IN：02

OUT：10

IN：02 00 0f 10 03 1e

注:所有数据串的最后一位 1e 为前面数据的 Xor。

启动数据的数据格式为

OUT：02

IN:10

IN:02

OUT：0a 00 00 00 25 02 00 00 01 00 01 10 03 3e

IN：10

IN:02

OUT:10

IN：05 00 00 01 02 00 10 03

停止数据的数据格式为

OUT：02

IN:10

OUT：03 0a 00 02 10 03 18

IN：10 02

OUT:10

IN：02 0a 19 10 03 02

读标签的数据格式为

OUT：10

OUT:02

IN:10

OUT:05 02 00 00 00 10 10 10 03 14

发现标签及标签数据的数据格式为

IN：10

IN:02

OUT:10

IN:01 0f 00 00 01 10 03 19

OUT:10

IN:02

OUT:10

IN:15 02 00 00 00 10 10 31 32 33 34 35 36 37 38 61 62 63 64 65 66 00 10 03 32

注:第 8 位和第 9 位为电子标签的 ASCII 数据。

标签离开的数据格式为

IN：02

OUT:10

IN:04 0f 00 00 01 10 03 18

写标签的数据格式为

OUT:10

OUT:02

IN:10

OUT：15 02 00 00 00 10 10 31 32 33 34 35 36 37 38 61 62 63 64 65 66 00 10 03 32

IN:10

IN:02

OUT:10

IN:02 01 00 10 03 10

在 RF260R 中，将工件颜色和高低不同的 RFID 射频芯片数据进行了编码，如表 8－2 所示。

**表 8－2　工件编码**

| 序号 1 | | | | | |
|---|---|---|---|---|---|
| 样式 | 编码 | ASCII 码 | 样式 | 编码 | ASCII 码 |
| 高红 1 | F51 | 3135 | 低红 1 | F11 | 3131 |
| 高红 2 | F52 | 3235 | 低红 2 | F12 | 3231 |
| 高红 3 | F53 | 3335 | 低红 3 | F13 | 3331 |
| 高红 4 | F54 | 3534 | 低红 4 | F14 | 3431 |
| 序号 2 | | | | | |
| 样式 | 编码 | ASCII 码 | 样式 | 编码 | ASCII 码 |
| 高蓝 1 | F61 | 3631 | 低蓝 1 | F21 | 3132 |
| 高蓝 2 | F62 | 3236 | 低蓝 2 | F22 | 3232 |
| 高蓝 3 | F63 | 3633 | 低蓝 3 | F23 | 3332 |
| 高蓝 4 | F64 | 3436 | 低蓝 4 | F24 | 3432 |
| 序号 3 | | | | | |
| 样式 | 编码 | ASCII 码 | 样式 | 编码 | ASCII 码 |
| 高黄 1 | F71 | 3137 | 低黄 1 | F31 | 3133 |
| 高黄 2 | F72 | 3237 | 低黄 2 | F32 | 3233 |
| 高黄 3 | F73 | 3337 | 低黄 3 | F33 | 3333 |
| 高黄 4 | F74 | 3437 | 低黄 4 | F34 | 3433 |
| 序号 4 | | | | | |
| 样式 | 编码 | ASCII 码 | 样式 | 编码 | ASCII 码 |
| 高黑 1 | F81 | 3138 | 低黑 1 | F41 | 3431 |
| 高黑 2 | F82 | 3238 | 低黑 2 | F42 | 3234 |
| 高黑 3 | F83 | 3338 | 低黑 3 | F43 | 3334 |
| 高黑 4 | F84 | 3438 | 低黑 4 | F44 | 3434 |

如低黄色工件的 RFID 标签数据为

10

10

02

15 02 00 00 00 10 10 46 33 31 00 00 00 00 00 00 00 00 00 00 00 10 03 40

由此可见，以上数据中的“33 31”，即为低黄工件的编码。

## 8.2.4　可编程控制器

可编程控制器(PLC)是工业控制系统中常用的控制器，其结构组成包括主控制器、扩展模块及外围接口。以三菱可编程控制器为例，其结构如图 8-12 所示，其中主控制器为 $FX_{3U}$系列，扩展模块为 $FX_{2N}$-8EX、$FX_{2N}$-2DA。PLC 与扩展模块的电气接线图、PLC 与输入/输出接口电气接线图分别如图 8-13 和图 8-14 所示。

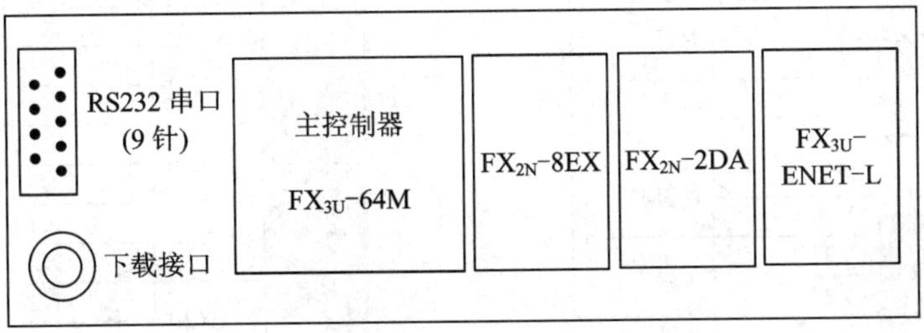


图 8-12　三菱可编程控制器结构

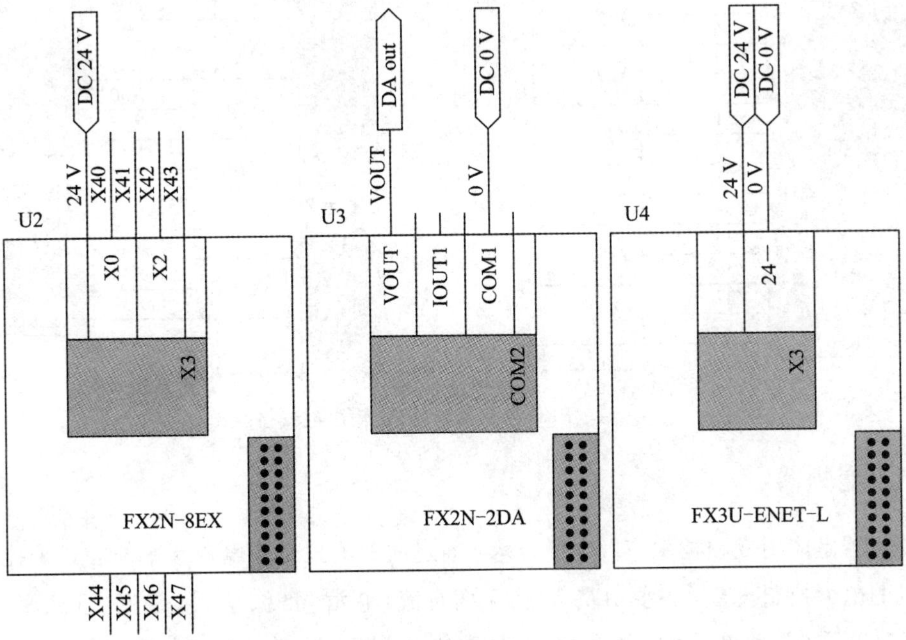


图 8-13　PLC 扩展模块电气接线图

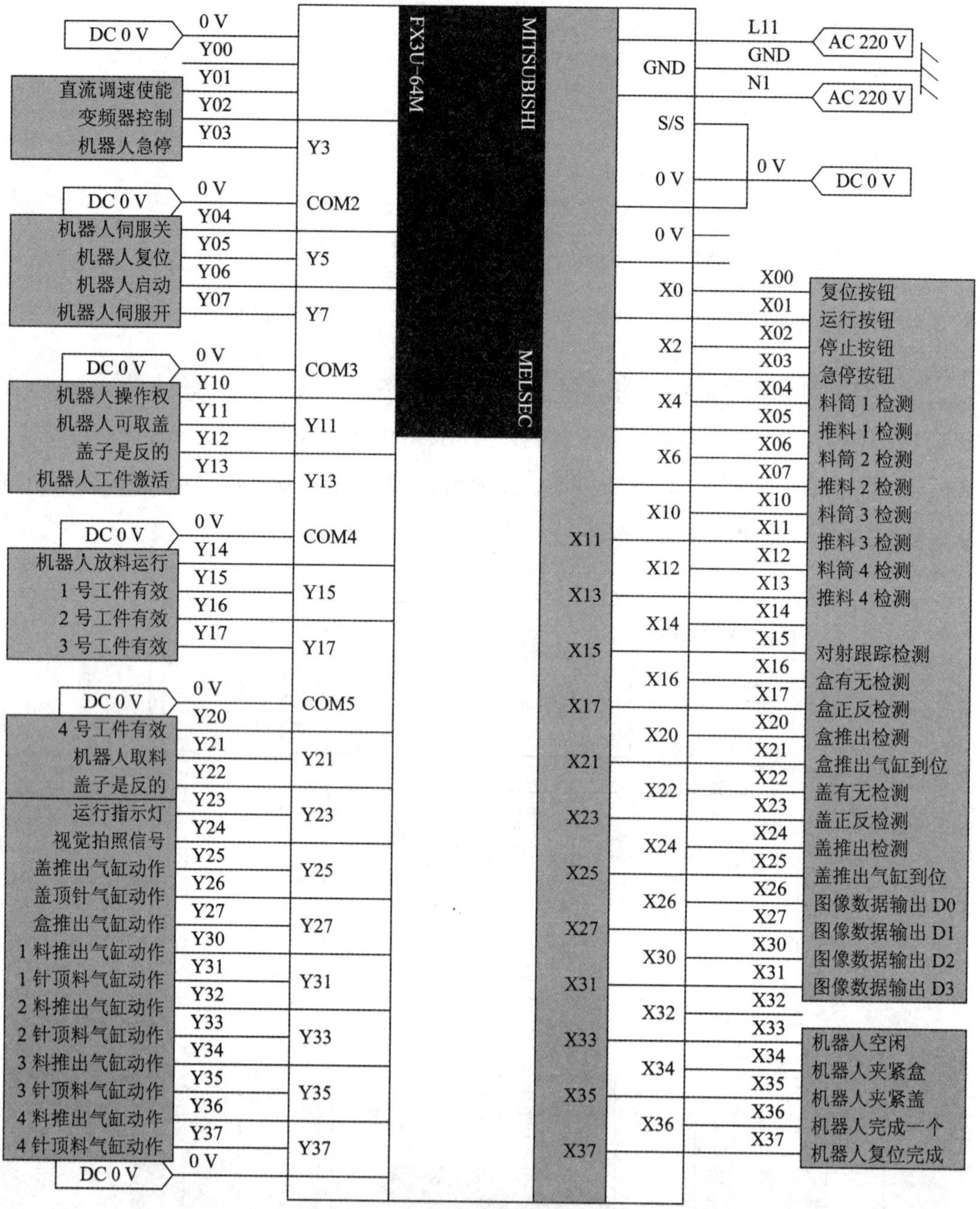


图 8-14　PLC 控制器与输入/输出电气接线图

## 8.2.5　变频器

变频器是应用变频技术与微电子技术，通过改变电机工作电源频率的方式来控制交流电动机的电力控制设备，主要由整流(交流变直流)单元、滤波单元、逆变(直流变交流)单元、制动单元、驱动单元、检测单元、微处理单元等组成。变频器靠内部绝缘栅双极型晶体管(Insulated Gate Bipolar Transistor，IGBT)的开、断来调整输出电源的电压和频率，根据电机的实际需要来提供电源电压，进而达到节能、调速的目的。

变频器主要用于调节电机，控制可调传输皮带的速度。变频器接线图如图 8－15 所示。

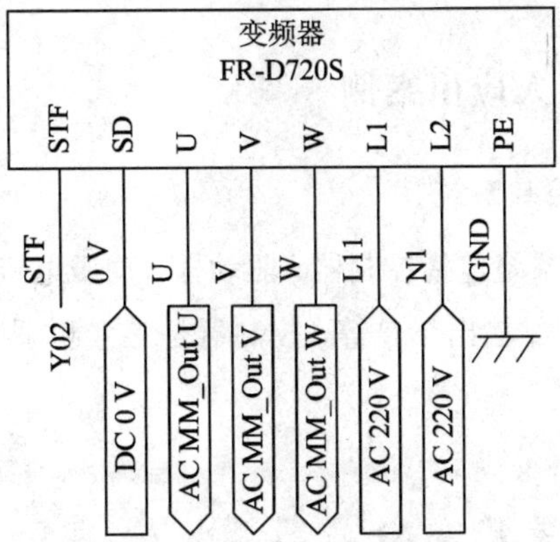


图 8－15　变频器接线图

## 8.2.6　软件

软件是工业机器人及工业自动化系统的灵魂，是人机交互的接口，在工业机器人和工业自动化中有着重要的地位。通过软件为硬件系统赋予了人机交互的功能，才能使系统柔性化和个性化。

**1. 机器人 3D 仿真与在线调试软件**

机器人 3D 仿真与在线调试软件包括窗口设计/展示区、文本编辑区、位置列表区、属性指示区、项目管理器等。

利用该软件进行在线调试时，可以进行机器人程序编辑、伺服开/关、运行速度设置、关节位置设定、运行/停止、单步执行指令、连续执行指令、程序跳转执行等操作；进行离线仿真调试时，可调用 3D 模拟窗口，使用 3D 仿真机器人模型，逼真地模拟当前机器人的运动。

**2. 机器人远程控制软件**

机器人远程控制软件可利用第三方开发软件(如 VB、VC＋＋等)编写控制程序来对机器人进行实时远程控制。

**3. 离线编程软件**

离线编程软件可实现 3D 模型导入、轨迹规划、运动仿真、机器人轨迹和工艺双重代码输出等功能，集成了碰撞检测、关节限位调整、轨迹补偿于一体的离线编程方法，可演示逼真的模拟动画。

**4. 工件装配流程编辑软件**

工件装配流程编辑软件用于为控制器指定装配任务，具有数据统计和管理功能，可对生产过程中的信息进行分析、存储、传递、产生报表等操作。

# 8.3 工业机器人与工业自动化应用案例

## 8.3.1 KEBA 工业机器人应用案例

### 1. KEBA 工业机器人控制系统

KEBA 工业机器人控制系统包括控制器、驱动器、伺服电机、减速机、负载、末端执行机构、系统保护装置及各种输入/输出接口等，控制器是工业机器人控制系统的中枢。图 8-16 所示为 KEBA 工业控制器。

图 8-16 KEBA 工业控制器

KEBA 工业控制器的中央处理器型号为 CPU Atom 1.66 GHz，其设计遵循 EN 61131—2 标准，也提供了良好的交互接口，如以太网、CAN、USB 等多种输入/输出接口。

系统保护装置包括电磁干扰(Electro-Magnetic Interference，EMI)滤波器和制动电阻两部分。电磁干扰滤波器又称为电源 EMI 滤波器或电网滤波器或电网噪声滤波器，是确保电磁设备和系统满足有关电磁兼容性标准(如 IEC、FCC、VDE、MIL-STD—461、GB 9254 和 GB 6833 等)的不可缺少的器件。EMI 滤波器通常是由串联电抗器和并联电容器组成的低通滤波电路，其作用是阻碍高频干扰信号以确保设备正常工作。EMI 滤波器的工作原理是毫无衰减地把直流、50 Hz 或 400 Hz 的电功率传输到设备上，极大地衰减经电源传入的 EMI 信号，保护设备免受其害；同时，EMI 滤波器又能有效地控制设备本身产生的 EMI 信号，防止其进入电网污染电磁环境，甚至危害其他设备。制动电阻广泛应用于电源、变频器、伺服系统等高要求的电气回路中。当电机减速时，若设备惯量过大，会将电动机转变成发电机，则反向给变频器供电，造成变频器过压。通常可采用增大电阻功率或减小电阻的方法释放这部分能量。

### 2. 基于工艺需求的 KEBA 工业机器人设计开发

下面以搬运工件为背景，编制工业机器人的搬运程序。

1) 设计工业流程

根据需求规划机器人手的运动路径。运动是基于位置点的控制，因此，需要定义机器人的关键位置点。为了编程语言的可读性，特做如下规定：工位点变量定义为 XPUDotij。其中，ij 为位置标号。例如，第一个工位点的位置定义为 XPUDot10。机器人的初始位置点为 XPUHome。具体规划路径如图 8－17 所示。

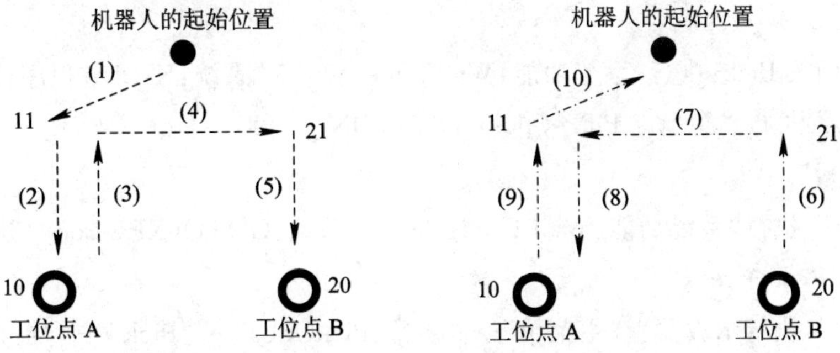


(a) 从工位点 A 到工位点 B　　(b) 从工位点 B 到工位点 A

图 8－17　机器人手的运动路径

2) 定义程序变量

(1) 新建程序。执行示教器上的“主菜单”→“文件”→“新建项目”，项目名称为 PickOne，新建主函数名称为 main，新建子程序名称为 Pick 和 PickReturn。

(2) 定义位置变量。执行示教器上的“主菜单”→“变量”→“变量监测”，选择“项目[PickOne]”中的“变量”→“新建”→“位置”→“变量：CARTPOS”→“名称：XPUDot10”，点击“确定”按钮即定义了位置变量。采用同样的方法定义变量 XPUDot10、XPUDot11、XPUDot20 和 XPUDot21。

(3) 定义速度变量。执行示教器上“主菜单”→“变量”→“变量监测”，选择“项目[PickOne]”中的“变量”→“新建”→“动力学及重叠优化”→“变量：DYNAMIC”→“名称：XPUSpeed”，点击“确定”按钮即定义了速度变量。

(4) 定义气阀开合变量。执行示教器上“主菜单”→“变量”→“变量监测”，选择“项目[PickOne]”中的“变量”→“新建”→“输入输出模块”→“变量：DOUT”→“名称：XPUOpenClose”，点击“确定”按钮即定义了气阀开合变量。

3) 关联变量与气阀

执行示教器上“主菜单”→“变量”→“检测变量”，选中 XPUOpenClose(Port：MAPTO BOOL：IoDOut)并设置为 0，点击“确定”按钮即将变量和气阀的开合关联起来。

4) 编写 main 函数

加载主函数：执行示教器上“主菜单”→“项目[PickOne]”→“main”→“加载”。

回原点：执行“系统：LABLE(命名：XPULoop)”→“新建”→“运动：PTP(pos：POSITON_(XPUHome)、dyn：DYNAMIC_(XPUSpeed))”。

延迟 500 ms：执行“系统功能：WaitTime(500)”。

调用子函数 Pick：执行“系统：CALL、程序：Pick”，实现从工位点 A 移动到工位点 B。

清除子函数 Pick：执行“系统功能：WaitTime(500)”→“系统：KILL、程序：Pick”。

由于机械机构执行有延迟，程序执行非常快，为了防止程序自动向后执行：执行“运动：WaitIsFinished()”。

调用子函数 PickReturn：执行“系统：CALL、程序：PickReturn”，实现从工位点 B 移动到工位点 A。

清除子函数 Pick：执行“系统功能：WaitTime(500)”“系统：KILL、程序：PickReturn”。

回原点：执行“运动：PTP（pos：POSITON _ （XPUHome）、dyn：DYNAMIC _ （XPUSpeed））”。

程序循环：执行“系统功能：WaitTime(500)”“系统：GOTO(XPULoop)”。

5）编写 Pick 子函数

加载程序：执行示教器上“主菜单”→“项目[PickOne]”→“Pick”→“加载”，将程序载入内存中。

工位点 10 值赋给工位点 11：执行“系统功能：”→“… ：= …(赋值)”→“更改”→“项目[PickOne]”→“XPUDot11”→“更换赋值量”→“替换”→“变量”→“XPUDot10”。

工位点 11 的 z 轴赋值：执行“系统功能：”→“… ：= …(赋值)”→“更改”→“项目[PickOne]”→“XPUDot11：z”→“更换赋值量”→“替换”→“变量”→“XPUDot10：z”→“新增＋”→“键入 150”。

工位点 20 值赋给工位点 21：执行“系统功能：”→“… ：= …(赋值)”→“更改”→“项目[PickOne]”→“XPUDot21”→“更换赋值量”→“替换”→“变量”→“XPUDot20”。

工位点 21 的 z 轴赋值：执行“系统功能：”→“… ：= …(赋值)”→“更改”→“项目[PickOne]”→“XPUDot21：z”→“更换赋值量”→“替换”→“变量”→“XPUDot20：z”→“新增＋”→“键入 150”。

工位点 11 移动到工位点 10：执行“运动：WaitIsFinished()”→“运动：Lin(XPUDot11，XPUSpeed)”→“运动：Lin(XPUDot10，XPUSpeed)”。

闭合气阀：执行“运动：WaitIsFinished()”→“开关量输入输出：DOUT：Set(DOUT：XPUOpenClose，value：BOOL(TRUE))”。

防止程序自动后读：执行“系统功能：WaitTime(300)”→“运动：WaitIsFinished()”。

工位点 10 移动到工位点 11：执行“运动：Lin(XPUDot11，XPUSpeed)”。

工位点 11 移动到工位点 21：执行“运动：Lin(XPUDot21，XPUSpeed)”。

工位点 21 移动到工位点 20：执行“运动：Lin(XPUDot20，XPUSpeed)”。

开启气阀：执行“运动：WaitIsFinished()”→“开关量输入输出：DOUT：Set(DOUT：XPUOpenClose，value：BOOL(FALSE))”→“系统功能：WaitTime(300)”。

工位点 20 移动到工位点 21：执行“运动：Lin(XPUDot21，XPUSpeed)”。

6）编写 PickReturn 子函数

加载程序：执行示教器上“主菜单”→“项目[PickOne]”→“PickReturn”→“加载”，将程序载入内存中。

工位点 10 值赋给工位点 11：执行“系统功能：”→“… ：= …(赋值)”→“更改”→“项目[PickOne]”→“XPUDot11”→“更换赋值量”→“替换”→“变量”→“XPUDot10”。

工位点 11 的 z 轴赋值：执行“系统功能：”→“… ：= …(赋值)”→“更改”→“项目[PickOne]”→“XPUDot11：z”→“更换赋值量”→“替换”→“变量”→“XPUDot10：z”→“新增＋”→“键入 150”。

工位点 20 值赋给工位点 21：执行“系统功能：”→“… ：= …(赋值)”→“更改”→“项目[PickOne]”→“XPUDot21”→“更换赋值量”→“替换”→“变量”→“XPUDot20”。

工位点 21 的 z 轴赋值：执行“系统功能”→“… ：= …(赋值)”→“更改”→“项目[PickOne]”→“XPUDot21：z”→“更换赋值量”→“替换”→“变量”→“XPUDot20：z”→“新增＋”→“键入 150”。

开启气阀：执行“运动：WaitIsFinished()”→“开关量输入输出：DOUT：Set(DOUT：XPUOpenClose，value：BOOL(FALSE))”→“系统功能：WaitTime(300)”。

移动到工位点 21：执行“运动：Lin(XPUDot21，XPUSpeed)”。

移动到工位点 20：执行“运动：Lin(XPUDot20，XPUSpeed)”。

闭合气阀：执行“运动：WaitIsFinished()”→“开关量输入输出：DOUT：Set(DOUT：XPUOpenClose，value：BOOL(TRUE))”→“系统功能：WaitTime(300)”。

移动到工位点 21：执行“运动：Lin(XPUDot21，XPUSpeed)”。

移动到工位点 11：执行“运动：Lin(XPUDot11，XPUSpeed)”。

移动到工位点 10：执行“运动：Lin(XPUDot10，XPUSpeed)”。

开启气阀：执行“运动：WaitIsFinished()”→“开关量输入输出：DOUT：Set(DOUT：XPUOpenClose，value：BOOL(FALSE))”→“系统功能：WaitTime(300)”→“运动：WaitIsFinished()”。

移动到工位点 11：执行“运动：Lin(XPUDot11，XPUSpeed)”。

7）示教器实例化对象

切换到单步模式：执行示教器上“菜单”→“项目[PickOne]”→“main”→“加载”，切换示教器上的“★”到 STEP 模式。

示教 XPUHome 点：要将钥匙旋至最左端的手动挡位，手动上伺服，将光标移动到 PTP(XPUHome，XPUSpeed)处，执行“设置 PC”→“编辑”→“示教”，即可示教成功。

示教 XPUDot11 点：手动上伺服，在 Pick 项目中将光标移动到 Lin(XPUDot11)处，利用示教器上的“★”切换到直角坐标系位置(即 X，Y，Z，A，B，C)，调整机器人位置到 XPUDot11 点。

8）运行程序

执行示教器上“主菜单”→“项目[PickOne]”→“main”→“加载”，将钥匙旋至中间的自动挡位，按示教器上“PWR”按钮，即可开始运行程序。

9）程序备份

执行示教器上“文件”→“输出”→“选择U盘：KeTop”，即可将控制器的程序备份存储到U盘上，具体代码可扫描右侧二维码。

KEBA工业机器人搬运程序

10）结果分析

根据模型计算，分析关节角度与末端执行器的位置关系以及工业机器人的重复精度与速度关系。

### 8.3.2 基于三菱工业机器人应用案例

**1. 需求描述**

总体需求为将四个编号(1、2、3、4)、颜色(蓝、红、黄)、高度(高、低)不同的工件分别放入指定的三个装配台。

1）工件盒出料

当“工件盒库”检测到有工件盒且出料台的光电传感器检测到空位时，则“推料气缸”，即向外推出工件盒。

当“工件盖库”检测到有工件盖且出料台的光电传感器检测到空位时，则“推料气缸”，即向外推出工件盖。

2）机器人放置工件盒

机器人将工件盒分别抓取放在1、2、3号装配台。

3）工件料桶出料

当“工件料桶”内检测到工件时，四个“工件料桶”分时推出工件，经过环形输送线传送。

4）RFID检测

当嵌入RFID卡的工件到达RFID读写器时，PLC主控制器通过RFID读写器读出工件的RFID标签信息。如果工件是合格产品，那么PLC会触发机器人启动跟踪吸取工件，并进入“视觉检测”流程；如果工件是不合格产品，那么PLC会触发机器人启动跟踪吸取工件，将工件扔入“废料筐”。

5）视觉检测

机器人抓取相机对工件进行视觉检测，通过视觉算法比对工件的编号和颜色。如果视觉检测为不合格，那么机器人会抓取工件盒放入“废料筐”；如果视觉检测为合格，那么机器人将调整工件到合适的角度。另外，机器人会将调整好的工件盒放到横向检测台，对工件盒拍照进行工件高度一致性检测。如果检测不合格，那么机器人抓取工件盒放入“废料筐”；否则，便会进入“工件盒入库”流程。

6）工件盒入库

如果仓库有空位，则机器人会抓取工件盒将其放置于仓库空位处，并依次将所有的工件盒入库，直到结束为止。

**2. 系统硬件及电气描述**

系统本体选用六自由度、3 kg的三菱机器人，示教器单元采用R33TB，机器人控制器采用三菱的CR751－D，智能视觉控制器采用欧姆龙FZ5－L350，相机采用面阵相机FZ－SC，

PLC 控制器采用三菱的 FX 系列的控制器 FX3U－64M。硬件描述如表 8－3 所示。

**表 8－3　硬件描述**

| 序号 | 单元名称 | 设备名称 | 备　注 |
|---|---|---|---|
| 1 | 工业机器人单元 | 机器人本体 | 三菱 RV－4FL |
| 2 | | 示教器单元 | R33TB\DSQC679 |
| 3 | 智能视觉检测系统 | 智能视觉检测系统 | 欧姆龙提供 |
| 4 | | 视觉控制器 | 欧姆龙 FZ5－L350 |
| 5 | | 视觉相机 | FZ－SC |
| 6 | | 监视显示器 | S12Z56H(12 寸) |
| 7 | RFID 数据传输系统 | RFID 读写器 | 高频 RFID |
| 8 | 工具换装单元 | 大口气夹 | HDT－16X30－SD2 |
| 9 | | 真空发生器 | EV－05 |
| 10 | | 工装支架 | 型材组装 |
| 11 | | 吸盘、视觉、定位工装 | 安装吸盘、视觉、定位的载体 |
| 12 | 供料输送单元 | 井式料库 | 用于工件供给 |
| 13 | | 推料气缸 | CDJ2B16－75－C73LS |
| 14 | | 顶料气缸 | CJPB10－10 |
| 15 | | 光电传感器 | 欧姆龙 E3Z－LS61 |
| 16 | | 环形传送带 | 63 齿形链 |
| 17 | | 直线输送带 | 2525－5M050 |
| 18 | 工件组装单元 | 工件盒送料机构 | 用于工件盒的输送 |
| 19 | | 工件盖送料机构 | 用于工件盒的输送 |
| 20 | 立体仓库单元 | 立体仓库 | 9 个仓位(3×3) |
| 21 | 拼图单元 | 拼图托盘 | 包含拼图区和拼图散片放置区 |
| 22 | | 拼图 | 30 片 |
| 23 | | 拼图样板 | 与拼图配置 |

机器人手的电气信号由 8 路输出信号(即 OUT－900 至 OUT－907)和 8 路输入信号

(即 IN－900 至 IN－907)构成，各信号变量名称定义，如表 8－4 所示。

**表 8－4　工业机器人手输入/出接口变量表**

| 序号 | 变量名称 | 说明 | 序号 | 变量名称 | 说明 |
|---|---|---|---|---|---|
| 1 | M_In(900) | 抓手夹紧到位 | 17 | M_Out(900) | 抓手夹紧 |
| 2 | M_In(901) | 抓手松开到位 | 18 | M_Out(901) | 抓手松开 |
| 3 | M_In(902) | 抓手前方有障碍物 | 19 | M_Out(902) | 吸盘吸合 |
| 4 | M_In(903) | 备用 | 20 | M_Out(903) | 吸盘断开 |
| 5 | M_In(904) | 备用 | 21 | M_Out(904) | 备用 |
| 6 | M_In(905) | 备用 | 22 | M_Out(905) | 备用 |
| 7 | M_In(906) | 备用 | 23 | M_Out(906) | 备用 |
| 8 | M_In(907) | 备用 | 24 | M_Out(907) | 备用 |

**3. 系统软件设计**

系统软件设计需要软件设计、程序编写、程序运行和排错等过程。

软件设计内容主要包括：明确总体需求，且进行需求分析；阐述整个设计思路的概要、软件设计目的、解决的问题及解决方法的整体思路；描述设计具体内容，包括总体框架、分部搭建、分部间关系、逻辑关系处理、功能表述等；明确软件设计流程可能的阻碍和处理方法；形成设计过程的初步计划。程序编写是系统软件设计核心，也是体现软件功能和性能的重要模块。具体步骤如下：

(1) 根据工艺机器人的工艺需求，定义程序所用的关键位置点，如表 8－5 所示。

**表 8－5　关键位置点名称及说明**

| 序号 | 位置点名称 | 位置点说明 |
|---|---|---|
| 1 | P0 | 等待吸取工具位置 |
| 2 | P1 | 机器人初始位置 |
| 3 | P111 | 机器人追踪完成到放料中转位置(与 P0 点左右相对) |
| 4 | P2 | 机器人取吸盘等待位置 (2 号工装上方) |
| 5 | P3 | 机器人取吸盘位置(2 号工装) |
| 6 | P4 | 机器人取相机等待位置(3 号工装上方) |
| 7 | P5 | 机器人取相机位置(3 号工装) |
| 8 | P6 | 取工件盒位置 |
| 9 | P7 | 取工件盖位置 |
| 10 | P8 | 入库等待位置(左，临近库架，抓手横向姿态) |
| 11 | P81 | 入库中转位置(与原点 P1 位置相近) |

**续表一**

| 序号 | 位置点名称 | 位置点说明 |
|---|---|---|
| 12 | P90 | 仓库左下位置 |
| 13 | P91 | 仓库右下位置 |
| 14 | P92 | 仓库左上位置 |
| 15 | P93 | 仓库右上位置 |
| 16 | P12 | 装配单元中转位置(抓手竖向姿态) |
| 17 | P13 | 装配单元中转位置(抓手横向姿态) |
| 18 | PH1 | 横向视觉检测台上方位置 |
| 19 | PV10 | 在(1 号台，1 号)工位上拍照 |
| 20 | PV11 | 在(1 号台，2 号)工位上拍照 |
| 21 | PV12 | 在(1 号台，3 号)工位上拍照 |
| 22 | PV13 | 在(1 号台，4 号)工位上拍照 |
| 23 | PV20 | 在(2 号台，1 号)工位上拍照 |
| 24 | PV21 | 在(2 号台，2 号)工位上拍照 |
| 25 | PV22 | 在(2 号台，3 号)工位上拍照 |
| 26 | PV23 | 在(2 号台，4 号)工位上拍照 |
| 27 | PV30 | 在(3 号台，1 号)工位上拍照 |
| 28 | PV31 | 在(3 号台，2 号)工位上拍照 |
| 29 | PV32 | 在(3 号台，3 号)工位上拍照 |
| 30 | PV33 | 在(3 号台，4 号)工位上拍照 |
| 31 | PV40 | 横向姿态拍照位置 |
| 32 | P20 | 1 号装配台上方位置(横向姿态) |
| 33 | P21 | 1 号装配台上方位置(竖向姿态) |
| 34 | P22 | 2 号装配台上方位置(竖向姿态) |
| 35 | P23 | 3 号装配台上方位置(竖向姿态) |
| 36 | PPT | 在盒子上方工件准备位置 |
| 38 | PPT11 | 1 号台 1 号工位放置位置 |
| 39 | PPT12 | 1 号台 2 号工位放置位置 |
| 40 | PPT13 | 1 号台 3 号工位放置位置 |
| 41 | PPT14 | 1 号台 4 号工位放置位置 |
| 42 | PPT21 | 2 号台 1 号工位放置位置 |

**续表二**

| 序号 | 位置点名称 | 位置点说明 |
|---|---|---|
| 43 | PPT22 | 2 号台 2 号工位放置位置 |
| 44 | PPT23 | 2 号台 3 号工位放置位置 |
| 45 | PPT24 | 2 号台 4 号工位放置位置 |
| 46 | PPT31 | 3 号台 1 号工位放置位置 |
| 47 | PPT32 | 3 号台 2 号工位放置位置 |
| 48 | PPT33 | 3 号台 3 号工位放置位置 |
| 49 | PPT34 | 3 号台 4 号工位放置位置 |
| 50 | PFL1 | 放置废料位置 1(竖向姿态) |
| 51 | PFL2 | 放置废料位置 2(竖向姿态) |
| 52 | PFL3 | 放置废料位置 3(竖向姿态) |
| 53 | PFL4 | 放置废料位置 4(横向姿态) |

(2) 建立机器人位置点和工位点的空间关系，以夹取工件盒和工件入库为例，夹取工件盒的位置点和工位点的关系如图 8 - 18 所示。

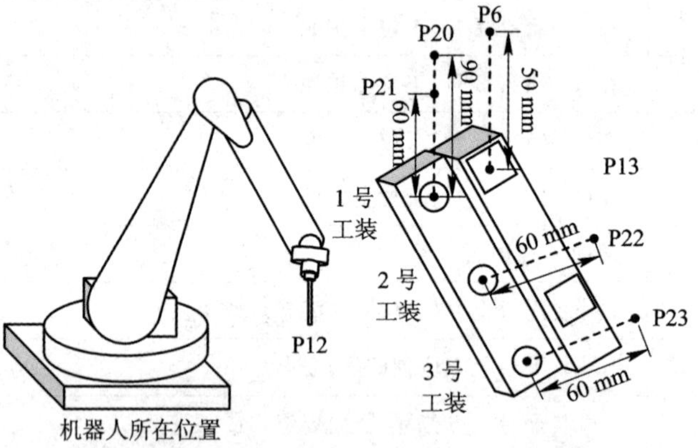


图 8 - 18　夹取工件盒的位置点与工位点的关系

(3) 根据工业机器人的工艺需求逐个编写程序子模块，包括工件上料、工件样式和信息识别、工件校正位置、工件高度一致性检测等四个重要模块，如图 8 - 19 所示。具体代码可扫描右侧二维码。

工业机器人
程序实现

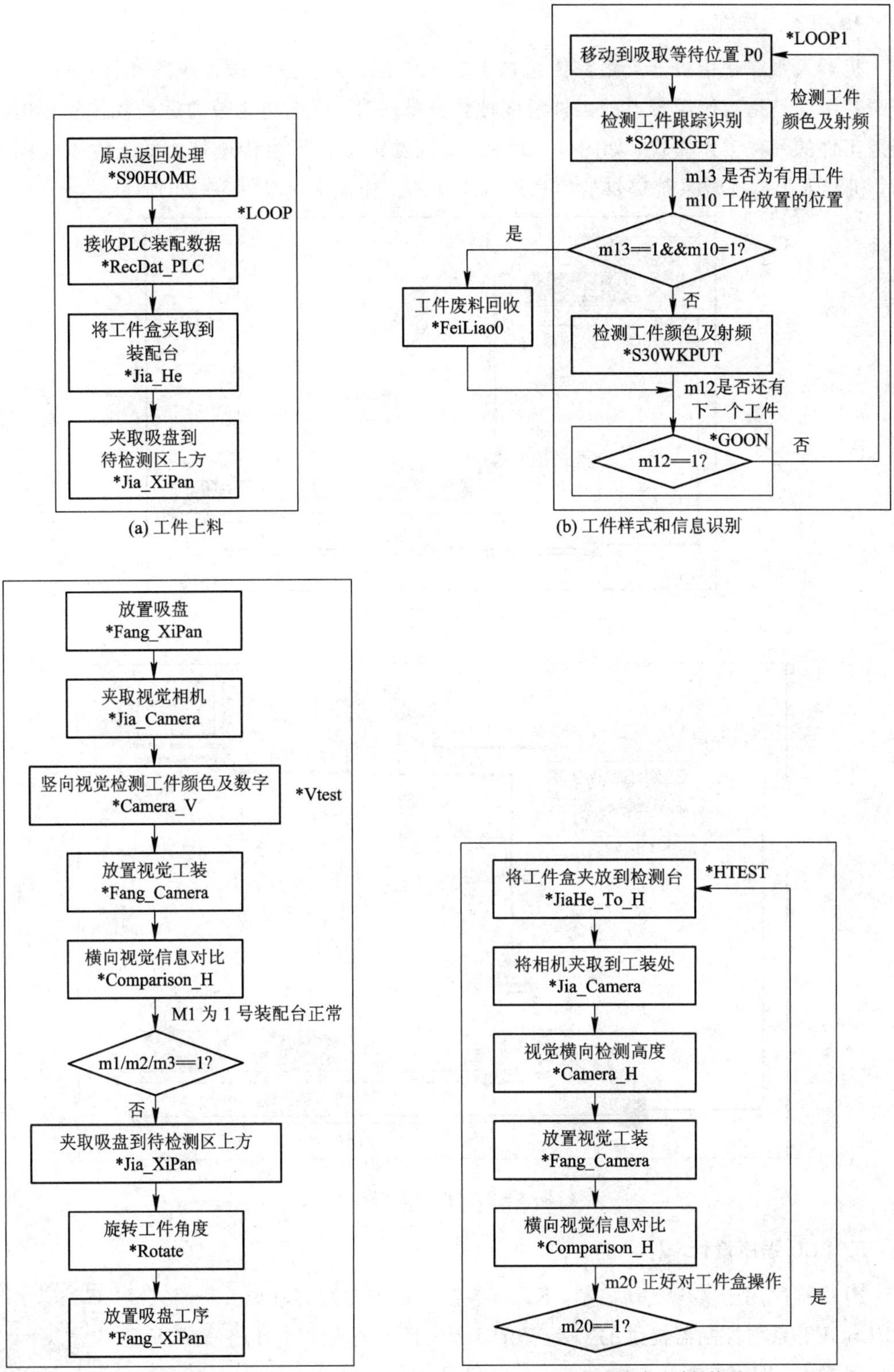


图 8-19　程序模块流程图

**4. 机器人跟踪**

机器人跟踪是指机器人跟踪传送带上的工件运动，包括传送带跟踪和视觉跟踪两种。传送带跟踪是指当传送带上的工件呈线性整齐排列时，根据传送带的运动规律和光电开关跟踪工件的一种工作模式，如图 8－20 所示；视觉跟踪是指当传送带上的工件不规则排列时，机器人根据视觉系统提供的信息进行跟踪的工作模式，如图 8－21 所示。

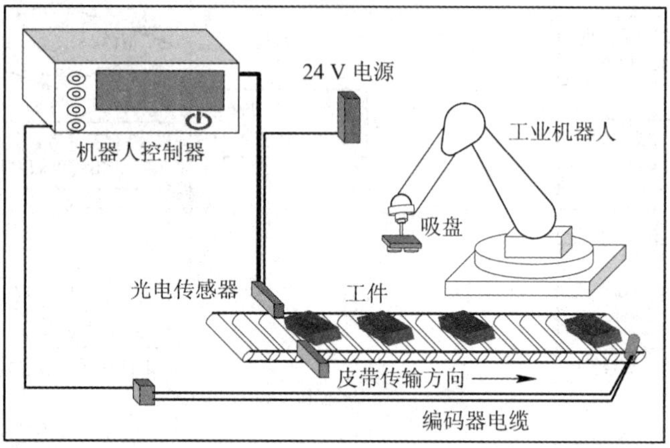


图 8－20　传送带跟踪系统

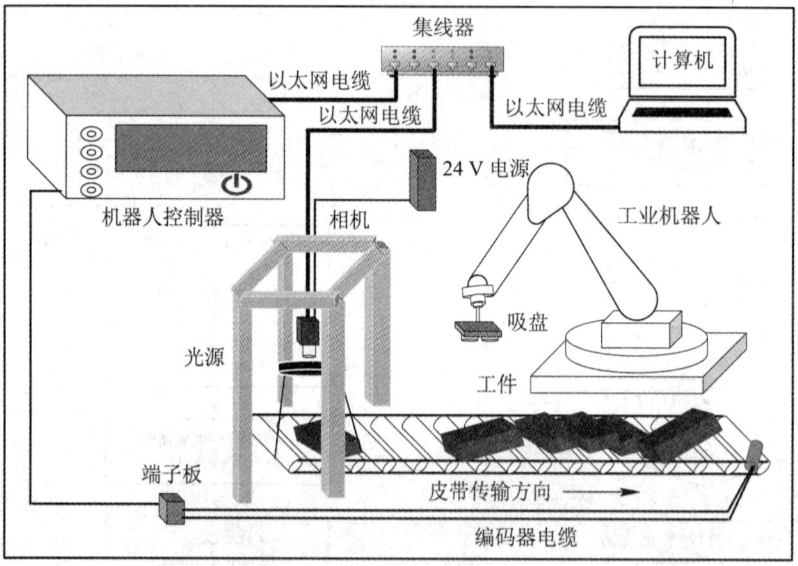


图 8－21　视觉跟踪系统

**5. PLC 程序设计**

PLC 程序用于实现气动控制、RFID 控制及皮带控制等功能。利用三菱 MELSOFT 系列控制器提供的 GX Works 2 软件编写程序，并将程序下载到控制器中，即可实现相应的功能，具体代码可扫描右侧二维码。

PLC 程序设计

当 PLC 运行时，可以通过监视窗口监测系统输入/输出点，监控程序运行进程和状态值，如图 8－22 所示。

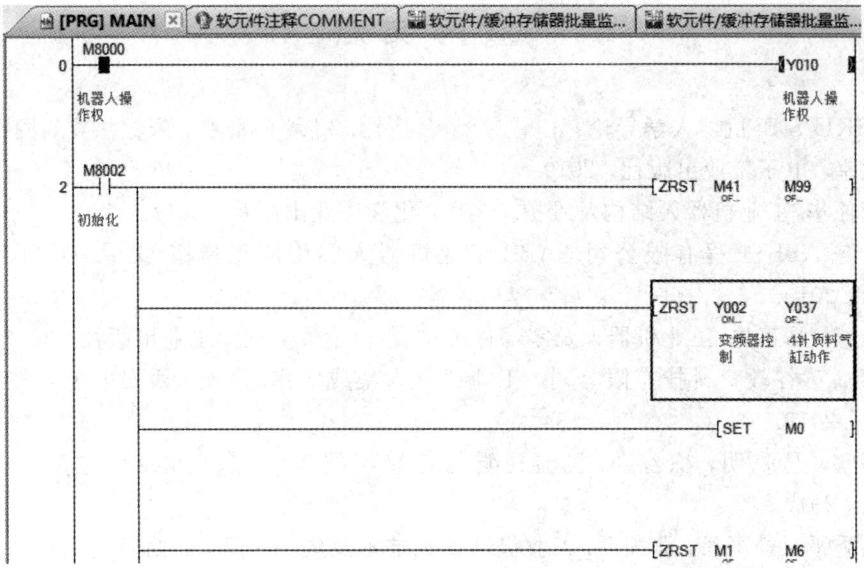


图 8－22　运行监视窗口

**6. 系统调试和运行**

当机器人控制器进行调试时，必须停止 PLC(即“STOP”状态)让出操作权；当机器人控制器选择自动运行模式时，PLC 切换到“RUN”状态，开启以太网、RFID 模块的电源，此时按下控制面板的启动按钮即可启动系统。

## 习　题

1. 描述工业机器人与工业自动化系统的关系。
2. 描述工业机器人与其他控制器的通信机制。

# 参 考 文 献

[1] NIKU S B. 机器人学导论：分析、控制及应用. 2版. 孙富春，朱纪洪，刘国栋，等译. 北京：电子工业出版社，2019.
[2] 龚仲华. 工业机器人结构及维护. 北京：化学工业出版社，2017.
[3] 上海ABB工程有限公司. ABB工业机器人实用配置指南. 北京：电子工业出版社，2019.
[4] 李慧，马正先. 工业机器人及零部件结构设计. 北京：化学工业出版社，2017.
[5] 青岛英谷教育科技有限公司. 工业机器人集成应用. 西安：西安电子科技大学出版社，2019.
[6] 邵欣，马晓明，徐红英. 机器视觉与传感器技术. 北京：北京航空航天大学出版社，2017.
[7] 刘秀平，景军锋，张凯兵. 工业机器视觉技术及应用. 西安：西安电子科技大学出版社，2019.
[8] MILLER M R，MILE R. 工业机器人系统及应用. 张永德，路明月，译. 北京：机械工业出版社，2019.
[9] 蔡泽凡. 工业机器人系统集成. 北京：电子工业出版社，2017.
[10] 宋永端. 工业机器人系统及其先进控制方法. 北京：科学出版社，2019.
[11] 黄风. 工业机器人与自动系统的集成应用. 北京：化学工业出版社，2017.
[12] 杨杰忠. 工业机器人工作站系统集成技术. 北京：电子工业出版社，2017.
[13] 郜海超. 工业机器人应用系统三维建模. 北京：化学工业出版社，2017.
[14] 双元教育. 工业机器人工作站电气系统设计. 北京：高等教育出版社，2019.
[15] 双元教育. 工业机器人工作站系统建模. 北京：高等教育出版社，2019.
[16] 黄风. 工业机器人视觉控制高级应用. 北京：化学工业出版社，2019.